U0874871

普通高等教育信息技术类系列教材

Visual Basic 程序设计教程

（第二版）

主　编　张兵兵　季晓玉
副主编　李林朋　刘　芳　张　超

科 学 出 版 社
北　京

内 容 简 介

本书是一本体系完整的 Visual Basic 程序设计教材，不仅介绍了 Visual Basic 的基本语法、算法和常用控件，还通过丰富的实践案例，让读者在实际操作中加深对语法的理解，提升编程能力。本书共 9 章。第 1 章介绍 Visual Basic 程序设计基础知识，包括环境搭建、VB 工程建立过程及面向对象程序设计的基本概念；第 2 章介绍常用控件，如窗体、命令按钮、文本框等的常用属性及事件；第 3 章介绍 VB 语言基础，包括数据类型及常用函数；第 4 章介绍 VB 的基本控制结构，包括顺序结构、选择结构、循环结构；第 5 章介绍数组的概念及使用；第 6 章介绍 VB 的常用控件，包括标准控件和 ActiveX 控件；第 7 章介绍过程的使用，包括子过程和函数过程；第 8 章介绍用户界面设计，包括通用对话框和菜单设计等；第 9 章介绍绘图，包括坐标系统及绘图的属性和方法。

本书既可作为高等院校相关专业本科生的教材，也可作为有一定编程经验的相关技术工程人员的参考书。

图书在版编目（CIP）数据

Visual Basic 程序设计教程 / 张兵兵，季晓玉主编. --2 版. -- 北京：科学出版社，2025. 2. --（普通高等教育信息技术类系列教材）. -- ISBN 978-7-03-080176-0

Ⅰ. TP312.8

中国国家版本馆 CIP 数据核字第 2024HZ6414 号

责任编辑：宋　丽　吴超莉 / 责任校对：马英菊
责任印制：吕春珉 / 封面设计：东方人华平面设计部

科学出版社出版
北京东黄城根北街 16 号
邮政编码：100717
http://www.sciencep.com
三河市骏杰印刷有限公司印刷
科学出版社发行　各地新华书店经销
*
2025 年 2 月第　一　版　开本：787×1092　1/16
2025 年 7 月第二次印刷　印张：21 1/4
字数：504 000

定价：78.00 元

（如有印装质量问题，我社负责调换）
销售部电话 010-62136230　编辑部电话 010-62135120-2015

本书编写人员

主　编　张兵兵　季晓玉

副主编　李林朋　刘　芳　张　超

参　编　张燕妮　张特来　肇恒宇　曲本庆

　　　　马寅强　刘素丽　王宏伟

前　言

Visual Basic 作为一门应用广泛的编程语言，以其简洁、直观和强大的功能深受初学者的喜爱，同时也为有一定编程经验的开发者提供了丰富的工具库和灵活的编程环境。

本书旨在帮助读者从零开始，逐步掌握 Visual Basic 编程的基础知识，并通过丰富的实践案例，提升读者的编程实践能力。通过本书的学习，读者将能够轻松入门 Visual Basic 编程，逐步掌握 Visual Basic 编程的基本知识和技能，为未来的学习和工作打下坚实的基础。

本书的特点主要体现在以下几个方面。

一、深入浅出，易于理解

本书编者深知初学者在接触新的编程语言时，往往会面临各种困惑和挑战，因此在编写本书的过程中，力求用浅显易懂的语言，结合生动的实例，解释 Visual Basic 编程的基本概念、语法和技巧。无论是编程新手，还是有一定编程经验的开发者，都能从本书中找到适合自己的学习路径。

二、实践导向，注重应用

学习编程，理论知识是基础，实践应用是关键。本书在介绍 Visual Basic 编程基础知识的同时，也提供了大量的实践案例，包括基本的程序设计、界面开发、数据处理等内容。这些案例不仅能帮助读者巩固所学知识，更能提升读者的编程实践能力，使读者能够在实际工作中灵活运用 Visual Basic 编程。

三、资源丰富，便于自学

本书配备了丰富的学习资源，包括上机练习、课后习题等。读者可以在学习每章内容时，通过上机练习巩固知识点，通过课后习题检验学习效果。这些资源将极大地提高读者的学习效率，使自学 Visual Basic 编程变得更加轻松有趣。

本书的编写人员均为具有丰富教学经验和编程实践经验的一线教师，不仅精通 Visual Basic 编程技术，还深谙教育教学的规律和方法。在本书的编写过程中，编者充分发挥自己的专业优势，确保了本书内容的准确性和实用性。

本书由张兵兵、季晓玉担任主编，李林朋、刘芳、张超担任副主编，张燕妮、张特来、肇恒宇、曲本庆、马寅强、刘素丽、王宏伟参与了编写。本书第 1 章由李林朋编写，第 2 章由张超编写，第 3 章由刘芳编写，第 4 章由张兵兵、季晓玉编写，第 5 章由刘素丽、王宏伟编写，第 6 章由张特来编写，第 7 章由张燕妮编写，第 8 章由肇恒宇编写，第 9 章由曲本庆、马寅强编写。

全书从总体策划到统稿和定稿，肖峰教授均做了大量的工作，编者在此表示衷心感谢。同时，在本书的编写过程中，编者参考了大量文献资料，在此一并向这些文献资料的作者们表示衷心感谢。

尽管本书倾注了编者团队大量的时间和精力，仍难免有疏漏和不足之处，恳请广大读者批评指正。

目　　录

第 1 章

Visual Basic 6.0 概述

本章要点

- 程序设计的基本概念。
- Visual Basic（以下简称 VB）6.0 的发展及其特点。
- VB 6.0 的集成开发环境。
- VB 6.0 应用程序开发过程。
- 面向对象程序设计的基本概念。

1.1 程序设计的基本概念

1.1.1 计算机与程序设计

现实生活中，每个人的学习、工作和生活都已离不开计算机。人们可以利用计算机进行学习、工作、玩游戏、听音乐、看视频，还可以通过社交媒体联系朋友、购物。此外，计算机也被用于科学研究、工业控制、企业经营管理、金融交易等。那么，什么是计算机呢？

计算机最早的定义：一种用于高速计算的电子计算机器，既可以进行数值计算，又可以进行逻辑计算，还具有存储记忆功能。计算机是能够按照程序运行，自动、高速处理海量数据的现代化智能电子设备。

随着计算机技术的不断发展，现代计算机被定义为“在可改变的程序的控制下，存储和操纵信息的机器”。该定义说明：第一，计算机是操纵信息的设备，将信息输入计算机后，计算机可以将输入信息转换为新的、有用的形式，然后输出或存储结果；第二，在可改变的程序控制下，计算机可以执行不同的任务，计算机只是执行程序的机器。

那么什么是计算机程序呢？计算机程序是一组详细的分步指令，告诉计算机确切地做什么。计算机根据这一系列指令，自动地、可预测地、准确地完成操作者的意图。只要人们能足够详细地描述要完成的任务，计算机就可以做任何人们要它完成的事情。

计算机能做什么，取决于软件，软件的建立也称为“编程”。编程是深度应用计算机的主要手段。随着计算机应用的不断普及提高，计算机已经成为人们生活工作中常见的工具，编程不仅仅是程序员的工作，对于每一个计算机使用者，都应该理解这个工具的优点和局限性。同时，理解编程，可以培养有价值的问题解决技能，特别是将复杂系统分解为一些可理解的子系统及其交互，从而分析复杂系统的能力。由于人工智能的不断发展，很多岗位将被计算机接管，无论人们从事的是何种职业，理解计算机和编程都将会使人们在激烈的竞争中占据优势。

计算机编程中利用计算机解决问题的思维方式，体现了一种抽象交互关系、自动化执行的思维模式，这就是计算思维。计算思维是区别逻辑思维和实证思维的另外一种思维模式，是运用计算机科学的基础概念去求解问题、设计系统和理解人类的行为。这种思维模式可以促进人类思考，增进观察力和对交互关系的理解。

编程可以利用计算机解决问题，提高工作、生活和学习的效率。编程不单纯是解决计算问题，也要考虑计算机的执行效率，以及用户的体验。

1.1.2 程序设计语言

程序是一系列指令，告诉计算机该做什么。人们需要把这些任务用计算机可以理解的语言告诉计算机。

计算机科学家设计了一些符号，以准确无二义的方式来表示计算。这些特殊符号称为程序设计语言。程序设计语言是一种用于人和计算机交互（交流）的人造语言，由一组计算机能够理解和识别用户操作意图的符号和规则组成。这些计算机能够执行的指令集就是计算机程序，程序员一般将程序称为“代码”。

程序设计语言比自然语言更简单、更严谨、更准确。例如，汉语有几千个常用汉字，但 Python 编程语言一般只有几十个单词（关键字）。同样的代码，计算机只能有一种理解。

在计算机的发展过程中，计算机科学家开发了成千上万种程序设计语言，其目的是让人使用和理解，人们将它们统称为高级语言。但对于计算机而言，计算机硬件只能理解一种低级语言，这就是机器语言。

程序设计语言可分为机器语言、汇编语言和高级语言。

（1）机器语言是用二进制代码表示的、计算机能直接识别和执行的全部机器指令的集合。它是计算机的设计者通过计算机的硬件结构赋予计算机的操作功能。机器语言由二进制 0、1 代码指令构成，不同的中央处理器（central processing unit，CPU）具有不同的指令系统。

用机器语言编写的程序称为目标程序。只有目标程序才能被计算机直接识别和执行，其扩展名为.obj。

用机器语言编写程序是一件十分烦琐的工作，编程人员不仅要熟记所用计算机的全部指令代码和代码的含义，还要自己处理每条指令和每一数据的存储分配和输入输出，并且要记住编程过程中每步所使用的工作单元处于何种状态。而且编制的程序均为由 0 和 1 组成的指令代码，不仅直观性差，还容易出错。除了特殊专业人员外，程序员已经不再去学习机器语言了。

（2）汇编语言是人们为了克服机器语言难读、难编、难记和易出错的缺点，利用与代码指令实际含义相近的英文缩写词、字母和数字等符号取代指令代码，而产生的程序设计语言。

汇编语言的特点是用符号代替了机器指令代码，并且助记符与指令代码一一对应，基本保留了机器语言的灵活性。汇编语言是一种用助记符表示的仍然面向机器的计算机语言，比用机器语言的二进制代码编程要方便些，在一定程度上简化了编程过程，并较好地发挥了机器的特性。

（3）高级语言是接近人类自然语言的一种计算机程序设计语言，是面向用户的、基本上独立于计算机种类和结构的程序设计语言。其最大的优点是形式上接近于算术语言和自然语言，概念上接近于人们通常使用的概念。

与汇编语言相比，高级语言不但将许多相关的机器指令合成为单条指令，并且去除了与具体操作相关但与完成工作无关的细节，大大简化了程序中的指令，省略了很多细节，一条命令可以代替几条、几十条甚至几百条汇编语言指令。因此，高级语言易学易用，通用性强，应用广泛，编程者也不需要有太多的专业知识。

高级语言种类繁多，从计算机的诞生到目前为止先后产生了很多程序设计语言，至今还比较流行的程序设计语言包括 C、C++、C#、Basic、HTML、Java、JavaScript、SQL、PHP、Python 等。

1.1.3 编译与解释

由于汇编语言使用了助记符，用汇编语言编制的程序输入计算机后，不能像用机器语言编写的程序那样被计算机直接识别和执行，必须先加工和翻译，才能变成能够被计算机识别和处理的二进制代码程序。

源代码：采用某种编程语言编写的计算机程序，对于人类是可读的。例如：

```
x=2+3
```

目标代码：计算机可以直接执行的二进制代码程序，对于人类来说一般是不可读的，计算机专家除外。例如：

```
11010010 00111011
```

将编制的源代码转换为计算机可以执行的目标代码，有两种转换方式：编译和解释。

编译：将源程序一次性转化为目标代码。这种方式在应用源程序执行之前，就将程序源代码通过名为编译器（compiler）的计算机程序“翻译”为目标代码（机器语言）。“编译器”是一个复杂的计算机程序，它接收另一个以高级语言编写的程序，并将其翻译为以某个计算机的机器语言表达的等效程序。因此，其目标程序可以脱离其语言环境独立执行，使用比较方便、效率较高。但应用程序一旦需要修改，必须先修改源代码，再重新编译生成新的目标文件才能执行。编译过程如图 1.1 所示。

解释：将源程序逐条转换为目标代码并逐条运行目标代码。这种方式类似于日常生活中的“同声传译”，应用程序源代码一边由相应语言的解释器（interpreter）“翻译”为目标代码（机器语言），一边执行，因此效率比较低，而且不能生成可独立执行的可执行文件，应用程序不能脱离其解释器，但这种方式比较灵活，不仅可以动态地调整、修改应用程序，而且还可以跨平台运行。解释过程如图 1.2 所示。

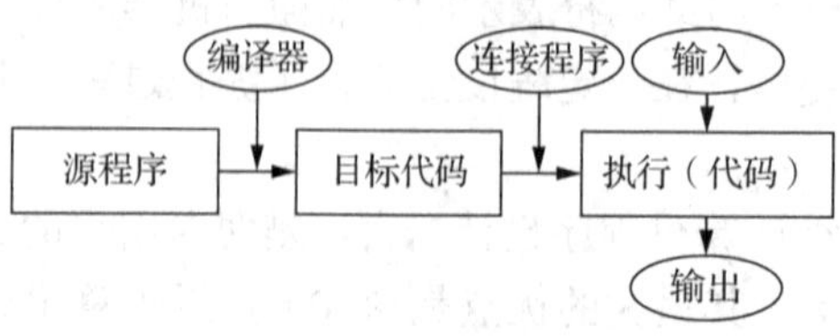

图 1.1 编译过程

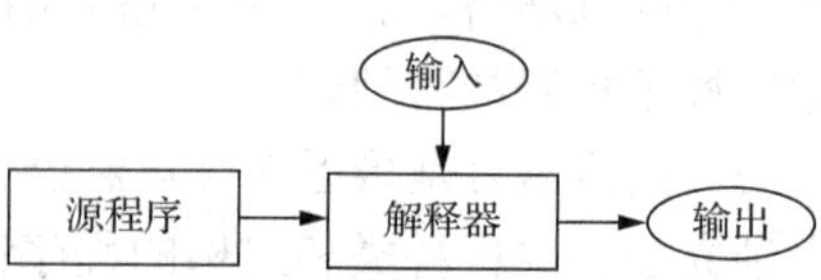

图 1.2 解释过程

高级语言程序不能直接被计算机识别，必须将由高级语言编制的源程序代码转化为目标代码（机器语言），计算机才能被执行。

根据程序执行方式的不同，计算机编程语言又可分为静态语言和脚本语言。

静态语言：使用编译执行的编程语言，如 C/C++、Java。

脚本语言：使用解释执行的编程语言，如 Python、PHP。

1.1.4　程序设计发展的三个阶段

1. 面向计算机的程序设计

计算机的工作是由程序来控制的，程序是指令的集合，是计算机能够识别的命令。指令是人与计算机之间进行交流的语言，软件工程师的任务是将解决问题的方法和步骤编写成由一条条指令组成的程序，并输入到计算机中。计算机执行一系列程序，即可完成指定的任务。因为计算机只能识别二进制代码，所以最早的计算机编程语言就是计算机能够直接识别的二进制机器语言。机器语言便于计算机理解，但对于人类而言，却难于记忆与理解。由于这一时期计算机的运行速度很慢，设计人员关注的问题是程序的指令能否被计算机接受并正确执行，至于程序是否能被人类理解并不重要，因此计算机编程只是少数软件工程师的工作。这一时期计算机程序开发难度大、周期长、界面不友好、应用范围小。

为了缩小机器语言与人类自然语言的差距，随后诞生了汇编语言。汇编语言将机器指令映射为一些人类容易理解的助记符，虽然较机器语言容易理解，但与人类自然语言的差距仍然很大，程序员在编程时仍无法摆脱机器的限制。另外，程序中大量使用 goto 语句，容易造成程序混乱和质量下降。

2. 面向过程的程序设计

随着计算机应用范围的不断扩大，人们设计了更接近人类思维习惯的高级语言，它撇开了计算机硬件的细节，提高了语言的抽象层次，采用了更容易理解的执行语句，这就是面向过程的结构化程序设计。

面向过程的结构化程序设计采用自顶向下、逐步求精的程序设计方法，其程序结构按功能划分为若干个基本模块，这些模块之间的关系应尽可能简单，在功能上相对独立，每个模块只允许有三种基本的程序结构形式，即顺序结构、分支结构（包括多分支结构）和循环结构。这三种基本结构的共同特点是只允许有一个入口和一个出口，模块之间可以使用子程序。通过模块分化和功能分解，将一个较为复杂的问题分解为若干个子问题，分别由不同人员解决，提高了速度，方便了程序调试，有利于软件的开发和维护。

面向过程的结构化程序设计解决问题时，首先将问题按功能分解为若干个模块，然后根据模块的功能来设计用于存储数据的数据结构，最后编写过程或函数对这些数据进行操作。即最终的程序由数据和操作构成。这种方法将数据结构和操作过程作为两个独立的实体对待，一旦数据结构发生变化，作用在数据上的操作必然要进行相应的变化。由于数据和操作分离，程序的可重用性差、维护代价高，不利于程序的更新换代。

3. 面向对象的程序设计

面向对象的程序设计方法（object-oriented programming，OOP），将客观世界中的事物看作对象，对同类的对象抽象出其共性，形成类。对象是由数据及对数据的操作构成的一个不可分割的整体。

面向对象的程序设计方法解决问题时，首先定义类或继承父类，然后定义各对象并规定它们之间传递消息的规律。程序设计人员在进行面向对象的程序设计时，不再是从代码的第一行一直编程到最后一行，而是考虑如何创建对象，如何通过对象之间的相互作用来实现。数据和操作都封装在对象这个统一体中，便于程序的修改和调试，提高了代码的可重用性。

1.1.5 编写程序的基本方法

计算机程序是用来解决特定计算问题的，无论程序规模如何，每个程序都有统一的运算模式：输入数据、处理数据和输出结果。这种运算模式形成了程序编写的基本方法——输入-处理-输出（input，process，output，IPO）。

IPO 方法是一种结构化程序设计方法，将整个程序设计过程划分为输入（input）、处理（process）和输出（output）三个阶段。这种方法有助于更好地组织代码，提高了代码的可读性和可维护性。下面将对 IPO 方法进行详细介绍，并通过一个例子来具体说明。

1. 输入

在输入阶段，需要明确程序需要哪些数据，并设计相应的输入机制。这些数据可以来自用户输入、文件读取、网络输入、内部参数输入等。为了确保数据的正确性和有效性，程序还需要对输入数据进行验证和处理。

2. 处理

处理阶段是程序设计的核心。在这一阶段，程序将对输入的数据进行各种计算和操作，以实现特定的功能或任务。人们需要根据需求设计算法，编写相应的处理代码。可以说，算法是程序最重要的组成部分。编写处理代码时，要保证代码的清晰性、可读性和效率。

3. 输出

在输出阶段，程序将处理后的结果呈现给用户。输出可以是各种格式，如文本、图像、文件等，具体取决于程序的功能和用户需求。

以计算两个数之和为例，IPO 描述如下。

输入：输入要进行计算的两个数，分别为 a 和 b。

处理：计算两数之和 sum=a+b。

输出：输出和（sum）。

IPO 描述能够帮助程序设计的初学者理解程序设计的开始过程，即了解程序的运算模式，进而建立程序设计的概念。通过 IPO 方法，可以清晰地组织和管理代码，确保程序逻辑清晰、易于理解和维护。

1.2 VB 简介

VB 是 Microsoft 公司开发的一门通用的基于对象的程序设计语言，是一门结构化的、模块化的、面向对象的、包含协助开发环境的以事件驱动为机制的可视化程序设计语言，是一款 Windows 应用程序开发工具。

VB 以结构化 BASIC（beginner's all-purpose symbolic instruction code，适用于初学者的多功能符号指令码）语言为基础，采用可视化的图形用户界面，以事件驱动为运行机制。“Visual” 指的就是采用可视化开发图形用户界面（graphical user interface，GUI）的方法，一般不需要编写大量代码去描述界面元素的外观和位置，只需把需要的控件拖放到界面相应位置即可。

本书将以 VB 6.0 版本为基础介绍 VB 集成开发环境。

VB 是一种使用十分广泛的编程语言，用 VB 编程效率很高。无论是开发功能强大、性能可靠的商务软件，还是编写能处理实际问题的实用小程序，VB 都是快速、简便的选择。VB 具有以下特点。

1. 可视化的编程

在使用传统的程序设计语言编程时，一般需要通过编程来设计应用程序的界面（如界面的外观和位置等），在设计过程中看不见界面的实际效果。在 VB 中，系统提供了大量的可视化控件，程序员在设计时只需根据界面设计的要求，直接在屏幕上“画”出各种图形对象，并为每个控件设置属性。程序员的编程工作仅涉及编写针对控件要完成的事件过程的代码，因而程序设计的效率提高了许多。

2. 面向对象的程序设计

VB 提供的可视化控件，就是“对象”。VB 应用面向对象的程序设计方法，把程序和数据封装为一个整体作为一个对象，给不同的对象赋予不同的功能。VB 自动产生这些图形对象的代码并封装起来。

3. 事件驱动的编程机制

面向过程的程序由一个主程序和若干个子程序及函数组成。程序运行时总是先从主程序开始，由主程序调用子程序和函数，开发人员在编程时必须事先确定整个程序的执行顺序。VB 6.0 通过事件来执行对象的操作。事件可以由用户操作触发，也可以由来自操作系统或其他应用程序的消息触发，甚至由应用程序本身的消息触发。这些事件的顺序决定了代码执行的顺序，因此应用程序每次运行时所经过代码的路径都是不同的，开发人员只需编写响应用户动作的代码。这样的应用程序代码比较精简，容易编写与维护。

4. 结构化程序设计语言

VB 具有丰富的数据类型、众多的内部函数，采用模块化、结构化的程序设计机制，结构清晰，简单易学。

5. 强大的数据库管理和存取能力

VB 提供了强大的数据库管理和存取操作能力。利用数据控件和数据库管理窗口，能直接编辑和访问多种数据库（如 Access、Excel 等）。VB 还支持动态数据交换，支持对象链接与嵌入。VB 提供了功能强大的动态类数据库对象（active database object，ADO）技术，对本地数据库和大型网络数据库都可方便地进行操作。

6. 支持 ActiveX 技术

ActiveX 发展了原有的对象链接与嵌入（object linking and embedding，OLE）技术，使开发人员摆脱了特定语言的束缚，可以方便地使用其他应用程序提供的功能，使 VB 6.0 能够开发集声音、图像、动画、字处理、电子表格、Web 等对象于一体的应用程序。

7. 丰富的网络功能

VB 6.0 提供的 DHTML（动态 HTML）设计工具可以使开发者动态地创建和编辑 Web 页面，使用户能开发出多功能的网络应用软件。

1.3 VB 集成开发环境

1. 主窗口

启动 VB 6.0 后，将显示如图 1.3 所示的“新建工程”对话框，该对话框中有三个选项卡，即“新建”“现存”“最新”。

“新建”选项卡中列出了多种工程类型供用户选择，如图 1.3 所示，用户可以根据个人需要选择相应的工程类型，默认为“标准 EXE”工程。

“现存”选项卡中列出了可以选择和打开的现有工程。

“最新”选项卡列出了最近使用过的工程。

在“新建”选项卡中选择新建一个“标准 EXE”工程，就可以进入 VB 6.0 的主界面，如图 1.4 所示。VB 6.0 集成开发环境（integrated developing environment，IDE）由标题栏、菜单栏、工具栏、窗体设计器、工具箱、“属性”窗口、“工程资源管理器”窗口、代码编辑窗口、“窗体布局”窗口及“立即”“本地”“监视”窗口等元素组成。在集成开发环境中可以进行程序设计、编辑、编译和调试等工作。该界面内有多个独立的子窗口，这些子窗口的大小和位置都可根据需要自行调节，这些子窗口也可以被打开或关闭。

图 1.3　“新建工程”对话框

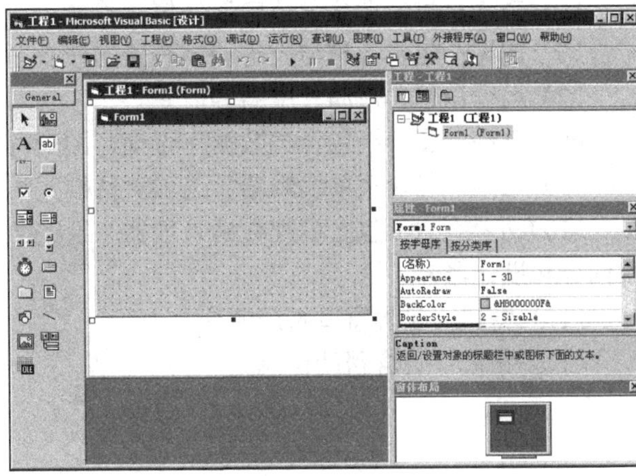

图 1.4　VB 6.0 主界面

2. 标题栏

标题栏用于显示正在开发或调试的工程名称和系统的工作模式［“设计”模式、“运行”模式、“break”（中断）模式］，位于主界面最上方。当标题栏显示“设计”模式时，可以进行程序的设计；当标题栏显示“运行”模式时，用户可以看到程序运行的结果；当标题栏显示“中断”模式时，用户可以查看程序运行的中间结果，如图 1.5 所示。

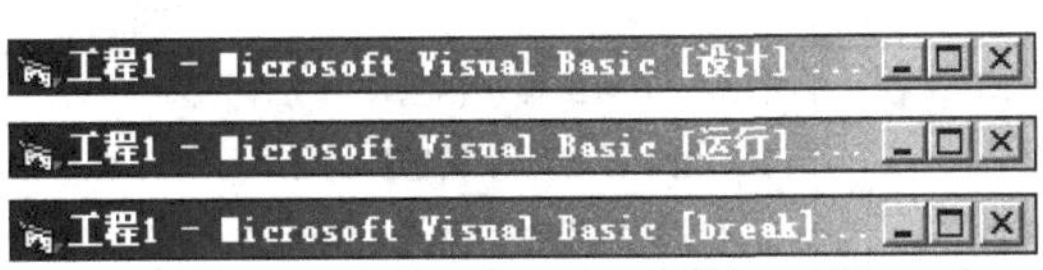

图 1.5　标题栏

3. 菜单栏

菜单栏用于显示所使用的 VB 6.0 命令。VB 6.0 标准菜单包括 13 个菜单项，如图 1.6 所示。每个菜单项都有一个下拉菜单，内含若干个菜单命令，单击某个菜单项，即可打开该菜单，单击某个菜单中的某一菜单选项，就可执行相应的命令。

图 1.6　菜单栏

（1）文件：包含项目的打开、保存及生成 EXE 文件等命令。

（2）编辑：包含复制、粘贴、撤销等命令。

（3）视图：包含关闭、打开各种窗口、工具条的命令。

（4）工程：在项目中加入窗体、模块及 Windows 对象和工具。

（5）格式：包含调整窗体中控件位置等命令。

（6）调试：包含各种与程序调试有关的命令。

（7）运行：包含启动、中断等命令。

（8）查询、图表：包含与数据库查询、图表有关的命令。

（9）工具：包含菜单编辑器、选项对话框、添加过程等命令。

（10）外接程序：包含可视数据管理器（打开数据库管理系统）、外接程序管理器（多种向导和设计器）。

（11）窗口：包含窗口布局命令。

（12）帮助：包含帮助信息。

4. 工具栏

VB 提供了编辑、标准、窗体编辑器和调试四种工具栏，用于快速访问常用命令。VB 集成开发环境中的默认工具栏是“标准”工具栏，如图 1.7 所示。将鼠标指针指向工具按钮上几秒钟，屏幕上将显示所指工具按钮的功能说明，如表 1.1 所示。

图 1.7 “标准”工具栏

表 1.1 “标准”工具栏中的常用工具按钮

按钮	名称	功能
	添加 Standard EXE 工程	添加一个新工程，相当于“文件”菜单中的“添加工程”命令
	添加窗体	在工程中添加一个新窗体，相当于“工程”菜单中的“添加窗体”命令
	菜单编辑器	打开菜单编辑对话框，相当于“工具”菜单中的“菜单编辑器”命令
	打开工程	打开一个已有的工程或保存一个工程
	保存工程	
	剪切	将选定内容剪切、复制到剪贴板及把剪贴板内容粘贴到当前插入位置
	复制	
	粘贴	
	启动	启动、暂停、结束一个应用程序的运行
	暂停	
	结束	
	工程资源管理器	打开或切换至工程资源管理器窗口
	属性	打开或切换至“属性”窗口

续表

按钮	名称	功能
	窗体布局	打开或切换至“窗体布局”窗口
	工具箱	打开或切换至“工具箱”窗口，相当于“视图”菜单中的“工具箱”命令

要显示或隐藏某个工具栏，可以选择“视图”菜单中的“工具栏”命令。要打开或关闭各种工具条，同样可以在“视图”菜单中的“工具栏”子菜单中选择相应命令。选择“自定义”命令，可打开“自定义”对话框，内有以下三个选项卡。

（1）“工具栏”选项卡：用来指定显示哪个工具条；更名、删除或生成新的工具条。

（2）“命令”选项卡：包含主菜单选项和一列已选中选项的命令。

（3）“选项”选项卡：可以指定所有工具条的常规选项。

5. 窗体设计器

窗体设计器用来设计应用程序的界面。启动 VB 后，窗体设计器中自动出现一个名为 Form1 的空白窗体，可以在该窗体中添加控件、图形和图片等来创建所希望的窗体外观，窗体的外观设计好后，选择“文件”→“保存窗体”命令，在“保存”对话框中给出合适的文件名（注意扩展名），并选择所需的保存位置，单击“确定”按钮。当需要再设计另一个窗体时，可单击工具栏上的“添加窗体”按钮。

一个工程可包含若干个窗体，每一个窗体必须有一个名称及其 Name（中文版中的“名称”）属性。建立窗体时，默认名称为 Form1、Form2 等。在窗口中可添加各种对象并可直接观察程序运行时的界面，体现了 VB 的可视化编程思想。

6. 工具箱

工具箱由一组控件按钮组成，用于设计时在窗体中放置控件。工具箱中的工具分为标准控件和 ActiveX 控件。启动 VB 后，工具箱中只有标准控件。需要 ActiveX 控件时，可以选择“工程”→“部件”命令，弹出“部件”对话框，然后在该对话框中选择要添加的控件将其添加到工具箱。在工具箱的空白处右击，在弹出的快捷菜单中选择“部件”命令，同样可以弹出“部件”对话框。

当设计图形界面，比如需要用户输入文字的文本框、允许用户进行选择的单选按钮或复选框时，就会用到这些标准控件。除了默认的工具箱布局之外，还可以通过在工具箱上右击，在弹出的快捷菜单中选择“添加选项卡”命令，并在“结果”选项卡中添加控件来创建自定义布局。工具箱上有 20 个标准控件图标，如图 1.8 所示，可以将这些控件放在窗体上，生成应用程序的用户接口，用以实现人机对话。如果工具箱窗口已关闭，可以使用工具箱按钮或“视图”菜单中的“工具箱”命令打开它。

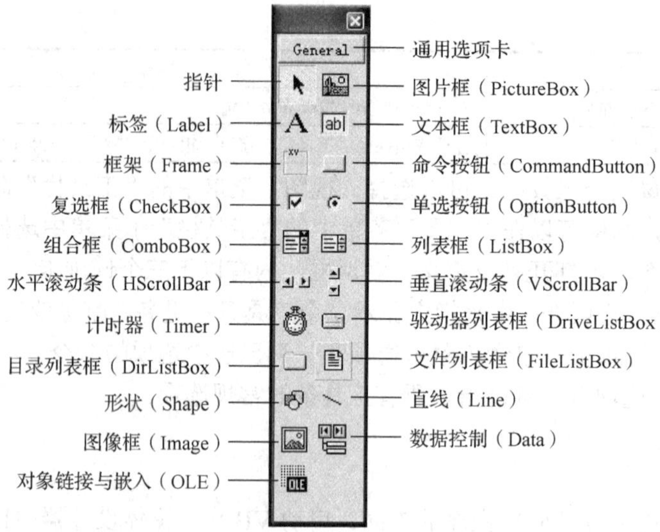

图 1.8　工具箱

7. “属性”窗口

“属性”窗口中列出了选定的窗体或其他控件的属性名称和属性值，如图 1.9 所示。VB 中通过改变属性来改变对象的特征，如大小、标题或颜色等。

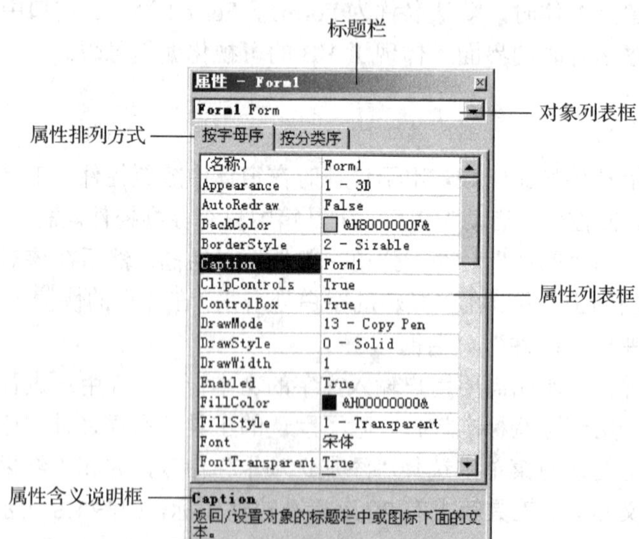

图 1.9　“属性”窗口

“属性”窗口由以下几部分组成。

（1）标题栏：显示“属性”窗口名称、正在设置属性的对象名称及“关闭”按钮。

（2）对象列表框：列出了当前窗体和当前窗体中各控件的名称及类型，可查看并选择某一对象。

（3）属性排列方式：提供了“按字母序”和“按分类序”两种属性名称的显示方式。

（4）属性列表框：显示选中对象的属性，左侧为属性名称，右侧为属性值。

（5）属性含义说明框：显示选中属性的功能说明。

打开“属性”窗口可采用下述方法之一：

方法 1：按 F4 键。

方法 2：单击工具栏上的“属性窗口”按钮。

方法 3：选择“视图”→“属性窗口”命令。

方法 4：右击对象，在弹出的快捷菜单中选择“属性窗口”命令。

8. “工程资源管理器”窗口

“工程资源管理器”窗口用于浏览工程中所包含的窗体和模块，如图 1.10 所示。在该窗口的标题栏下方从左至右有以下三个按钮。

（1）“查看代码”按钮：单击该按钮，可以切换到代码编辑窗口，查看和编辑代码。

（2）“查看对象”按钮：单击该按钮，可以切换到“窗体窗口”，查看和编辑对象。

（3）“切换文件夹”按钮：单击该按钮，折叠或展开对象文件夹中的项目列表。

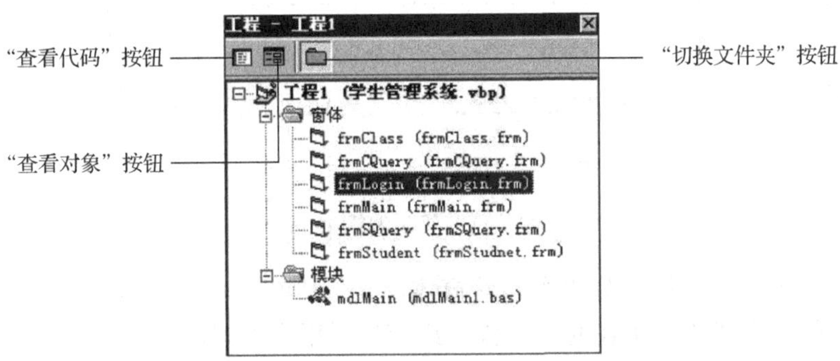

图 1.10　“工程资源管理器”窗口

VB 把一个应用程序称为一个工程（Project），而一个工程又是各种类型文件的集合，这些文件可以包括工程文件（.vbp）、窗体文件（.frm）、标准模块文件（.bas）、类模块文件（.cls）、资源文件（.res）、ActiveX 文档（.dob）、ActiveX 控件（.ocx）、用户控件文件（.ctl）、属性页文件（.pag）。在创建一个工程时不需要将上述文件都包括进去，但至少要包含两个文件，即工程文件和窗体文件。

打开“工程资源管理器”窗口可采用下述方法之一：

方法 1：按 Ctrl+R 组合键。

方法 2：选择“视图”→“工程资源管理器”命令。

方法 3：单击工具栏中的“工程资源管理器”按钮。

9. 代码编辑窗口

代码编辑窗口是显示和编辑代码的窗口，应用程序中的每一个窗体或标准模块都有一个对应的代码编辑窗口。打开代码编辑窗口可采用下述方法之一：

方法 1：单击窗体中的对象，在“工程资源管理器”窗口中单击“查看代码”按钮。

方法 2：双击窗体或窗体上的控件。

方法 3：右击窗体，在弹出的快捷菜单中选择“查看代码”命令。

方法 4：选择“视图”→“代码窗口”命令。

代码编辑窗口如图 1.11 所示，其中包含如下对象。

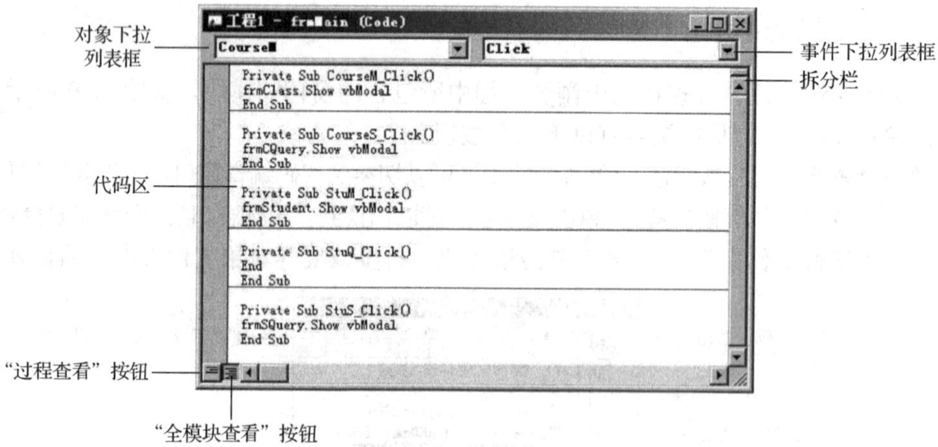

图 1.11 代码编辑窗口

（1）对象下拉列表框：列出了当前窗体及其上所有控件的名称。其中，“通用”表示该模块中的通用代码，可在此声明模块级变量或用户编写的自定义过程。

（2）事件下拉列表框：列出了选中对象的所有事件过程。其中，“声明”表示声明模块级变量。

（3）代码区：在此可编写程序代码。在对象下拉列表框中选好一个对象，又在事件下拉列表框中选好一个事件过程名之后，代码区会自动生成一个事件过程模板（过程的开头和结尾语句），在头尾语句之间输入代码即可。

（4）拆分栏：拖动拆分栏即可把代码区分为上下两部分，可以同时对代码的不同部分进行修改，对照检查。

（5）“过程查看”按钮：单击该按钮，代码区中仅显示当前过程的代码。

（6）“全模块查看”按钮：单击该按钮，代码区中显示当前模块中所有过程代码。

10. “窗体布局”窗口

通过“窗体布局”窗口（图 1.12）调整各个窗体相对屏幕的位置来决定程序运行时

窗体显示的实际位置和几个窗体间的相对位置。VB 允许使用表示屏幕的小图像来布置应用程序中各窗体的位置。

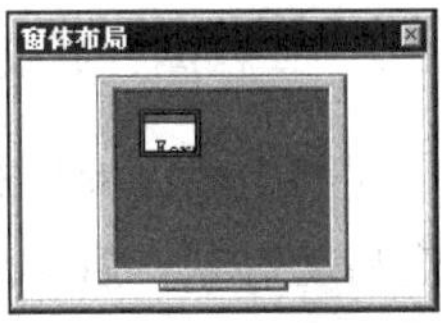

图 1.12　“窗体布局”窗口

11. “立即”“本地”“监视”窗口

“立即”“本地”“监视”窗口作为附加窗口是为调试应用程序提供的，它们只在集成开发环境之中运行应用程序时才有效。

1.4　VB 6.0 工程管理

1.4.1　VB 工程的构成

VB 是以工程为单位管理用户的应用程序。用户每建立一个应用程序，VB 系统就会根据其功能为其建立一系列的文件，并将这些文件的相关信息保存到工程文件中，每次保存工程时，这些信息都要被更新。

一个 VB 工程可以包括多种类型的文件。其中，最常用的是工程文件和窗体文件。

（1）工程文件（.vbp）：每个工程对应一个工程文件。对于一个较复杂的应用程序，可以含有两个以上的工程文件，选择“文件”→“添加工程”命令可以添加一个工程。

（2）窗体文件（.frm）：每个窗体对应一个窗体文件。一个窗体文件由两部分组成，一部分是作为用户界面的窗体；另一部分是窗体和窗体中对象执行的代码。选择“工程”→“添加窗体”命令可以添加一个窗体。

（3）工作区文件（.vbw）：文件中保存了最后保存工程时的状态情况。.vbw 文件可以删除，保存工程后系统会自动再建一个.vbm 文件。

（4）窗体的二进制数据文件（.frx）：若一个窗体中包括图片或图标等二进制信息，则保存.frm 窗体文件的同时，会产生一个与该窗体文件具有相同文件名的.frx 文件。

（5）标准模块文件（.bas）：又称程序模块文件，完全由代码组成。在标准模块的代码中，可以声明全局变量，可以定义函数过程和子程序过程。标准模块中的全局变量可以被工程中的其他模块调用；而公共的过程可以被窗体模块的任何事件调用。选择“工程”→“添加模块”命令可以添加一个标准模块。

（6）类模块文件（.cls）：VB 提供了大量预定义的类，同时允许用户根据需要自定义类。类模块文件中既包含代码又包含数据，每个类模块均定义了一个类，可以在窗体模块中定义类的对象，调用类模块中的过程。

（7）资源文件（.res）：是一种可以同时存放文本、图片、声音等多种资源的纯文本文件，可以使用简单的文本编辑器进行编辑。

（8）ActiveX 控件文件（.ocx）：可以添加到工具箱，并在窗体中使用。

2. 工程属性的设置

在“工程属性”对话框中可以设置工程的属性。如果工程中包含多个窗体，则可以指定启动对象。启动对象是工程运行时的入口点，在“通用”选项卡的“启动对象”列表框中指定运行时显示的第一个窗体，单击“确定”按钮即可。

1.4.2 VB 6.0 工程环境设置

VB 6.0 在设计上更加人性化，也更加灵活，用户可以根据个人习惯设置自己的工程环境。设置个性化工程环境的步骤如下：选择“工具”→“选项”命令，弹出“选项”对话框，如图 1.13 所示。在该对话框中，有六个选项卡，用户可根据需要对各选项进行设置。

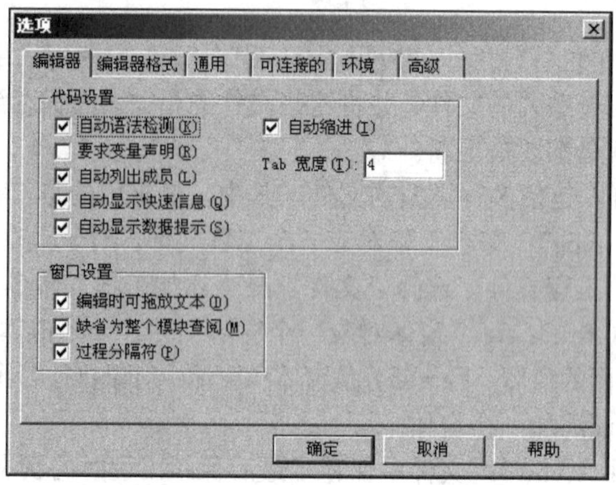

图 1.13 “选项”对话框

1. “编辑器”选项卡

“编辑器”选项卡用于设置代码编辑窗口和工程窗口的一些特殊功能。在“编辑器”选项卡中可以进行如下设置。

（1）自动语法检测。若选中该复选框，用户在代码编辑窗口编程时，每输入一条命令并按 Enter 键后，系统会自动对该行代码进行语法检查。系统一旦检测到语法错误，就会弹出一个警告信息对话框，提示编译错误。若不选中该复选框，系统将不弹出警告信息对话框，仅以红色显示错误代码行。

（2）要求变量声明。尽管 VB 允许使用未经声明的变量，但其他语言一般会遵循先声明变量再使用变量的原则。建议用户选中该复选框，养成先声明后使用变量的良好习惯。若选中该复选框，系统将在新建程序的模块文件顶部的通用声明段，自动加入变量强制声明语句 Option Explicit。一旦在程序中使用未经声明的变量，程序运行时系统将自动报错。

（3）自动列出成员。如果用户选中该复选框，当用户在程序输入过程中输入控件名和句点后，系统将自动列出该控件可用的属性和方法。用户只需在列表框选中所需的内容，按空格键或双击，选中的内容即自动输入到光标的当前位置，这不仅减少了用户的输入量，还极大提高了准确率。

（4）自动显示快速信息。若选中该复选框，当用户输入程序时，调用函数或过程名时，系统将自动列出该函数或过程的参数信息，以提示用户正确输入。

2. “编辑器格式”选项卡

“编辑器格式”选项卡如图 1.14 所示，在此可以设置代码编辑区中代码的字体、大小、颜色等参数。

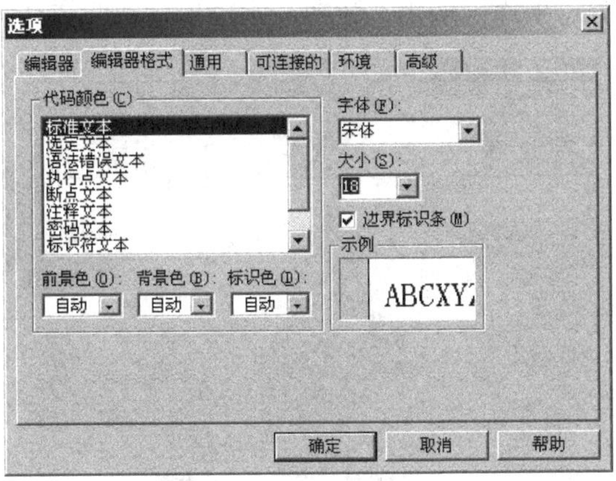

图 1.14　“编辑器格式”选项卡

3. “通用”选项卡

“通用”选项卡用于设置为当前 VB 工程的窗体网格信息、错误处理方式及编译方式。

4. “可连接的”选项卡

“可连接的”选项卡用于设置是否连接各种窗口，如“立即”窗口、“本地”窗口等。

5. “环境”选项卡

“环境”选项卡用于设置 VB 启动时的环境，如是否提示创建工程、是否显示模板等。

6. “高级”选项卡

“高级”选项卡用于对 VB 环境进行一些高级设置。

1.5　VB 应用程序开发过程

1.5.1　简单的应用程序开发实例

下面用一个简单的例子逐步介绍使用 VB 集成开发环境设计编写应用程序的步骤和方法。

【例 1.1】 制作一个简单的可以进行加、减、乘、除算术运算的小型计算器，其界面如图 1.15 所示。要求在前两个空框（文本框）中输入两个数值，单击“加”“减”“乘”“除”按钮中的一个，则第三个空框（文本框）中显示运算的结果；单击“清除”按钮，则清除文本框中的内容；单击“结束”按钮，则结束程序的运行。

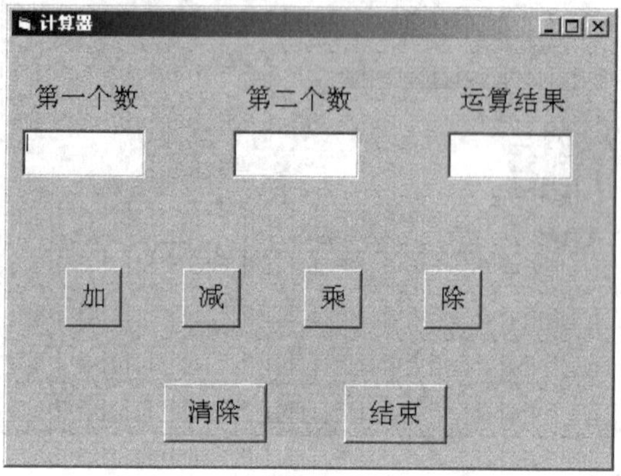

图 1.15　计算器运行界面

步骤：

（1）设计用户界面。

① 启动 VB 环境，选择“标准 EXE”选项，单击“打开”命令，进入 VB 主界面。

② 单击窗口左侧工具箱中的“标签”按钮，分别在窗体上方添加三个标签：Label1、Label2、Label3。

③ 单击窗口左侧工具箱中的“文本框”按钮 abl，分别在窗体上添加三个文本框：Text1、Text2、Text3。

④ 单击窗口左侧工具箱中的“命令按钮”按钮，分别在窗体上添加六个命令按钮，即 Command1～Command6。

⑤ 单击某个控件，适当调整控件的位置和大小。

（2）设置控件的属性。依次选中各个控件，在窗口右侧的“属性”窗口中设置各控件的属性，如表 1.2 所示。

表 1.2　相关控件的属性设置

控件名	属性名	属性值	说明
Label1	Caption	第一个数	标签的标题
Label2	Caption	第二个数	标签的标题
Label3	Caption	运算结果	标签的标题
Text1	Text	空	
Text2	Text	空	
Text3	Text	空	
Command1	Caption	加	按钮的标题
Command2	Caption	减	按钮的标题
Command3	Caption	乘	按钮的标题
Command4	Caption	除	按钮的标题
Command5	Caption	清除	按钮的标题
Command6	Caption	结束	按钮的标题
Form1	Caption	计算器	窗体的标题

（3）在代码窗口书写程序代码。双击 Command1 按钮，打开代码编辑窗口，编写程序代码，如图 1.16 所示。

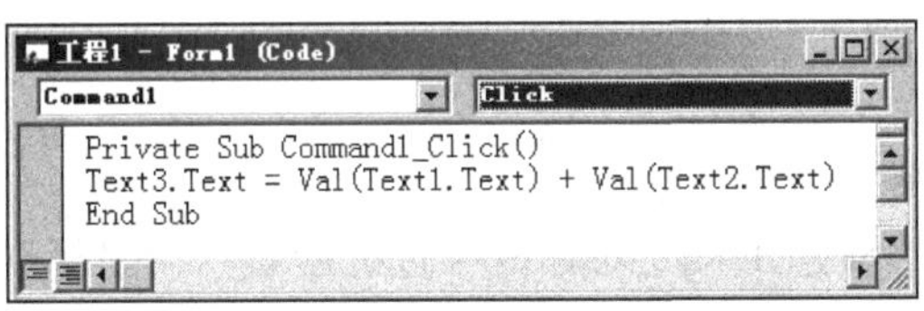

图 1.16　编写 Command1 按钮的代码

对于其他按钮，也按照上述步骤操作，编写程序代码如下。

```
Private Sub Command1_Click()
   Text3.Text = Val(Text1.Text)+ Val(Text2.Text)
End Sub
Private Sub Command2_Click()
   Text3.Text = Val(Text1.Text)- Val(Text2.Text)
End Sub
Private Sub Command3_Click()
   Text3.Text = Val(Text1.Text)* Val(Text2.Text)
End Sub
Private Sub Command4_Click()
   Text3.Text = Val(Text1.Text)/ Val(Text2.Text)
End Sub
Private Sub Command5_Click()
```

```
        Text1.Text = ""
        Text2.Text = ""
        Text3.Text = ""
    End Sub
    Private Sub Command6_Click()
        End
    End Sub
```

（4）保存工程。选择“文件”→“保存工程”命令，第一次弹出的对话框是保存窗体，默认窗体文件名称为 Form1.frm，选择好保存路径，确定保存窗体。接着弹出的对话框是保存工程，默认的工程文件名称为“工程 1.vbp”，将工程文件与窗体文件保存在同一路径下。

（5）运行工程。按 F5 键或选择“运行”→“启动”命令或单击“运行”按钮▶，运行程序，即可得到如图 1.15 所示的运行结果，在文本框中输入数据，单击某个按钮即可产生相应的计算结果。

1.5.2 VB 应用程序开发步骤

根据例 1.1 可知，VB 应用程序的开发步骤一般如下。

1. 创建用户界面

1）新建工程和窗体

启动 VB 6.0，在“新建工程”对话框中选择新建一个“标准 EXE”工程。此时，系统会自动创建“工程 1”和一个默认的窗体“Form1”，后续操作均在 Form1 上完成。

2）添加控件

在窗体上添加控件有如下两种方法。

方法 1：双击工具箱中所需的控件图标，在窗体上即出现一个默认大小的对象框，用户可在窗体中拖动鼠标调整其大小和位置。

方法 2：单击工具箱中相应的控件图标，将鼠标移到窗体上，此时鼠标光标变为“+”号，将“+”号移到窗体适当位置，按住鼠标左键向右下方拖动至所需大小后释放鼠标左键，即可在窗体上生成一个指定大小的对象框。

3）调整对齐控件

窗体中的多个控件经常需要进行对齐和调整，如多个控件的对齐、控件的间距调整、统一控件大小、控件前后顺序的调整等。

调整对齐控件的方法：先选定多个待调整的控件，然后使用“格式”菜单中的相应命令；或者选择“视图”→“工具栏”命令，选择“窗体编辑器”选项，打开窗体编辑工具栏，使用其中的工具对控件进行调整。

同时选择多个对象的方法也有两种。

方法 1：单击选中第一个控件，然后按住 Shift 键或 Ctrl 键，分别单击其他控件。

方法 2：与 Windows 下选择多个连续文件或文件夹类似，在窗体空白处按住鼠标左键拖动，将欲选定的对象包围在一个虚框中然后释放鼠标左键即可。

一旦成组选择控件，被选择的控件不仅可以像单个控件那样移动、复制、删除，还可以同时设置相同属性等。

2. 设置各个对象的属性

窗体及控件创建好以后，并没有显示出要求的程序界面，如命令按钮上的文字、标签显示的内容等，这需要通过修改属性才能实现。设置控件对象属性前要先选中一个或多个控件，然后修改相应属性值。

VB 中设置或改变对象的属性有如下两种方法。

方法 1：在界面设计阶段，通过“属性”窗口的属性框直接设置对象的属性。

方法 2：在编码阶段，通过语句来实现属性的改变。语句格式如下所示。

```
对象.属性名=属性值
```

3. 编写对象响应事件的程序代码

VB 采用事件驱动机制，完成用户界面建立并为各个对象设置相应的属性后，还需要根据程序的需要，为控件的某些事件编写代码以实现特定的功能。

每个窗体都有自己的代码编辑窗口，专门用于显示和编辑应用程序源代码。打开代码编辑窗口后，选择控件及该控件要响应的事件，然后编写代码即可。

4. 调试并运行应用程序，排除错误

在 VB 中，可以用两种方式运行程序，即编译运行模式和解释运行模式。

（1）编译运行模式。选择“文件”→“生成工程 1.exe”命令后，系统将读取程序中的全部代码，将其编译为机器代码，并保存在扩展名为.exe 的可执行文件中，之后该程序就可脱离 VB 环境独立执行了。

（2）解释运行模式。选择“运行”→“启动”命令，或按 F5 键，或单击工具栏上的“启动”按钮▶，系统将读取事件激发的那段事件过程代码，将其转换为机器代码，边解释边执行该机器代码。由于转换后的机器代码不保存，如需再次运行该程序，必须再解释一次，运行速度比编译运行模式慢。此方式一般在开发阶段调试程序时使用。

5. 保存文件

单击工具栏中的“保存工程”按钮，或选择“文件”→“保存工程”命令，将先

后弹出两个保存对话框：第一个为“文件另存为”对话框，用于保存窗体文件；第二个为“工程另存为”对话框，用于保存工程文件。

在对话框中，“保存在”下拉列表框中显示的是文件的保存路径，默认的文件保存路径为 C:\Program Files\Microsoft Visual Studio\VB 98，用户也可在该下拉列表框中选择新的保存路径。

选择好保存路径后，还需要设置“文件名”和“保存类型”，如果不想使用默认文件名，可以输入新的文件名。但是，文件通常使用默认保存类型，不可任意修改，如窗体文件为*.frm、工程文件为*.vbp 等。

需要注意的是，如果对已保存的程序进行了修改（包括界面和代码），需要再次保存程序，可以单击工具栏中的“保存工程”按钮，但是此时将不会弹出保存对话框，而是直接在原有文件上进行更新。如果要为程序保存副本，需要选择“文件”→“工程另存为”/“XXX.frm 另存为”命令，分别对工程和窗体文件进行另存为操作。

6. 生成可执行文件

保存工程和窗体文件后，即可在 VB 6.0 集成开发环境中执行该程序，但一旦脱离该集成开发环境，程序就无法再执行了，需要生成可执行文件。在 Windows 环境下无须任何编程环境，只需双击该程序的 EXE 文件就可执行。要生成程序的可执行文件，可选择“文件”→“生成工程 1.exe”命令，弹出“生成工程”对话框，在默认情况下，该可执行文件的名称与工程名同名，可根据用户需要对名称进行相应更改，最后选择该 EXE 文件的存储路径，单击“确定”按钮。这样，用户只需双击计算机中的 EXE 文件就可运行该程序，或将该可执行文件复制到其他安装有 Windows 操作系统的计算机中直接运行。

1.5.3 VB 应用程序调试

VB 提供的面向对象的可视化开发环境，提高了程序设计开发的效率和质量。但是，无论程序员的编程技术多么高超，由于程序设计必须由程序员手工完成，免不了会出现这样或那样的失误，必须经过调试才能正常运行。

为了方便用户快速、准确地查找和修改错误，VB 系统提供了一组交互式的、有效的调试工具和手段。应用程序的调试就是在程序设计过程中不断地发现并改正错误。

1. VB 的工作模式

VB 是一个集编辑、编译与运行于一体的集成开发系统。在程序设计过程中，其工作状态可分为三种模式：设计模式、运行模式和中断模式。为了调试程序，用户必须知道系统当前所处的工作模式及其能实施的相关操作。

（1）设计模式：用于用户基本界面的设计、相关控件的属性设置和程序代码编写。

（2）运行模式：用于在编辑代码过程中编译执行应用程序，以观察运行效果或进行代码调试。在该模式下，不能对程序界面及代码进行编辑。

（3）中断模式：用于程序运行过程中的暂时中断，这时可以编辑程序代码，并可在“立即”窗口中显示变量值、中间结果或运行其他命令，但不可编辑界面。该模式主要用于程序代码的调试和中间结果的检查。在此模式下，选择“运行”→“继续”命令可以继续运行程序，选择“结束”命令可以中止程序的运行。

2. *程序错误*

程序错误基本上可以分为三种类型：编译错误、运行错误和逻辑错误。

（1）编译错误。由于使用错误的语法结构或错误的命令语句使得 VB 编译器无法对代码进行编译，这类错误称为编译错误。例如，遗漏标点符号、关键字，将英文标点符号写成中文标点符号，表达式书写不完善等。语法错误通常发生在代码输入过程中。VB 提供了自动语法检测功能，该功能可在“选项”对话框的“编辑器”选项卡中设置，如图 1.13 所示。在输入程序代码的过程中，一旦检查出语法错误，会立即提示用户纠正。

例如，在图 1.17 中输入代码“Form1.Font ="黑体"”时，误将"黑体"写成“黑体”（前者为英文引号，后者为中文引号），当光标离开该行时，系统立刻弹出编译错误提示对话框，显示该处代码存在错误。此时单击“确定”按钮后，可对该处的错误代码进行纠正。

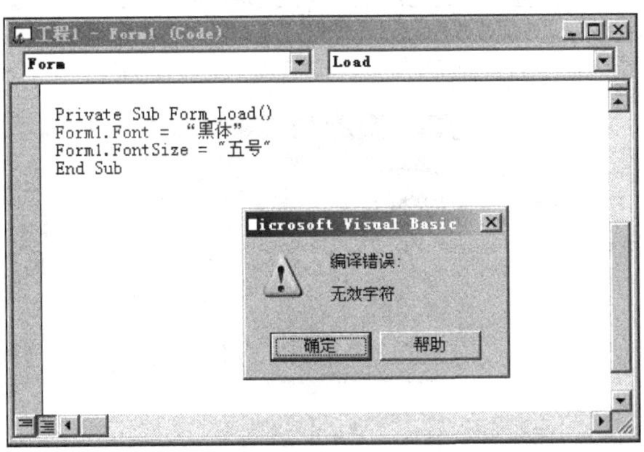

图 1.17　自动语法检测

如果程序中存在不属于语法错误的错误代码，在输入代码时不会被语法检测发现，但在随后的程序运行过程中，系统在将程序编译为可执行文件时会提示错误。

例如，在图 1.18 中，在系统要求声明变量的情况下使用了未定义的变量，程序运行时 VB 将停止编译，并回到有错误的代码窗口，弹出编译错误提示对话框。此时，单击“确定”按钮后，可在“中断”模式下对代码窗口中的错误代码进行修改。

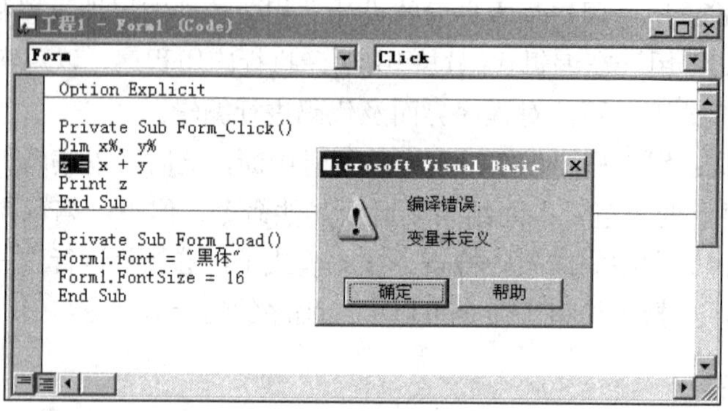

图 1.18　变量未定义

（2）运行错误。如果所输入代码的语法结构及程序的编译过程均正确无误，但在随后的运行过程中却发生错误，这通常是程序在运行过程中执行了非法操作，或因某些操作失败而引起的，此类错误称为运行错误。例如，赋值语句的数据类型不匹配、试图打开一个不存在的文件、数组下标越界、磁盘存储空间不足等。在图 1.19 中，属性 FontSize 的类型为整型，当对其赋值的类型为字符型时，系统运行将显示图中所示的错误信息。单击“调试”按钮，进入“中断”模式，光标将停留在引起错误的语句上。此时可修改错误代码。

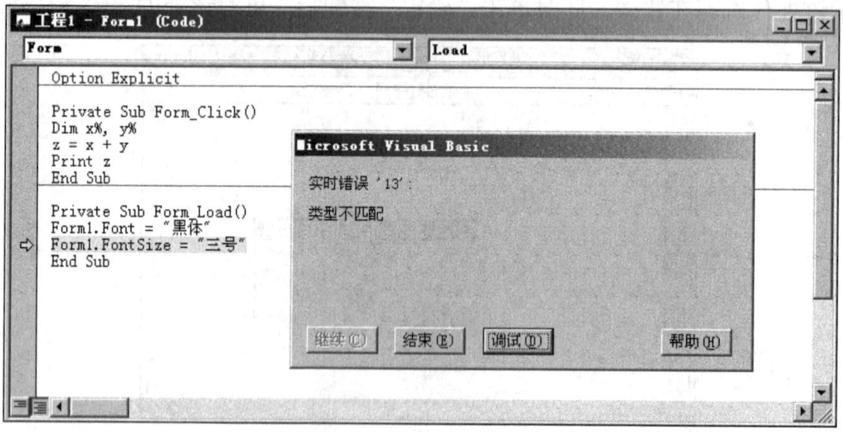

图 1.19　类型不匹配

（3）逻辑错误。程序从设计到编译运行，整个过程没有出现任何错误提示，但运行后却得不到预期的结果，这类错误称为逻辑错误。例如，运算符号使用不当，语句的次序不正确，循环语句的条件值或初值、终值、步长设置不合理等。由于这类错误不会导致错误信息的提示，因此较难排除，需要程序员仔细地阅读分析程序，并借助相应的调试工具才能查出原因进行纠正。

3. VB 的调试工具

程序的调试就是定位和修改那些使程序不能正确运行的错误。VB 提供了功能强大的调试工具，能够帮助分析程序运行过程，分析变量和属性值的变化，可以便捷、有效地查找错误产生的位置和原因。

（1）程序调试工具栏。VB 提供了一个专用的程序调试工具栏，在集成开发环境中，该工具栏默认不可见，选择“视图”→“菜单”→“工具栏”→“调试”命令，或在任意工具栏上右击，在弹出的快捷菜单中选择“调试”命令均可打开调试工具栏。利用该工具栏提供的按钮可以运行要测试的程序、中断程序的运行、在程序中设置断点、监视变量、单步调试和过程跟踪等，以查找并排除代码中存在的逻辑错误。

（2）调试菜单。除了打开调试工具栏进行调试外，VB 还提供了“调试”菜单和“运行”菜单。两者也包含了启动、中断、结束等功能命令。

4. 调试程序

（1）中断模式的进入和退出。使用调试工具调试程序通常在中断模式下进行，在中断模式下，用户可查看各变量及属性的当前值，观察界面状况，从而了解程序执行是否正常，并且修改程序代码、变量及属性值等。

在程序调试时，使系统进入中断模式的方法有以下几种。

方法 1：程序运行时发生错误，被系统检测到而中断。

方法 2：程序运行中，按 Ctrl+Break 组合键，或单击调试工具栏中的“中断”按钮，或选择“运行”→“中断”命令，就会产生中断。

方法 3：在程序代码中设置断点，当程序运行到断点处就会产生中断。

方法 4：采用逐语句或逐过程运行，每执行完一行语句或一个过程后就会产生中断。

方法 5：在程序代码中使用 Stop 语句，当执行到 Stop 语句时，也会产生中断。

在中断模式下，查看程序中变量或属性最便捷的方法是将鼠标指针指向要查看的变量，此时系统会在随后弹出的一个小方框中显示该变量或属性的当前值。

当在中断模式下调试完毕后，退出中断模式有以下两种方法。

方法 1：如果要退出并继续运行程序，则可选择“运行”→“继续”命令，或单击调试工具栏上的“继续”按钮。

方法 2：如要结束运行，则可选择“运行”→“结束”命令，或单击调试工具栏上的“结束”按钮。

（2）调试窗口。VB 提供了三个用于调试的窗口：“本地”窗口、“立即”窗口和“监视”窗口。通过调试工具栏中的按钮或在“视图”菜单中选择相应的调试窗口，均可打开相应的调试窗口。

①“本地”窗口。“本地”窗口可以显示当前过程中所有变量的值。“本地”窗口只能显示本过程中的变量，其他过程的变量则无法看到。

②“立即”窗口。“立即”窗口用于显示在程序运行过程中与当前过程有关的信息，可以显示某个变量或属性值，或执行单个过程或表达式。进入中断模式后，单击调试工具栏上的“立即”窗口按钮，即可打开“立即”窗口。

在“立即”窗口中可以实现以下功能。

a．用 Debug.Print 方法输出信息。调试程序时可在程序代码中添加 Debug.Print n 等语句，将变量或表达式的值输出到“立即”窗口中。注意：程序调试完成后，应将 Debug.Print 语句删除。

b．在设计时用来测试表达式。在设计模式下，可以在“立即”窗口中使用 Print 方法或“？”直接输出一些表达式的结果。

c．直接从“立即”窗口打印。在中断模式下，使用 Print 方法或“？”可在“立即”窗口中检查变量或表达式的值。

d．从“立即”窗口编辑变量或属性值。在中断模式下，可在“立即”窗口中设置变量或属性的值。

e．从“立即”窗口测试过程。从“立即”窗口可以通过指定参数值来调用过程，以测试程序的正确性。

③“监视”窗口。“监视”窗口允许开发者设置断点、观察变量的值以及执行单步调试等操作，为开发者提供一种强大的调试手段。

1.6 对象和类

1.6.1 对象和类的概念

1. 对象

对象是系统中描述客观事物的实体，是由描述其属性结构的数据和定义在数据上的一组操作组成的实体。它是数据结构和操作序列的组合体，是构成系统的基本单元。

对象是具有特殊性质（属性）和行为方式（方法）的实体，在现实生活中到处可见，如一辆汽车可看作一个对象，汽车的型号、价格、外观等特性称为“属性”，汽车的启动、加速、减速等行为，称为“方法”。对象的概念是相对的，根据观察者的角度可将对象分解和综合，如汽车还可分解为车头、车尾或发动机、车轮等对象，分解后的对象又各自具有不同的属性和行为。

2. 类

类是一组对象的抽象，是具有相同属性结构和操作行为的一组对象的集合。类是创建对象实例的模板，包含所创建对象的共同属性描述和共同行为特征的定义，即对象是类的实例。例如，各种各样的汽车可以看作一个汽车类，具体到某一辆特定的汽车则称为汽车类中的一个实例，即一个对象。

VB 中的类可分为两种：一种是由系统设计好，可以直接使用的类；另一种是由用户自定义的类。本书重点介绍第一种。工具箱中的标准控件均为 VB 系统设计好的标准控件类，开发者在窗体上“画”一个控件的过程即为该控件类的实例化，将控件类转换为一个控件对象（简称为控件）。除了用户大量使用的窗体和控件对象外，VB 还提供了一些系统对象，如打印机（printer）、剪贴板（clipboard）、屏幕（screen）等。

3. 封装

封装是指对象在把数据与操作结合为一个整体时，其数据的表示方式及对数据的操作细节尽可能被隐藏。用户只是通过操作接口对数据进行操作而对内部细节一无所知，这样既和外部发生联系，又保证了数据的安全性。

4. 继承

继承是指特殊类的对象拥有一般类的全部属性结构和操作行为。子类具有父类的全部属性结构和操作行为。

1.6.2　对象的三要素

在面向对象程序设计中，对象是系统中基本的运行实体。建立一个对象后，其操作是通过与该对象有关的属性、事件和方法来描述的。属性、事件和方法称为对象的三要素。

1. 对象的属性

属性（property）是指用于描述对象的名称、位置、颜色、字体等特征的一些指标。属性是对象中的数据，是用来描述和反映对象特征的参数，所有对象都有自己的属性。例如，控件名（name）、标题（caption）、颜色（color）、字体（fontname）等属性决定了对象展现给用户的界面具有什么样的外观及功能。可以通过设置属性来改变对象的特性。

属性指明了对象“是什么样的”，常用于定义对象的外观。

设置属性有以下两种方法。

方法 1：通过“属性”窗口设置对象的属性。设置属性时，先在左侧栏中找到相应的属性名称，然后修改右侧的属性值。

方法 2：在程序中用程序语句设置，格式如下。

```
对象名.属性名=属性值
```

例如：

```
Label1.Caption= "欢迎来到 VB 世界！"
```

则将标签 Label1 的标题属性值设置为“欢迎来到 VB 世界！”。

这两种方法都可以实现属性的修改，但是又有所区别。大多数属性在“属性”窗口中修改以后，可以在窗体中立刻看到控件状态的变化。如果使用方法 2 在程序代码中用语句实现，则需要运行程序属性设置才能生效。

在一个程序中应该使用哪种方法设置属性需要根据实际情况考虑。有些属性可以在设计时通过属性窗口来设置，无须编写任何代码；而有些属性则必须通过编写代码，在运行程序的同时进行设置，如 Name 属性仅允许在“属性”窗口中设置，而文本框的 SelStart、SelLength 和 SelText 属性等必须在程序代码中利用语句进行设置。

2. 对象的事件

事件（event）是指发生在某一对象上的事情，是 VB 预先设置好的、能被对象识别的动作。事件又可分为鼠标事件和键盘事件。例如，按钮的单击（Click）事件、键盘按下（KeyPress）事件等。

事件指明了对象“什么情况下做”，常用于定义对象发生某种响应的时机和条件。

在 VB 中，事件的调用格式如下：

```
Private Sub 对象名_事件名
    (事件内容)
End Sub
```

例如：

```
Private Sub  Command1_Click()
    Command1.FontSize=20     '设置命令按钮的字体大小为 20
End Sub
```

3. 对象的方法

方法（method）是对象的动作或行为，是用来控制对象的功能及操作的内部程序。例如，人具有说话、行走、学习、睡觉等功能。在 VB 中，对象所能提供的这些功能和操作，就称为“方法”。以窗体为例，它具有显示（show）或隐藏（hide）的方法。

方法指明了对象“能做什么”，常用于定义对象的功能和操作。

方法是对象本身内含的函数或过程。在 VB 中，方法的调用格式如下：

```
[对象.]方法[参数列表]
```

例如，在 VB 中，提供了一个名为 Print 的方法，当把它用于不同的对象时，可以在不同的对象上输出信息。下面的语句可以实现在对象名为 Form1 的窗体上显示字符串“Visual Basic 程序语言设计”。

```
Form1.Print "Visual Basic 程序语言设计"
```

如果将语句更改为

```
Printer.Print "Visual Basic 程序语言设计"
```

执行时，将在对象名为“Printer”的打印机上打印字符串“Visual Basic 程序语言设计”。

在调用方法时，可以省略对象名。在这种情况下，VB 所调用的方法作为当前对象的方法，一般把当前窗体（Me）作为当前对象。下面的三条语句，执行时都将在当前窗体上显示字符串“Visual Basic 程序语言设计”。

```
Print "Visual Basic 程序语言设计"
Me.Print "Visual Basic 程序语言设计"
Form1.Print "Visual Basic 程序语言设计"
```

VB 对象具有属性、方法和事件。属性是描述对象的数据；方法告诉对象应做的事情；事件是对象所发生的事情，事件发生时可以编写代码进行处理。

VB 的窗体和控件都具有自己的属性、方法和事件的对象。可以把属性看作一个对象的性质，把方法看作对象的动作行为，把事件看作对象的响应。

在 VB 程序设计中，基本的设计机制如下：改变对象的属性、使用对象的方法、为对象事件编写事件过程。程序设计时要做的工作就是决定应更改哪些属性、调用哪些方法、对哪些事件作出响应，从而得到希望的外观和行为。

1.6.3　事件驱动模型

在“过程化”的应用程序中，应用程序自身控制了执行哪一部分代码和按何种顺序执行代码。从第一行代码执行程序并按应用程序中预定的路径执行，必要时调用过程。

在事件驱动的应用程序中，代码不是按照预定的路径执行，而是在响应不同的事件时执行不同的代码片段。事件既可以由用户操作触发，也可以由来自操作系统或其他应用程序的消息触发，甚至由应用程序本身的消息触发。这些事件的发生顺序决定了代码执行的顺序，因此应用程序每次运行时所经过的代码的路径可能不同。

因为事件发生的顺序是无法预测的，所以在代码中必须对执行时的“各种状态”做一定的假设。当做出某些假设时（例如，在处理某一输入字段的过程之前，该输入字段必须包含确定的值），应该组织好应用程序的结构，以确保该假设始终有效。在执行中，操作也可以触发事件。例如，在程序中改变文本框中的文本将引发文本框的 Change 事件。如果 Change 事件中包含代码，则该代码将会执行。

上 机 练 习

1．在计算机上安装 VB 集成开发环境。

2．创建 VB 快捷方式并更改默认路径。

要求：在桌面创建 VB 的快捷方式，并修改其默认路径为“D:\我的 VB 程序”文件夹。

步骤：

（1）打开 Windows 资源管理器，在 VB 安装目录下找到 VB6.EXE（默认安装在 C:\Program Files\Microsoft Visual Studio\VB98 目录下）。

（2）在 VB6.EXE 上右击，在弹出的快捷菜单中选择“发送到”→“桌面快捷方式”

命令，如图 1.20 所示，则在桌面上将创建一个快捷方式图标，如图 1.21 所示。

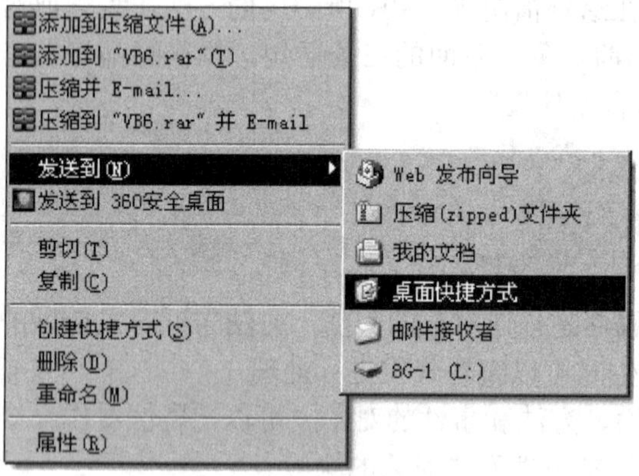

图 1.20　快捷方式的创建

图 1.21　VB6.EXE 桌面快捷方式图标

（3）在 D 盘下，新建“我的 VB 程序”文件夹。在桌面新建的 VB6.EXE 快捷方式图标上右击，在弹出的快捷菜单中选择“属性”命令，弹出其属性设置对话框，在“快捷方式”选项卡中将“起始位置”修改为“D:\我的 VB 程序”，单击“确定”或“应用”按钮。之后新工程的默认保存目录就是该目录了。

3．VB 集成开发环境中各窗口的打开与关闭。

要求：启动 VB 环境，找到主界面中的“工程资源管理器”窗口、“属性”窗口、“窗体布局”窗口和“工具箱”。各窗口都是浮动窗口，拖动窗口的标题栏，可以调整窗口的位置，并进行各窗口的打开和关闭练习。

4．VB 个性化开发环境设置。

要求：选择“工具”→“选项”命令，在弹出的“选项”对话框进行如下设置。

（1）“编辑器”选项卡中的设置：选中“自动语法检测”“要求变量声明”“编辑时可拖放文本”复选框。

（2）“编辑器格式”选项卡中的设置：设置字体为“黑体”，大小为“18”磅。

（3）“环境”选项卡中的设置：启动 VB 时“创建缺省工程”。

5．建立自己的第一个 VB 应用程序例 1.1。

课 后 习 题

一、选择题

1．VB 6.0 集成开发环境有三种工作状态，不属于三种工作状态之一的是（　　）。

A．设计状态　　B．编写代码状态

C．运行状态　　D．中断状态

2．不能打开代码编辑窗口的操作是（　　）。

A．双击窗体设计器的任何位置

B．按 F4 键

C．单击工程窗口中的“查看代码”按钮

D．选择“视图”→“代码窗口”命令

3．工程文件的扩展名是（　　）。

A．.frm　　B．.vbp　　C．.bas　　D．.frx

4．窗体文件的扩展名是（　　）。

A．.frm　　B．.vbp　　C．.bas　　D．.frx

5．在设计阶段，当双击窗体上的某个控件时，所打开的窗口是（　　）。

A．“工程资源管理器”窗口　　B．工具箱窗口

C．代码编辑窗口　　D．“属性”窗口

6．VB 中“程序运行”允许使用的快捷键是（　　）。

A．F2　　B．F5　　C．Alt+F3　　D．F8

7．将 VB 编制的程序保存在磁盘上，至少会产生（　　）文件。

A．.doc 与.txt　　B．.com 与.exe　　C．.bat 与.frm　　D．.vbp 与.frm

8．VB 集成开发环境的主界面不包括（　　）。

A．标题栏　　B．工具栏

C．“属性”窗口　　D．“立即”窗口

9．窗体设计器用于设计（　　）。

A．应用程序代码　　B．应用程序界面

C．对象的属性　　D．对象的事件

10．有程序代码如下：

```
Text1.Text="Visual Basic"
```

则 Text1、Text 和"Visual Basic"分别代表（　　）。

A．对象、值、属性　　B．对象、方法、属性

C．对象、属性、值　　D．属性、对象、值

11．下述选项中，不属于对象的三要素的是（　　）。

A．变量　　B．事件　　C．属性　　D．方法

12．VB 的一个应用程序至少包含一个（　　）文件，该文件存储窗体上使用的所有控件对象和有关的（　　）、对象相应的（　　）过程和（　　）代码，下列选项正确的是（　　）。

A．模块、方法、事件、程序　　B．窗体、属性、事件、程序

C．窗体、程序、属性、事件　　D．窗体、属性、事件、模块

13．保存新建工程时，默认的路径是（　　）。

A．My Documents　　B．VB98

C．\　　D．Windows

14．VB 是一种面向对象的可视化程序设计语言，采取的编程机制是（　　）。

A．事件驱动　　B．按过程顺序执行

C．从主程序开始执行　　D．按模块顺序执行

15．VB 预先设置好的，能够被对象识别的动作是（　　）。

A．方法　　B．事件　　C．对象　　D．属性

二、思考练习题

1．什么是类？

2．对象的三要素是什么？

3．VB 程序的开发过程包括哪些内容？

课后习题答案

一、选择题

1	2	3	4	5	6	7	8	9	10
B	B	B	A	C	B	D	D	B	C
11	12	13	14	15					
A	B	B	A	B					

二、思考练习题

略。

第 2 章

窗体和基本控件

本章要点

- 控件的常用属性、事件和方法。
- 窗体、标签、文本框和命令按钮的使用。
- 焦点的概念。

2.1 控件的属性和事件

2.1.1 控件的常用属性

VB 中的对象都有自己的属性，其中有一部分属性是所有控件所共有的，如 Name（名称）属性、Visible（是否可见）属性等。下面介绍一些控件的常用属性。

1. Name 属性

Name 属性是所有对象都具有的属性，是所创建对象的名称，为字符串型。所有的对象在创建时都会由 VB 自动提供一个默认名称，如 Form1、Label1、Text1 等。Name 属性必须以字母开头，由字母、数字和下划线组成，长度不超过 40 个字符。Name 属性在“属性”窗口的第一行，即“名称”框中进行修改。Name 属性的值将作为对象的标识在程序中被引用。

需要注意的是，Name 属性只能设计时在“属性”窗口中设置，在程序运行时是只读的，不可以用赋值语句更改。例如，Form1.Name = "NewName"是错误代码。

2. Height 和 Width 属性

Height（高度）和 Width（宽度）属性用于设置和返回控件对象的高度和宽度，属性值均为数值型，它们决定了控件对象的大小，如图 2.1 所示。

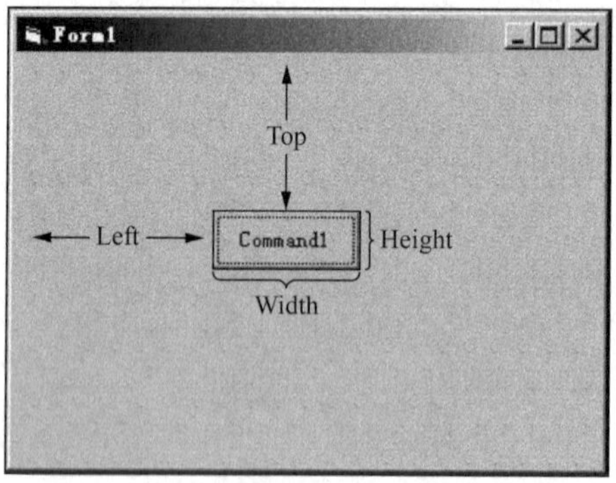

图 2.1　控件对象的大小及位置属性

在窗体上设计控件时，VB 会自动提供默认坐标系统，窗体的上边框为坐标横轴，左边框为坐标纵轴，窗体左上角顶点为坐标原点（0，0），单位为缇（twip）。1 缇=1/20 点=1/1440 英寸=1/567 厘米。

3. Top 和 Left 属性

Top（上边距）和 Left（左边距）属性决定了控件对象在其父对象中的位置，属性值为数值型。例如，当一个命令按钮控件放置到窗体上时，Top 表示按钮到窗体顶端的距离，Left 表示按钮到窗体左端的距离，如图 2.1 所示。对于窗体，Top 表示窗体到屏幕顶端的距离，Left 表示窗体到屏幕左端的距离，此时屏幕是窗体的父对象。

4. Enabled 属性

Enabled（可用）属性用于设置控件是否有效，属性值为逻辑型，默认值为 True。

True：允许用户操作，并对操作做出响应。

False：禁止用户操作，呈暗淡色。

例如：

```
Text1. Enabled= False        '使文本框 Text1 不可用
```

5. Visible 属性

Visible（可见）属性用于设置控件是否可见，属性值为逻辑型，默认值为 True。

True：程序运行时控件可见。

False：程序运行时控件隐藏。

6. Font 属性

Font（字体）属性用于设置文本的外观，可以在程序中设置，也可以在“属性”窗口中设置，默认情况下为宋体、小五号字。

FontName：设置字体类型，属性值为字符串型，如“宋体”“隶书”。

FontSize：设置字的大小，属性值为整型，如 28、32。

FontBold：设置字形是否为粗体，属性值为逻辑型。

FontItalic：设置字形是否为斜体，属性值为逻辑型。

FontStrikethru：设置文本是否加删除线，属性值为逻辑型。

FontUnderline：设置文本是否加下划线，属性值为逻辑型。

在“属性”窗口中，单击“Font”属性右侧的 ... 按钮，弹出如图 2.2 所示的“字体”对话框。

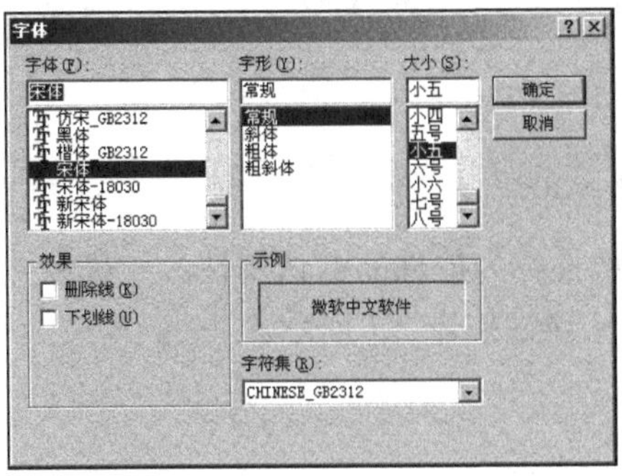

图 2.2　“字体”对话框

7. BackColor 属性

BackColor（背景色）属性用于设置对象的背景色，颜色值是一个十六进制常量，每种颜色都用一个常量来表示。在“属性”窗口列表中选择 BackColor，单击右侧的▼按钮，将弹出一个列表，用户可以通过选择“调色板”或“系统”内的颜色完成属性设置，也可以直接输入颜色值，或使用 VB 颜色常量。例如：

```
Form1.BackColor=&HFF00AA          '将窗体背景色设置为紫色
Form1.BackColor=VBWhite           '将窗体背景色设置为白色
```

8. ForeColor 属性

ForeColor（前景色）属性用于设置对象的前景色（即正文颜色），其值是一个十六进制常数，设置方法与 BackColor 属性的设置方法相同。

9. TabIndex 属性

TabIndex（Tab 索引）属性值决定了对象的 Tab 顺序，即按 Tab 键时焦点在各个控件间轮换的顺序，属性值为数值型。

焦点是指对象接收用户鼠标或键盘输入的能力，当对象具有焦点时，可接收用户的输入，否则无法接收用户的输入。当向窗体上添加多个控件时，系统会自动为它们分配一个 Tab 顺序。在默认情况下，其 Tab 顺序与控件建立的顺序相同，即第 1 个建立的控件的 TabIndex 属性值为 0，第 2 个建立的控件的 TabIndex 属性值为 1，以此类推。若要改变控件的 Tab 顺序，可以通过设置 TabIndex 属性来实现，TabIndex 属性值可在“属性”窗口中或在应用程序中进行设置。

10. 控件默认属性

每个控件对象有且只有一个属性可以直接由控件名来代表。例如，给文本框的 Text 属性赋值，可以用 Text1 代表 Text1.Text。例如：

```
Text1.Text="Visual Basic"
```

可以简写为

```
Text1="Visual Basic"
```

VB 中把这个特殊的属性称为控件的默认属性。一般控件的默认属性是该控件最重要的属性。常用控件的默认属性如表 2.1 所示。

表 2.1　常用控件的默认属性

控件	默认属性	控件	默认属性
文本框	Text	标签	Caption
命令按钮	Value	图片框、图像框	Picture
单选钮	Value	复选框	Value
滚动条	Value	列表框、组合框	Text

2.1.2　控件的常用事件

事件是由 VB 预先定义好的、能够被控件对象所识别的动作。不同控件可接受的事件不同，事件可分为鼠标事件和键盘事件。

1. 鼠标事件

当在控件上进行 Click（鼠标单击）、DblClick（双击）、MouseDown（按下鼠标键）、MouseUp（释放鼠标键）等操作时，会发生相应的鼠标事件。

1）Click 事件

在程序运行过程中，单击一个窗体的空白区域，会触发窗体的单击事件，此时系统会自动调用窗体事件过程 Form_Click()。

【例 2.1】　设计一个应用程序，当单击窗体时，窗体标题变为“VB 应用程序”，并在窗体上用 Print 方法输出“欢迎使用 Visual Basic 6.0”。

步骤：

（1）创建一个新的工程，窗体名默认为 Form1，标题也默认为 Form1。

（2）双击窗体，打开代码编辑窗口，默认事件是窗体的 Load 事件。在代码编辑窗口的右上角事件列表框中选中 Click 事件，如图 2.3 所示。

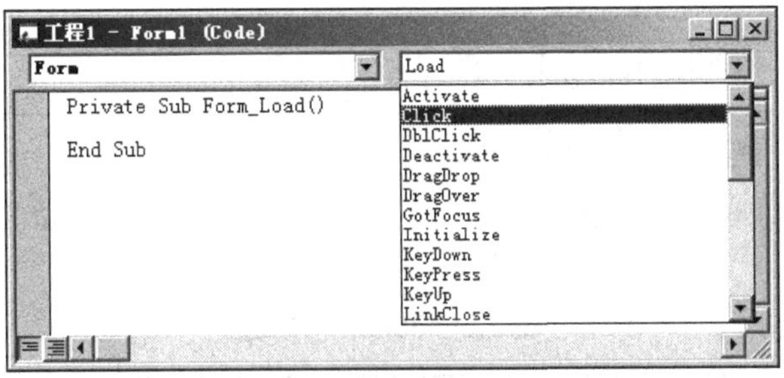

图 2.3　在事件列表框中选中 Click 事件

（3）在窗体的 Click 事件过程中输入代码，如图 2.4 所示。

（4）运行应用程序，结果如图 2.5 所示。

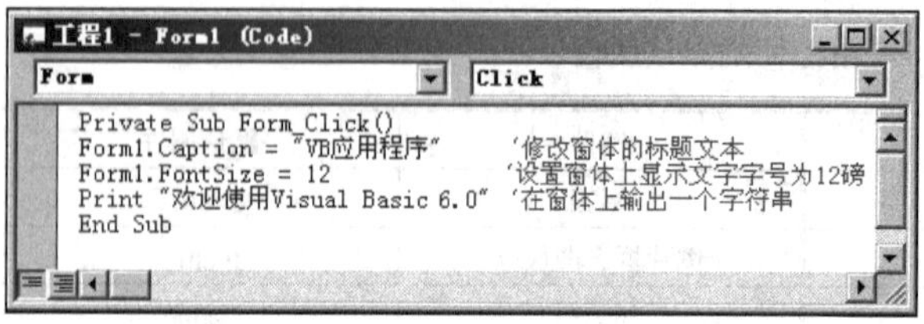

图 2.4　代码窗口

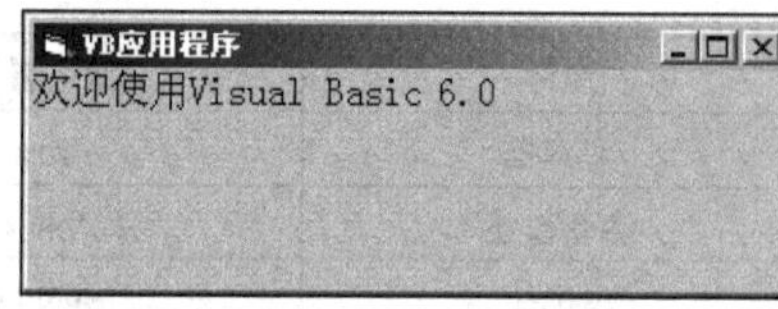

图 2.5　程序运行结果

2）DblClick 事件

在程序运行过程中双击一个窗体的空白区域，会触发窗体的双击事件，此时系统会自动调用执行窗体事件过程 Form_DblClick()。

3）MouseDown 和 MouseUp 事件

当鼠标的任意一个按钮被按下时会触发 MouseDown 事件。

MouseDown 事件对应过程如下：

```
Sub Object_MouseDown(Button As Integer, Shift As Integer, _
X As Single, Y As Single)
```

说明：

Button：一个三位二进制数表示的十进制整数，表示该事件中哪个鼠标按键被按下或释放；最低位、中间位和最高位分别对应于左、右、中三个鼠标按键，如图 2.6 所示，每位用 1、0 表示被按下或释放。三个二进制位转换为十进制，即 Button 的值。表 2.2 所示为 Button 常数值。

Shift：一个三位二进制数的整数，表示在该事件触发时是否还同时按下了 Shift、Ctrl 和 Alt 这三个配合键。对应位为 1 表示相应键被按下，对应位为 0 表示该键未被按下。最低位对应 Shift，中间位对应 Ctrl，最高位对应 Alt，如图 2.7 所示。Shift 参数的取值如表 2.3 所示。

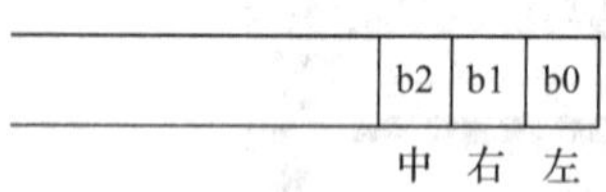

图 2.6　Button 参数的值

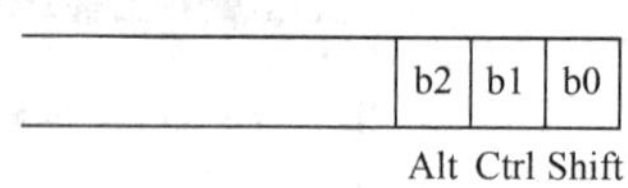

图 2.7　Shift 参数的值

表 2.2　Button 常数值

十进制整数	二进制数	内部常数	描述
0	000		未按下任何键
1	001	vbLeftButton	鼠标左键被按下
2	010	vbRightButton	鼠标右键被按下
4	100	vbMiddleButton	鼠标中间键被按下

表 2.3　Shift 参数取值

十进制整数	二进制数	内部常数	描述
0	000		没有按下转换键
1	001	vbShiftMask	按下了 Shift 键
2	010	vbCtrlMask	按下了 Ctrl 键
3	011		同时按下了 Shift 键和 Ctrl 键
4	100	vbAltMask	按下了 Alt 键
5	101		同时按下了 Shift 键和 Alt 键
6	110		同时按下了 Ctrl 键和 Alt 键
7	111		同时按下了 Shift 键、Ctrl 键和 Alt 键

X，Y：表示鼠标指针的坐标位置。这两个值对应于当前鼠标的位置，采用 ScaleMode 属性指定的位置。如果鼠标指针在窗体或图片框中，则使用该对象内部的坐标系，而其他控件则使用控件对象所在容器的坐标系。

当鼠标的任意一个按钮被释放时即可触发 MouseUp 事件。

2. 键盘事件

在 VB 中，对象识别的键盘事件有 KeyPress、KeyDown 及 KeyUp。

1）KeyPress 事件

KeyPress 事件，就是在按下键盘上的键时触发的事件，属于键盘事件的一种。并非按下键盘上的任意一个键都会触发 KeyPress 事件，KeyPress 事件只对会产生 ASCII 值的按键有反应，包括数字、大小写字母、Enter、BackSpace、Esc、Tab 等。对于不会产生 ASCII 值的按键（如方向键），KeyPress 事件不会被触发。KeyPress 事件常用于编写文本框的事件处理器，因为该事件发生在字符键按下后和显示在文本框之前。

KeyPress 事件过程的一般格式如下：

```
    Sub Form_KeyPress(KeyAscii As Integer)                    '窗体的事件过程
    Sub Object_KeyPress([Index As Integer],KeyAscii As Integer)  '控件的
事件过程
```

说明：

Object 为可以产生 KeyPress 事件的对象。

Index 是一个整数，用来唯一标识一个在控件数组中的控件。

KeyAscii 返回按下的键的 ASCII 码值。例如，按下 1 键，KeyAscii 的值为 49；按下 a 键，KeyAscii 的值为 97。KeyAscii 通过引用传递，对它进行改变可给对象发送一个不同的字符。将 KeyAscii 改变为 0 时可以取消按键，这样对象便接收不到所按键的字符。

KeyPress 事件将每个字符的大、小写形式作为不同的键代码解释，即作为两种不同的字符。例如，直接按大写状态的 A 和小写状态的 a 得到的 KeyAscii 参数值是不同的，

前者 KeyAscii 参数值为 65，而后者 KeyAscii 参数值为 97。

一般来说，当用户对当前具有控制焦点的对象进行按下并释放的键盘操作时，会直接触发该对象的 KeyPress 事件。但是，如果窗体的 KeyPreview 属性设置为 True，则首先触发窗体的 KeyPress、KeyDown 和 KeyUp 事件，利用这些事件过程可以先过滤一些信息，然后传递给对象的 KeyPress、KeyDown 和 KeyUp 事件。也就是说，如果窗体的 KeyPreview 属性设置为 True，并且窗体级事件过程修改了 KeyAscii 变量的值，则当前选中对象的 KeyPress 事件将接到修改后的键盘码；如果窗体级事件过程将 KeyAscii 设置为 0，则不再调用对象的 KeyPress 事件过程。

2）KeyDown 和 KeyUp 事件

KeyDown 事件在键被按下时触发，KeyUp 事件在键被释放时触发。

KeyDown 和 KeyUp 事件过程的一般格式如下：

```
Sub object_KeyDown(KeyCode As Integer, Shift As Integer)
Sub object_KeyUp(KeyCode As Integer, Shift As Integer)
```

说明：

KeyCode：该参数用来返回一个键码。键码将键盘上的物理按键与一个数值相对应，并定义了对应的键码常数，如表 2.4 所示。键码的值只与按键在键盘上的物理位置有关，而与键盘的大小写状态无关。

表 2.4　键码常数

按键	KeyCode	内部常量	按键	KeyCode	内部常量
Backspace	8	vbKeyBack	空格键	32	vbKeySpace
Enter 键	13	vbKeyEnter	Esc 键	27	vbKeyEscape
Tab 键	9	vbKeyTab	Shift 键	16	bKeyShift
Ctrl 键	17	vbKeyControl	Alt 键	18	vbKeyMenu
Insert 键	45	vbKeyInsert	Delete 键	46	vbKeyDelete
PrintScreen 键	42	vbKeyPrint	NumLock 键	144	vbKeyNumLock
PageUp 键	33	vbKeyPageUp	Home 键	36	vbKeyHome
PageDown 键	34	vbKeyPageDown	End 键	35	vbKeyEnd
A～Z 键	65～90	vbKeyA～vbKeyZ	0 键～9 键	48～57	vbKey0～vbKey9
小键盘（0～9）键	96～105	vbKeyNumPad0～vbKeyNumPad9	小键盘（*）键	106	vbKeyMultiple
小键盘（+）键	107	vbKeyAdd	小键盘（Enter）键	108	vbKeySeparator
小键盘（-）键	109	vbKeySubtract	小键盘（/）键	111	vbKeyDivide

Shift：一个三位二进制数的整数，表示在该事件触发时是否还同时按下了 Shift、Ctrl 和 Alt 这三个配合键（Shift 参数的取值同表 2.3）。

2.2 窗　　体

窗体（Form）位于 VB 集成开发环境的窗体设计器窗口（或对象窗口）中，既是一个控件，又是其他控件的容器。设计 VB 应用程序的第一步就是创建用户界面，窗体就相当于用户界面的一块“画布”，将应用程序中需要的控件画在窗体上，并摆放在适当位置，就完成了应用程序设计的第一步。新建工程时，VB 系统会自动创建一个窗体，默认名称为 Form1，在保存工程时，窗体也要作为文件保存在磁盘上，其扩展名为.frm。

与 Windows 环境下的应用程序窗口一样，VB 中的窗体也具有控制菜单、标题栏、“最大化/还原”按钮、“最小化”按钮、“关闭”按钮、边框及窗口区，如图 2.8 所示。

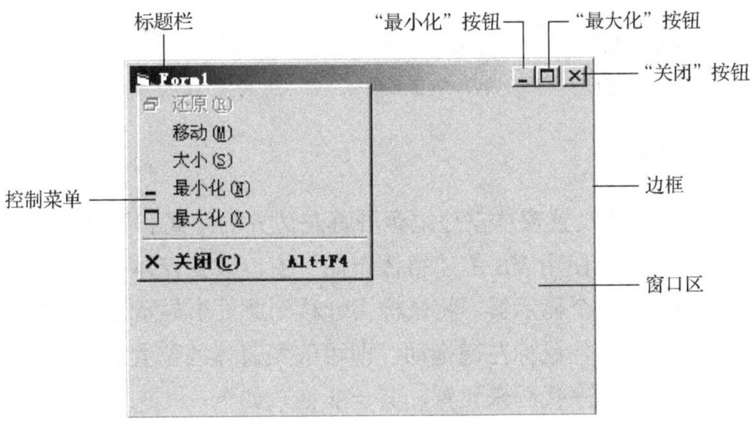

图 2.8　窗体的结构

2.2.1　窗体的基本属性

通过修改窗体的属性可以改变窗体的结构特征，控制窗体的外观。窗体的大部分属性可用两种方法来设置：通过“属性”窗口设置和通过程序代码设置。有少量的属性不能在程序代码中设置。

在 VB 中，窗体的属性有几十种之多，在“属性”窗口可以查阅和设置所有属性，下面就程序设计中常用的属性进行简单介绍。

1. Caption 属性

Caption 属性用于设置或获得窗体的标题，其值可以是任意字符串。在默认情况下，对象的 Caption 属性值与 Name 属性值相同。该属性既可以在“属性”窗口中设置，也可以在代码中修改。例如：

```
Me.Caption="第一个 Visual Basic 程序"
```

上述语句用于对当前窗体标题进行设置，Me 指当前窗体。

如果想获得当前窗体的标题，可以用以下语句完成：

```
x=Me.Caption      '将当前窗体的标题赋给变量 x
```

2. Height、Width 属性

Height、Width 属性用于指定窗体的高度和宽度，单位为 twip。如果不指定高度和宽度，则窗口的大小与用户设置界面时的大小相同。除了可以在“属性”窗口中设置这些属性之外，还可以通过拖动鼠标的方式改变窗体的大小。

若通过程序代码来设置，其一般格式如下：

```
对象.Height[=数值]
对象.Width[=数值]
```

3. Left、Top 属性

Left、Top 属性用于设置窗体左边框距屏幕左边界的距离和窗体顶边距屏幕顶端的距离，单位为 twip。可以使用 VB 的“窗体布局”窗口改变窗体的位置，它位于 VB 环境的右下角，其外观如一个显示器，将鼠标指针移到此“小显示器”中的窗体上，光标立即变成十字形，此时按住鼠标左键拖动，即可改变窗体的位置。

该属性也可以通过程序代码来设置，其一般格式如下：

```
对象.Left[=数值]
对象.Top[=数值]
```

4. ControlBox 属性

ControlBox 属性用于设置窗口控制菜单框的状态。属性值为 True，表示有控制菜单；属性值为 False，表示无控制菜单，同时窗体也无“最大化”和“最小化”按钮。

5. MaxButton 和 MinButton 属性

MaxButton 和 MinButton 属性用于设置窗体的标题栏是否具有“最大化”和“最小化”按钮。MaxButton 属性值为 True 时，表示窗体有“最大化”按钮；为 False 时，表示窗体没有“最大化”按钮。MinButton 属性值为 True 时，表示窗体有“最小化”按钮；为 False 时，表示窗体没有“最小化”按钮。

ControlBox、MinButton 和 MaxButton 属性如图 2.9 所示。

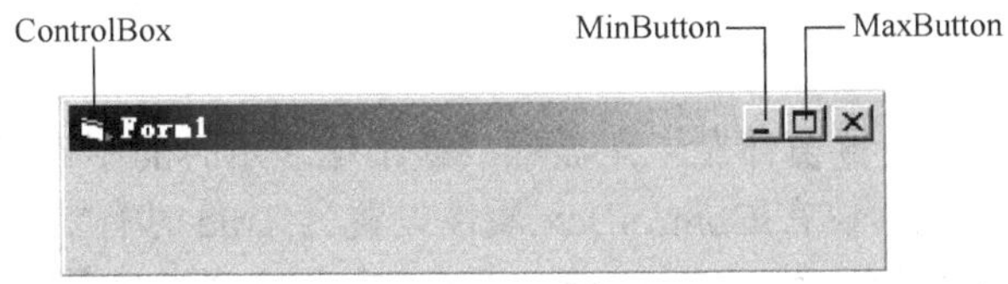

图 2.9　窗体的 ControlBox、MinButton 和 MaxButton 属性

6. BorderStyle 属性

BorderStyle 属性用于设置窗体边框的类型，其值在运行时不能修改，只能在设计模式下，通过"属性"窗口修改。该属性取值范围为 0～5，共六种类型。通过改变 BorderStyle 属性，可以控制窗体大小的调整。各属性取值的含义如表 2.5 所示。

表 2.5　BorderStyle 属性取值

属性取值	说明
0-None	无边框。无标题栏，不能改变窗体大小，运行时任务栏上无对应按钮
1-FixedSingle	固定单边框。无"最大值"和"最小化"按钮，不能改变窗体大小
2-Sizable	可调整的边框（默认值）。有"最大化"和"最小化"按钮，可以改变窗体大小
3-FixedDialog	固定对话框。有标题栏，但无"最大化"和"最小化"按钮，不能改变窗体大小，运行时任务栏无该窗体按钮
4-FixedToolWindow	固定工具窗口。窗体大小不能改变，只显示"关闭"按钮，标题栏字体缩小
5-SizableToolWindow	可变大小工具窗口。窗体大小可以改变，只显示"关闭"按钮，标题栏字体缩小

注意：当设置为 0-None（窗体无边框）时，ControlBox、MaxButton 和 MinButton 属性的设置将不起作用。

7. WindowState 属性

WindowState 属性用于设置程序启动后窗体的初始状态，有三种取值可供选择，如表 2.6 所示。

表 2.6　WindowState 属性取值

属性取值	说明
0-vbNormal	正常状态，窗口有边界。启动程序时窗体的大小为设置的大小，其位置也为设置的位置
1-vbMinimized	最小化状态。启动时窗体缩小为任务栏里的一个图标（Icon 属性值）
2-vbMaximized	最大化状态，无边界。启动时窗体布满整个屏幕

8. Movable 属性

Movable 属性用于设置是否可以移动窗体，属性值为 True 或 False。

9. Icon 属性

Icon 属性为返回或设置窗体左上角显示或最小化显示时的图标，常用的图标文件格式有.ico、.cur 等。此属性仅在 ControlBox 属性设置为 True 时有效。

注意：在 VB 安装目录的 common\graphics 下有系统自带的各种图片和图标。

10. Picture 属性

Picture 属性用于设置窗体的背景图片。该属性可以显示多种格式的图形文件，如位图文件（.bmp）、图形交换格式文件（.gif）、JPEG 压缩文件（.jpg）、图元文件（.wmf）、图标文件（.ico）。

Picture 属性可以在“属性”窗口中进行设置，只需要单击“属性”窗口中的 Picture 设置框右侧的“…”按钮，弹出“加载图片”对话框，选择一个图形文件。该属性也可以在程序代码中进行设置，一般格式如下：

```
对象名.Picture=LoadPicture("图片文件名")
```

例如：

```
Form1.Picture=LoadPicture("c:\abc\xyz.jpg")
```

上述语句的作用是为 Form1 窗体加载名为 xyz.jpg 的图片。

说明：

（1）LoadPicture()是一个加载图片的函数。

（2）图片文件名必须包括扩展名，如果文件不在当前文件夹下，还必须包含图片文件的路径。

（3）若要清除背景图片，只需将 LoadPicture()函数括号中的内容设为空。例如：

```
Form1. Picture=LoadPicture()       '删除图片
```

11. AutoRedraw 属性

AutoRedraw 属性用于设置窗体是否被隐藏或被另一个窗口覆盖之后重新显示，是否重新还原该窗体被隐藏或覆盖以前的画面，即是否重画 Circle、Line、PSet 和 Print 等方法的输出。当属性值为 True 时，重画该窗体以前的画面；当属性值为 False 时，则不重画。

2.2.2 窗体的常用事件

1. Load 事件

Load 事件是窗体被装入内存工作区时触发的事件。当应用程序只有一个窗体时，应用程序一启动就会自动执行该事件中的代码，除非专门调用，此事件中的代码只被执行一次。通常用于启动程序时，对属性和变量进行初始化及装载数据等。

如果在 Form_Load 事件内显示信息，必须使用 Show 方法或者把 AutoRedraw 属性设置为 True，否则程序运行时什么都不显示。

【例 2.2】　利用代码设置窗体的属性。

步骤：

（1）创建一个窗体。

（2）双击窗体，打开代码编辑窗口，输入如下语句。

```
Private Sub Form_Load()
    Me.Height = 1500                          'Me 代表当前窗体，设置窗体高度
    Me.Width = 4000                           '设置窗体宽度
    Me.Top = 1000                             '设置窗体到屏幕的上边距
    Me.Left = 2500                            '设置窗体到屏幕的左边距
    Me.Caption = "VB 应用程序示例"            '设置窗体的标题
    Me.BackColor = RGB(255, 255, 255)         '设置窗体的背景颜色为白色
    Me.FontName = "黑体"                      '字体为“黑体”
    Me.FontSize = 12                          '字号 12 磅，1 磅=1/72 英寸
    Me.ForeColor = QBColor(9)                 '字体颜色为浅蓝色
    Print                                     '输出空行
    Print Spc(2); "窗体的属性、事件和方法举例"    '显示字符串
    Me.AutoRedraw = True
End Sub
```

（3）在 Click 事件中输入如下代码。

```
Private Sub Form_Click()
    End                 '结束程序
End Sub
```

（4）程序运行结果如图 2.10 所示。

图 2.10　例 2.2 的程序运行结果

2. Unload 事件

Unload 事件在一个窗体被卸载时触发。当单击窗体右上角的“关闭”按钮或执行 Unload 语句时，就可以触发 Unload 事件。

2.2.3　窗体的常用方法

窗体对象可以执行的方法有很多种，要查阅窗体所有方法，可在代码编辑窗口中输

入窗体名后加小数点，则该窗体对象的所有属性和方法立即在一个列表框中显示出来，如图 2.11 所示。

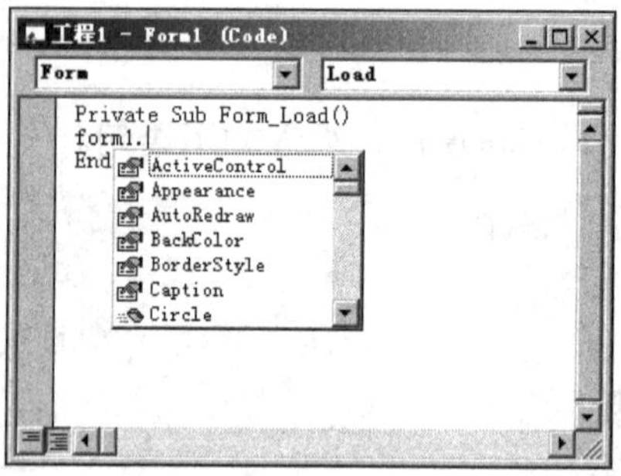

图 2.11　窗体的属性和方法

1. Print 方法

Print 方法可以在窗体上显示文本字符串和表达式的值，也可以在其他图形对象或打印机上输出信息，其语法格式如下：

```
[对象名.] Print [表达式列表]
```

说明：

（1）对象名：可以是 Form（窗体）、Debug（“立即”窗口）、Picture（图片框）、Printer（打印机）。若省略此项，表示在当前窗体上输出。例如：

```
Print "12*2="; 12*2             '在当前窗体上输出 12*2=24
Picture1.Print "Good"           '在图片框 Picture1 上输出 Good
Printer.Print "Morning"         '在打印机上输出 Morning
```

（2）表达式列表：可以是一个或多个表达式。如果是数值表达式，则输出数值表达式运算后的结果，输出数值的前面有一个符号位，后面有一个空格；如果是字符串表达式，则原样输出，输出字符串的前后都没有空格；如果省略“表达式列表”，则输出一个空行。例如：

```
Private Sub Form_Click()
    x = 10
    Print x                     '输出变量 x 的值
    Print                       '输出一个空行
    Print 2 + 3                 '输出数值表达式 2+3 的值
    Print "2+3"                 '输出字符串"2+3"
End Sub
```

单击窗体，程序运行结果如图 2.12 所示。

多个表达式之间要用分号或逗号隔开。如果用分号隔开，则以紧凑格式输出数据；

如果用逗号隔开，则以标准格式输出数据，即每个输出项占 14 个字符位。当输出的某一数据项宽度超过 13 个字符时，将为该数据项自动增加 14 个字符位置。例如：

```
Private Sub Form_Click()
    Print "3"; "5"; "8"                 '用分号隔开,以紧凑格式输出数据
    Print "1", "2"                      '用逗号隔开,每个输出项占 14 个字符位
    Print "123", "123"
End Sub
```

单击窗体，运行结果如图 2.13 所示。

（3）如果在 Print 方法中最后一个表达式后带“;”，则下一个 Print 输出的内容，将紧跟当前 Print 输出内容；如果在语句行末尾带“,”，则下一个 Print 输出的内容，将在当前 Print 输出内容的下一区段输出；如果在语句行末尾无分隔符，则输出完本语句内容后换行，即在新的一行输出下一个 Print 的内容。例如：

```
Private Sub Form_Click()
    Print " 25+35 ";          '分号连接的紧凑格式
    Print " = ";
    Print 25 + 35
    Print " 25+35 ",          '逗号连接的标准格式
    Print " = ",
    Print 25 + 35
End Sub
```

单击窗体，程序运行结果如图 2.14 所示。

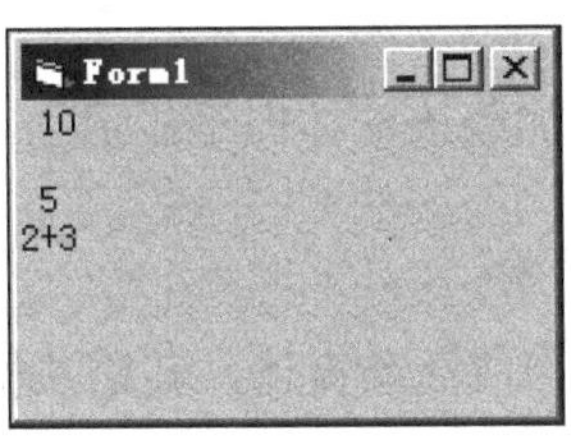

图 2.12　程序运行结果 1

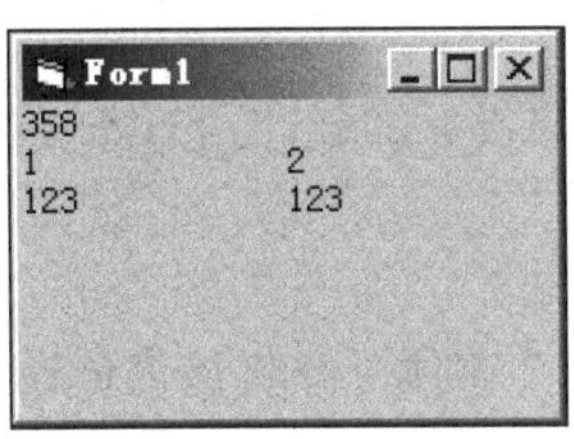

图 2.13　程序运行结果 2

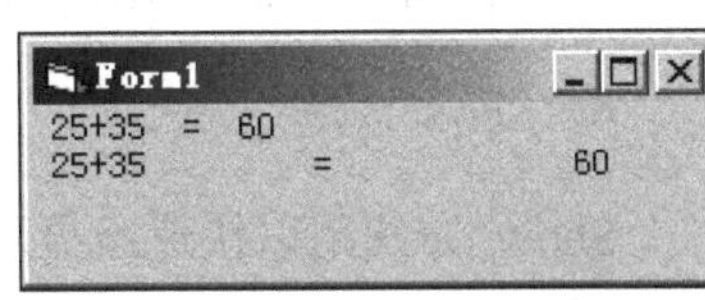

图 2.14　程序运行结果 3

（4）可以用“?”代替关键字 Print，VB 会自动将它转换为 Print。

2. Cls 方法

Cls 方法用于清除使用 Print 等方法输出到窗体或图片框中的内容，其语法格式如下：

```
[窗体名].Cls
```

例如，Form1 是一个窗体对象名，有以下语句：

```
Form1.Cls
```

则该语句执行完毕后，窗体上输出的文字和图形就会被全部清除。

说明：

（1）Cls 将清除图形和打印语句运行时所产生的文本和图形，而设计时在 Form 中使用 Picture 属性设置的背景位图和放置的控件不受 Cls 影响。如果激活 Cls 之前 AutoRedraw 属性设置为 False，调用时该属性设置为 True，则放置在 Form 或 PictureBox 中的图形和文本也不受影响。也就是说，通过对正在处理的对象的 AutoRedraw 属性进行操作，可以保持 Form 或 PictureBox 中的图形和文本。

（2）调用 Cls 之后，对象的 CurrentX 和 CurrentY 属性复位为 0。

3. Hide 方法

Hide 方法可以隐藏 Form 对象，但不能将其卸载，其语法格式如下：

```
[窗体名].Hide
```

例如：

```
Form1.Hide    '隐藏窗体 Form1
```

如果省略窗体名，则默认为当前窗体（带焦点的窗体）。

说明：

（1）隐藏窗体时，它就从屏幕上被删除，并将其 Visible 属性设置为 False。用户将无法访问隐藏窗体上的控件，但是对于运行中的 VB 应用程序，或对于 Timer 控件的事件，隐藏窗体的控件仍然是可用的。

（2）窗体被隐藏时，用户只有等到被隐藏窗体的事件过程的全部代码执行完后才能够与该应用程序交互。

（3）若调用 Hide 方法时窗体还没有加载，则 Hide 方法将加载该窗体但不显示它。

4. Show 方法

Show 方法用以快速地显示一个窗体，并将该窗体设置为当前活动窗体，其语法格式如下：

```
窗体名.Show[模式]
```

说明：

（1）如果调用 Show 方法时指定的窗体没有装载，VB 将自动装载该窗体。

（2）应用程序的启动窗体在其 Load 事件调用后会自动出现。

（3）可选参数“模式”，用于确定被显示窗体的状态：值等于 1 时，表示窗体状态为“模态”（模态是指鼠标只在当前窗体内起作用，只有关闭当前窗口后才能对其他窗口进行操作）；值等于 0 时，表示窗体状态为“非模态”（非模态是指不必关闭当前窗口就可以对其他窗口进行操作）。

5. Move 方法

Move 方法可以移动窗体或控件，并改变其大小，其语法格式如下：

```
[对象名].Move Left[,Top[,Width[,Height]]]
```

说明：

（1）Move 方法中“对象”是可选的。如果省略“对象”，则当前窗体默认为对象。

（2）参数 Left 是必需的，指示对象左边的水平坐标（x 轴）；参数 Top 是可选的，指示“对象”顶边的垂直坐标（y 轴）；参数 Width 也是可选的，指示“对象”新的宽度；参数 Height 同样是可选的，指示“对象”新的高度。

（3）要指定任何其他参数，必须先指定出现在语法中该参数前面的全部参数。例如，如果不先指定 Left 和 Top 参数，则无法指定 Width 参数。任何没有指定的尾部参数保持不变。

使用窗体 Move 方法的示例：

```
Form1.Move 0,0                  '将窗体移动到屏幕的左上角
Form1.Move form1.Left+500       '将窗体在原来位置的基础上向右移动 500 缇
Form1.Move 2000,4000            '将窗体移动到新位置(2000,4000)，大小没有改变
```

2.3 命令按钮

命令按钮（CommandButton）控件常常用于接收用户的操作信息，触发相应的事件过程。它是用户与程序进行交互最简便的方法。

2.3.1 命令按钮的常用属性

1. Caption 属性

Caption 属性用于返回或设置命令按钮上显示的文本信息。可以通过代码设置显示相应的信息。此外，可以通过 Font 属性来设置命令按钮中显示文本的字体和大小等。

2. Style 属性和 Picture 属性

命令按钮上除了可以显示文字外，还可以显示图形。若要显示图形，首先应将 Style 属性设置为 1，然后在 Picture 属性中设置要显示的图形文件。

3. Enabled 属性

Enabled 属性用于决定命令按钮是否能够对用户产生的事件做出反应。属性值为 True，表示按钮可用；属性值为 False，表示按钮在程序运行时不可用。

4. Value 属性

Value 属性用于指示该按钮是否可选。属性值为 True，表示已选择该按钮；属性值为 False（默认），表示没有选择该按钮。该属性在设计时不可用，只能在程序运行期间引用或设置。

5. Default 属性

Default 属性是命令按钮的特有属性，用于确定命令按钮是否是窗体默认的命令按钮，属性值为逻辑型，默认值为 False。

属性值为 True 时，Enter 键有效，按下 Enter 键相当于用鼠标单击该命令按钮。在一个窗体上只能有一个命令按钮的 Default 属性值为 True。当某个命令按钮的 Default 属性值被设置为 True 时，该窗体中的其他所有命令按钮的 Default 属性值将被自动设置为 False。

属性值为 False 时，Enter 键无效。

6. Cancel 属性

Cancel 属性是命令按钮的特有属性，用于指示窗体中命令按钮是否为取消按钮，其值为逻辑型，默认值为 False。使用 Cancel 属性使得用户可以取消未提交的改变，并把窗体恢复到先前状态。

属性值为 True 时，按 Esc 键相当于用鼠标单击该命令按钮。在一个窗体中只能有一个命令按钮的 Cancel 属性值为 True，当某个命令按钮的 Cancel 属性值被设置为 True 时，该窗体中的其他所有按钮的 Cancel 属性将被自动设置为 False。

属性值为 False 时，Esc 键无效。

2.3.2 命令按钮的常用事件

命令按钮最常用的是 Click 事件。下面通过具体实例说明命令按钮的应用。

【例 2.3】 设计一个应用程序，在窗体上有“显示”“清除”两个命令按钮，单击“显示”按钮，在窗体上显示“Visual Basic 6.0 程序设计”，同时“显示”按钮不可用；单击“清除”按钮，清除窗体上显示的所有文字，同时“清除”按钮不可用，但“显示”按钮恢复为可用。

步骤：

（1）启动 VB，创建一个新的工程，在窗体上添加两个命令按钮 Command1、Command2。

（2）设置控件的属性，如表 2.7 所示。

表 2.7　例 2.3 控件属性设置

控件名	属性名	属性值
Command1	Caption	显示
Command2	Caption	清除

（3）在 Command1_Click 事件中编写如下代码。

```
Private Sub Command1_Click()
    Print "Visual Basic 6.0 程序设计"
    Command1.Enabled = False
    Command2.Enabled = True
End Sub
```

在 Command2_Click 事件中编写如下代码。

```
Private Sub Command2_Click()
    Form1.Cls
    Command2.Enabled = False
    Command1.Enabled = True
End Sub
```

（4）程序调试和运行。单击“显示”按钮后，程序运行结果如图 2.15 所示。

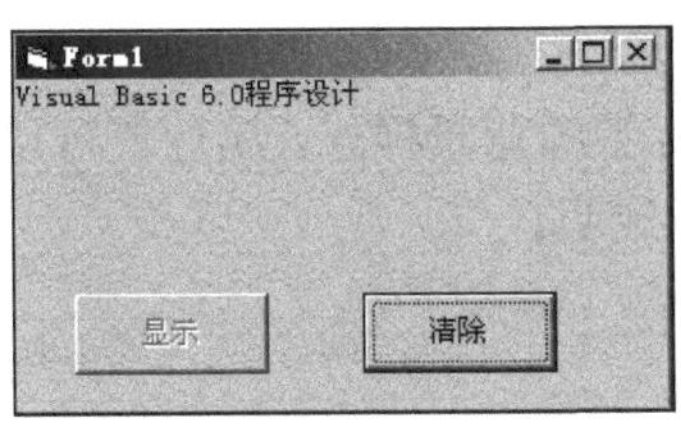

图 2.15　例 2.3 的程序运行结果

2.4 标　签

标签（Label）是 VB 中最简单的控件，用于显示不需要用户修改的文本内容。通常用标签来标注本身不具有 Caption 属性的控件。例如，可用标签为文本框、列表框、组合框等控件添加描述性文字。

2.4.1　标签的常用属性

1. Caption 属性

Caption 属性用于设置标签上显示的文本信息。该属性既可以在创建界面时设置，也可以在程序中改变文本信息。如果要在程序中修改 Caption 属性，代码如下：

```
标签名.Caption="我的第一个标签"
```

2. BorderStyle 属性

BorderStyle 属性用于设置标签的边框类型，其有两种可选值：默认值 0，表示标签无边框；1，表示标签有立体边框。

3. AutoSize 属性

AutoSize 属性用于设置标签是否能够自动调整大小以显示所有的内容。属性值为 True，表示能够自动调整大小；属性值为 False，表示不能自动调整大小。

4. Alignment 属性

Alignment 属性用于设置标签中内容的对齐方式，其值有三，分别如下。

0-Left Justify（默认值），表示文本左对齐。

1-Right Justify，表示文本右对齐。

2-Center，表示文本居中对齐。例如：

```
Label1.Alignment=2   '标签文字居中对齐
```

5. BackStyle 属性

BackStyle 属性用于设置标签的背景样式。属性值可以为 0-Transparent 或 1-Opaque（默认值），分别表示透明和不透明。

6. WordWrap 属性

WordWrap 属性用于设置标签文本显示时是否能够自动换行。属性值为 True，表示具有自动换行功能；属性值为 False（默认值），表示没有自动换行功能。

2.4.2 标签的常用方法

一般很少使用标签事件，常用的标签方法有 Move，用于移动标签的位置，可在移动标签位置的同时改变标签的大小。

2.5 文 本 框

文本框（TextBox）在窗体中为用户提供一个既能显示文本又能编辑文本的区域。在文本框内，用户可以对文字进行输入、删除、选择、复制及粘贴等各种操作。

2.5.1　文本框的主要属性

1. Text 属性

Text 属性用于设置文本框中显示的文本。这是文本框的默认属性，也是最重要的属性，可以在设计阶段进行设置，也可以在程序中设置，还可以在程序中使用这一属性取得当前文本框的文本。

2. SelText 属性

SelText 属性用于返回或设定文本框中当前被选中的文本，其值为字符串类型。在程序运行时，如果 SelText 属性被赋予新的文本，则选中的文本将被替换为新的文本；反之，如果没有被赋予新的文本，则 SelText 属性将从当前插入点位置开始插入文本。

3. SelStart 属性

SelStart 属性用于返回或设置文本在文本框中的插入点，属性值为整数类型，默认值为 0，表示插入点位于文本框的最左侧。

4. SelLength 属性

SelLength 属性用于返回或设置文本框中默认选中的字符个数，属性值为整数类型，默认值为 0，表示不选中任何字符。当其取值大于 0 时，表示从插入点位置开始选中并高亮显示与 SelLength 属性相对应个数的字符。

注意：通常情况下，文本框的 SelStart、SelLength 和 SelText 三个属性共同作用，用于控制文本框的插入点和文本选择行为，并且只能在运行时通过程序代码对其进行设置。

5. PasswordChar 属性

PasswordChar 属性用于设置文本框输入口令类文本。当把这一属性设置为一个非空字符（如常用的“*”）时，运行程序时用户输入的文本仅显示这一非空字符，但系统接收的却是用户输入的文本。PasswordChar 属性的默认值为空字符，运行程序时，用户输入的文本将直接显示在文本框中。

6. Locked 属性

Locked 属性用于设置运行程序时输入文本框的文本能否被编辑。默认值为 False，表示在运行时可以编辑输入文本框的文本；反之，当属性值为 True 时，表示输入文本框不可被编辑，只能被浏览或高亮显示。

注意：Locked 属性一般只在运行程序时发挥作用，当属性值为 True 时，可以通过程序代码设置文本框的 Text 属性，从而改变显示在文本框中的内容。

7. MaxLength 属性

MaxLength 属性用于设置文本框中最多允许输入的字符数。当将属性值设置为 0（默认值）时，表示可容纳任意多个字符。若将属性值设置为正整数值，即为可容纳的最多字符数。

8. MultiLine 属性

MultiLine 属性用于设置文本框是否允许显示和输入多行文本。当属性值为 True 时，表示允许显示和输入多行文本，当要显示或输入的文本超过文本框的右边界时，文本会自动换行，在输入时也可以按 Enter 键强行换行。当属性值为 False 时，表示不允许显示和输入多行文本，当要显示或输入的文本超过文本框的边界时，将只显示一部分文本，并且输入时按 Enter 键作也不会强制换行。

9. ScrollBars 属性

ScrollBars 属性用于设置文本框中是否带滚动条，有四个可选值：None 表示不带滚动条；Horizontal 表示带水平滚动条；Vertical 表示带垂直滚动条；Both 表示带水平和垂直滚动条。

注意：要使文本框带滚动条，必须将 Multiline 属性值设置为 True，否则 ScrollBars 属性无效。文本框具有滚动条后，自动换行功能将失效。

【例 2.4】 文本框内容的复制粘贴。

设计程序，用鼠标选中第一个文本框文本后，单击“粘贴”按钮，就可以将第一个文本框中选中的内容复制到第二个文本框中，此动作可以反复进行，并将新选中的文本追加到上次选中文本的尾部；单击“清除”按钮，可以清空第二个文本框中的内容；单击“结束”按钮，可以退出程序。程序界面如图 2.16 所示。

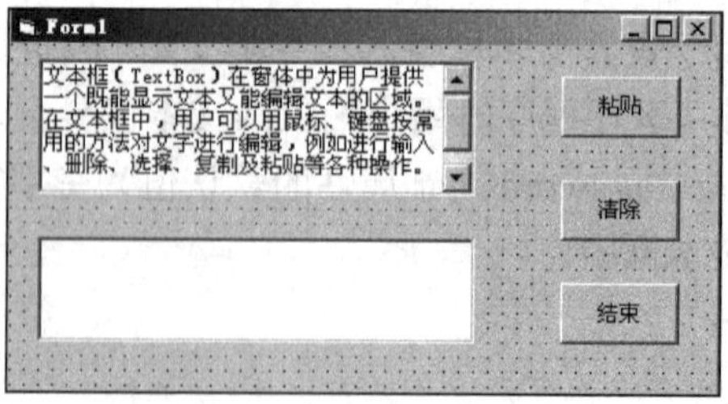

图 2.16　例 2.4 程序界面

步骤：

（1）创建界面。在窗体上添加两个文本框 Text1、Text2 和三个命令按钮。其中，Text1 的 Text 属性设置为“文本框（TextBox）在窗体中为用户提供一个既能显示文本又能编辑文本的区域。在文本框中，用户可以用鼠标、键盘按常用的方法对文字进行编辑，例如进行输入、删除、选择、复制及粘贴等各种操作”。

（2）设置控件属性。本例中控件的属性设置如表 2.8 所示。

表 2.8　例 2.4 控件属性设置

控件名	属性名	属性值	说明
Text1	MultiLine	True	允许多行显示
	ScrollBars	2-Vertical	只有垂直滚动条
Text2	MultiLine	True	允许多行显示
	ScrollBars	0-None	无滚动条
Command1	Caption	粘贴	
Command2	Caption	清除	
Command3	Caption	结束	

（3）编写代码。

```
Private Sub Command1_Click()
    Text2.Text = Text2.Text + Text1.SelText
End Sub
Private Sub Command2_Click()
    Text2.Text = ""
End Sub
Private Sub Command3_Click()
    End
End Sub
```

（4）在 Text1 文本框中输入文字，并进行编辑，然后选中一部分文字，单击“粘贴”按钮，反复执行上述步骤，观察效果，最后单击“清除”按钮。

2.5.2　文本框的常用事件

文本框除支持 Click、DblClick 事件外，还支持 Change、GotFocus、LostFocus 事件。

1. Change 事件

当用户输入新内容，或程序对文本框的 Text 属性重新赋值，从而改变文本框的 Text 属性时，会触发该事件。例如，有两个文本框，当用户在第一个文本框中输入字符时，若要在第二个文本框中显示相同的字符，则只需编写如下代码：

```
Private Sub Text1_Change()
    Text2.Text = Text1.Text
End Sub
```

2. GotFocus 事件

焦点是接收用户鼠标和键盘输入的能力。当对象具有焦点时，可接收用户的输入。窗体上的控件对象成为活动对象时，称为“获得焦点”。

当在文本框中输入数据时，文本框首先要获得焦点，之后才可以输入数据。把光标移动到文本框中时，文本框获得焦点，就触发了 GotFocus 事件。

可能触发 GotFocus 事件的情况包括：用户按 Tab 键，跳转到该文本框中；用户用鼠标单击文本框；用户在程序代码中用 SetFocus 方法激活该文本框等。

3. LostFocus 事件

当用户按 Tab 键光标离开文本框，或用鼠标选择其他对象时，会触发 LostFocus 事件。LostFocus 事件也称为“失去焦点”事件，是与 GotFocus 相对应的一个事件。

一般情况下，可能触发这一事件的情况包括：用户按 Tab 键，跳出该文本框；用户用鼠标单击其他控件等。

2.5.3 文本框的常用方法

文本框最常用的方法是 SetFocus，使用该方法可把光标移动到指定的文本框中，使之获得焦点。当使用多个文本框时，使用该方法可把光标移动到所需要的文本框中，其语法格式如下：

```
对象.SetFocus
```

例如，当单击窗体时，将光标置于文本框 Text1 中，需要添加如下代码：

```
Private Sub Form_Click()
   Text1.SetFocus                    '让文本框 Text1 获得焦点
End Sub
```

说明：该方法还适用于可以获得焦点的其他对象，如 CheckBox、CommandButton 和 ListBox 等控件。

只有在窗体成为活动窗体时才能设置窗体上对象的焦点，因此不能在窗体的 Load 事件过程中使用该方法，否则会出现程序运行错误。不能获得焦点的对象（如 Frame 和 Label 等不需要输入操作的控件）没有该方法，因而也无法获得焦点。另外，能否获得焦点还取决于对象的特性，主要取决于对象的 Enabled 属性和 Visible 属性。当 Enabled 属性值为 False 时，该对象无法获得焦点；当 Visible 属性值为 False 时，该对象不可见，也无法获得焦点。

【例 2.5】 单击“确定”按钮，Text2 获得焦点，Text1 失去焦点同时背景变成蓝色。

步骤：

（1）创建一个新的工程，在窗体上设置一个标签、两个文本框、一个命令按钮。

（2）将命令按钮的 Caption 属性值设置为“确定”。

（3）编写如下事件过程。

```
Private Sub Command1_Click()
    Text2.SetFocus                  '单击按钮时，Text1 失去焦点，Text2 获得焦点
End Sub
Private Sub Text1_LostFocus()
    Text1.BackColor = vbBlue                        'Text1 失去焦点时变成蓝色
    Label1.Caption = "Text1 在失去焦点时变成蓝色！"   '在 Label1 中显示文字
End Sub
```

（4）调试和运行程序，运行结果如图 2.17 所示。

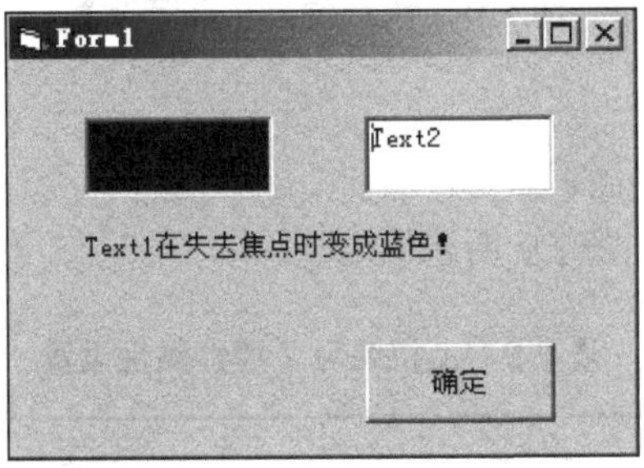

图 2.17　例 2.5 的程序运行结果

上 机 练 习

1．设计具有以下功能的程序：当程序运行时按下鼠标键，窗体的背景颜色变为蓝色；当程序运行时释放鼠标键，窗体的背景颜色变为红色。

（1）在 VB 环境下创建工程、窗体。

（2）编写各相关控件的事件程序代码，代码如下。

```
Private Sub Form_MouseDown(Button As Integer, Shift As Integer, _
                           X As Single, Y As Single)
    Me.BackColor = RGB(0, 0, 255)
End Sub
Private Sub Form_MouseUp(Button As Integer, Shift As Integer, _
                         X As Single, Y As Single)
    Me.BackColor = RGB(255, 0, 0)
End Sub
```

（3）按 F5 键，运行程序并观察结果。

思考：如何显示当前鼠标的位置？

2．命令按钮与窗体应用。

要求：设计如下界面，在窗体中添加五个命令按钮，设置 Command1 的 Style 属性为“0-Graphical”，即按钮外观可显示图形。界面设置如图 2.18 所示。

图 2.18　上机练习 2 界面设置

步骤：

（1）打开工程，设计界面。

（2）设置控件属性，如表 2.9 所示。

表 2.9　上机练习 2 控件属性设置

控件名	属性名	属性值	说明
Command1	Style	0-Graphical	图形外观
Command2	Caption	左移	
Command3	Caption	右移	
Command4	Caption	还原	
Command5	Caption	放大	
Form1	Caption	命令按钮与窗体应用	

（3）从 Command1 控件的 Picture 属性中，为 Command1 控件加载图片。

（4）编写程序代码如下。

```
Private Sub Command2_Click()
   Command1.Left = Command1.Left - 100 '单击一次 Command1 向左移动 100 缇
End Sub
Private Sub Command3_Click()
    Command1.Left = Command1.Left + 100
   End Sub
Private Sub Command4_Click()
    Form1.Move Form1.Left, Form1.Top, Form1.Width/2, Form1.Height/2
    Command4.Enabled = False
    Command5.Enabled = True
End Sub
Private Sub Command5_Click()
```

```
    Form1.Move Form1.Left, Form1.Top, Form1.Width*2, Form1.Height*2
    Command4.Enabled = True
    Command5.Enabled = False
End Sub
```

（5）运行程序，观察效果。

3．设置文本框字体。

要求：设计一个应用程序，实现对给出的文本字体进行更改设置。程序界面如图 2.19 所示。

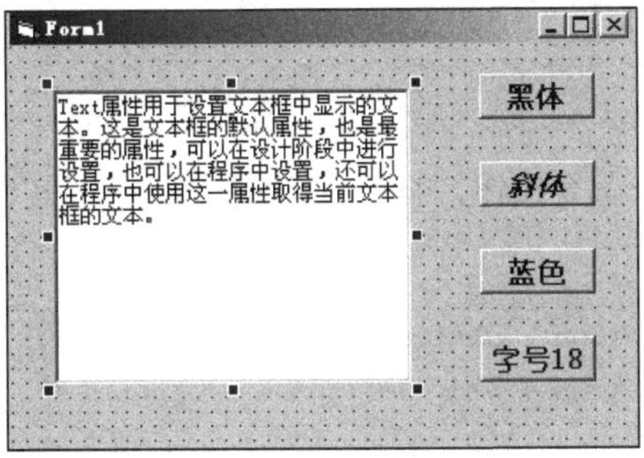

图 2.19　上机练习 3 程序界面

步骤：

（1）新建一个工程，在窗体上设置一个文本框和四个命令按钮。

（2）设置控件属性，如表 2.10 所示。

表 2.10　上机练习 3 控件属性设置

控件名	属性名	属性值	说明
Form1	Caption	文本字体更改	窗体标题
	Height	3500	
	Width	6600	
Text1	Text	空	
	MultiLine	True	允许文本框多行输入
	ScrollBars	0-None	文本框没有滚动条
Command1	Caption	黑体	
	Font	幼圆、粗体、小四	
Command2	Caption	斜体	
	Font	幼圆、粗体、小四、倾斜	
Command3	Caption	蓝色	
	Font	幼圆、粗体、小四	
Command4	Caption	字号 18	
	Font	幼圆、粗体、小四	

（3）双击 Command1 命令按钮，打开代码编辑窗口，在 Click 事件过程中输入如下代码。

```
Private Sub Command1_Click()
    Text1.FontName = "黑体"
End Sub
```

（4）双击 Command2 命令按钮，打开代码编辑窗口，在 Click 事件过程中输入如下代码。

```
Private Sub Command2_Click()
    Text1.FontItalic = True
End Sub
```

（5）双击 Command3 命令按钮，打开代码编辑窗口，在 Click 事件过程中输入如下代码。

```
Private Sub Command3_Click()
    Text1.ForeColor = vbBlue
End Sub
```

（6）双击 Command4 命令按钮，打开代码窗口，在 Click 事件过程中输入如下代码。

```
Private Sub Command4_Click()
    Text1.FontSize = 18
End Sub
```

（7）运行程序，在文本框中输入文本（可以输入任意文本），然后分别单击四个命令按钮，观察每次单击命令按钮之后文本框中文本的变化情况。

4．设置密码程序。

要求：设定密码为“hello”。程序运行时，用户在左侧文本框中输入密码，然后单击“确定”按钮，程序将核对用户输入的密码与事先设定的密码是否一致。如果一致，则在右侧文本框中显示文本“密码正确，继续进行！”；若不一致，则显示文本“密码错，重新输入！”。程序运行结果如图 2.20 所示。

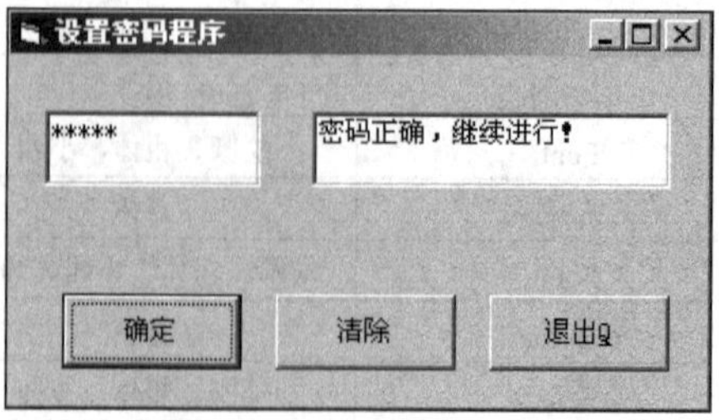

图 2.20　上机练习 4 的程序运行结果

步骤：

（1）创建界面。在窗体 Form1 中添加三个命令按钮 Command1、Command2、Command3，两个文本框 Text1 和 Text2。

（2）设置控件属性。控件属性设置如表 2.11 所示，其中 Name 属性取默认值。

表 2.11 上机练习 4 控件属性设置

控件名	属性名	属性值
Form1	Caption	设置密码程序
Text1	Text	空
Text1	PasswordChar	*
Text2	Text	空
Command1	Caption	确定
Command2	Caption	清除
Command3	Caption	退出 Q

（3）编写代码。

```
Private sub Command1_Click()
   pass=Text1.Text
   If pass="hello" Then
      Text2.Text="密码正确，继续进行！"
   Else
      Text2.Text="密码错，重新输入！"
   End If
End Sub

Private Sub Command2_Click()
   Text1.Text = ""
   Text2.Text = ""
End Sub

Private Sub Command3_Click()
   End
End Sub
```

课 后 习 题

一、选择题

1. 任何控件都具有的属性是（　　）。

A. Text　　B. Caption　　C. Name　　D. ForeColor

2．下列属性中，用来表示各对象（控件）位置的是（　　）。

A．Text　　B．Caption　　C．Left　　D．Name

3．用来设置粗体字的属性是（　　）。

A．FontItalic　　B．FontName　　C．FontBold　　D．FontSize

4．用来设置斜体字的属性是（　　）。

A．FontItalic　　B．FontBold　　C．FontName　　D．FontSize

5．用来设置窗体标题所显示内容的属性是（　　）。

A．Text　　B．Name　　C．Caption　　D．BackStyle

6．当窗体最小化时缩小为一个图标，设置这个图标的属性是（　　）。

A．MouseIcon　　B．Icon　　C．Picture　　D．MousePointer

7．能够改变窗体边框线类型的属性是（　　）。

A．FontStyle　　B．BorderStyle　　C．BackStyle　　D．Border

8．决定窗体有无控制菜单的属性是（　　）。

A．ControlBox　　B．MinButton　　C．Enabled　　D．MaxButton

9．若想改变控件在窗体中的上下位置，应修改的控件属性是（　　）。

A．Top　　B．Left　　C．Width　　D．Height

10．Print 方法可以输出多个表达式值，若使用标准格式输出，各表达式的分隔符应是（　　）。

A．空格　　B．逗号　　C．冒号　　D．分号

11．要把一个命令按钮设置为无效，应设置的属性是（　　）。

A．Visible　　B．Enabled　　C．Default　　D．Cancel

12．要使一个命令按钮成为图形命令按钮，则应首先设置的属性是（　　）。

A．Picture　　B．Style　　C．DownPicture　　D．DisablePicture

13．为了在按下 Enter 键时执行某个命令按钮的事件过程，需要把该命令按钮的一个属性设置为 True，这个属性是（　　）。

A．Value　　B．Cancel　　C．Enabled　　D．Default

14．为了在按下 Esc 键时执行某个命令按钮的事件过程，需要把该命令按钮的一个属性设置为 True，这个属性是（　　）。

A．Value　　B．Default　　C．Cancel　　D．Enabled

15．若要设置标签控件标题和文本框控件显示文本的对齐方式，可使用下列属性中的（　　）。

A．WordWrap　　B．AutoSize　　C．Alignment　　D．Style

16．能够获得一个文本框中被选取文本的内容的属性是（　　）。

A．Text　　B．SelLength　　C．SelText　　D．SelStart

17．文本框的默认属性是（　　）。

A．Caption　　B．Text　　C．Name　　D．Top

18．将焦点主动设置到指定的控件或窗体上，应采用的方法是（　　）。

A．SetDate　　B．SetFocus　　C．SetText　　D．GetData

19．当对象失去焦点时，会触发（　　）事件。

A．SetDate　　B．SetFocus　　C．SetText　　D．LostFocus

20. 当文本框的某个属性值设置为 True 时，运行程序时文本框无法编辑，这个属性是（　　）。

A．Enabled　　B．Locked　　C．Visible　　D．MultiLine

二、思考练习题

1．如何在窗体上显示当前键盘按键的 ASCII 值？

2．如何实现单击窗体时为窗体加载图片，右击则删除图片？

提示：使用 Loadpicture()函数。

课后习题答案

一、选择题

1	2	3	4	5	6	7	8	9	10
C	C	C	A	C	B	B	A	A	B
11	12	13	14	15	16	17	18	19	20
B	B	D	C	C	C	B	B	D	B

二、思考练习题

略。

第 3 章

VB 语言基础

本章要点

- 数据类型、常量和变量。
- 运算符、表达式。
- 常用内部函数。

3.1 数据类型

数据是程序处理的对象，每一个数据必定属于一种特定的数据类型，不同类型数据的取值范围及在计算机中的存储形式也不同。

VB 的数据类型可分为标准数据类型和自定义数据类型两大类。标准数据类型又称为基本数据类型，是 VB 直接提供给用户的数据类型，用户无须定义就可以直接使用；自定义数据类型是由用户在程序中以标准数据类型为基础，并按照一定的语法规则创建的数据类型，必须先定义才能在程序中使用。

VB 的数据类型如图 3.1 所示。

- 数据类型
  - 标准数据类型
    - 数值型（Numeric）
      - 字节型（Byte）
      - 整型（Integer）
      - 长整型（Long）
      - 单精度型（Single）
      - 双精度型（Double）
      - 货币型（Currency）
    - 字符型（String）
    - 逻辑型（Boolean）
    - 日期型（Date）
    - 对象型（Object）
    - 变体型（Variant）
  - 自定义数据类型

图 3.1　VB 数据类型

3.1.1 标准数据类型

标准数据类型是系统定义的数据类型。表 3.1 中列出了 VB 提供的几种标准数据类型。

表 3.1　VB 的标准数据类型

数据类型	类型名	类型符	字节数	取值范围
数值型	Byte（字节型）	无	1	0～255
	Integer（整型）	%	2	-32768～32767，小数部分四舍五入
	Long（长整型）	&	4	-2147483648～2147483647，小数部分四舍五入
	Single（单精度型）	!	4	负数：-3.402823E+38～-1.401298E-45 正数：1.401298E～453.402823E+38

续表

数据类型	类型名	类型符	字节数	取值范围
数值型	Double（双精度型）	#	8	负数：-1.79769313486232D+308～-4.94065645841247D-324 正数：4.94065645841247D-324～1.79769313486232D+308
	Currency（货币型）	@	8	-922337203685477.5808～922337203685477.5807
字符型	String*size （定长字符型）	$	字符串长度	1～65535 字符（64KB）
	String （变长字符型）	$	字符串长度	0～大约 20 亿个字符（2^{31}）
逻辑型	Boolean	无	2	True 和 False
日期型	Date	无	8	公元 100 年 1 月 1 日～9999 年 12 月 31 日
变体型	Variant（数值）	无	16	任何数值，最大可达双精度型数值的范围
	Variant（字符）	无	字符串长度	与变长度字符串有相同的范围
对象型	Object	无	4	可供任何对象引用

1. 数值型数据

在 VB 语言中，数值型数据是指能够进行加、减、乘、除、整除、乘方和取模（Mod）等运算的数据，包括整数类型和实数类型两大类。

（1）整数类型：不带小数点和指数符号的数。整数类型又分为字节型、整型和长整型三种数据类型。

① Byte（字节型）：主要用于二进制文件的读写，在内存中占 1B，存储 0～255 的无符号整数，字节型数据不能表示负数。

② Integer（整型）：在内存中占 2B。可以在数据后面加类型符“%”来表示整型数据。例如，321、78、65%，其中 65%表示整型数 65。

③ Long（长整型）：在内存中占 4B。长整型数据中不可以有逗号分隔符，可以在数据后面加类型符“&”表示该数据为长整型数据。例如，45223、-2548、96&均为长整型数据。

（2）实数类型：带有小数部分的数。实数类型又分为单精度型、双精度型和货币型三种。

VB 中单精度型和双精度型数据都有两种表示方法：定点表示法和浮点表示法。

① 定点表示法：日常生活中普遍采用的计数方法。在这种表示方法中，小数点的位置是固定的。此方法书写简单，适合表示那些大小适中的数。

单精度型（Single）数据在内存中占 4B，最多可表示 7 位有效数字，精确度为 6 位，可在数据后面加类型符“!”，如 5874!、12.56。

双精度型（Double）数据在内存中占 8B，最多可表示 15 位有效数字，精确度为 14 位，可在数据后面加类型符“#”，如 567.89#。

② 浮点表示法：当一个数特别大或者特别小时，可以采用科学记数法表示，如

1.234×10^{-4}、5.8765×10^{12}。因为在计算机中无法输入上标，所以 VB 用一个英文字母（单精度型数用字母 E，双精度型数用字母 D）表示底数 10。例如，上面两个数可以表示为 1.234E-4 和 5.8765D12。可见，浮点数由三部分组成：尾数部分、字母 E 或 D、指数部分。

在这种表示方法中小数点的位置是不固定的，但是在输入时，无论将小数点放在何处，VB 都会自动将它转化为尾数的整数部分为 1 位有效数字的形式（即小数点在最高有效位的后面），这种形式的浮点数称为规格化的浮点数。

③ 货币型：在内存中占 8B，可以保存精度特别重要的数据，用于货币计算与定点计算。一个货币型数据整数部分最多有 15 位，没有指数形式，精确到小数点后 4 位，超过 4 位的数字将被四舍五入。可在数据后面加类型符“@”来表示货币类型数据，如 145.32@。

表示数值型数据时，应根据实际情况选用恰当的数据类型，以加快运算速度，提高运算效率。例如：如果表示整数 256，就应当选择整型；如果表示整数 32768，应当选择长整型；如果表示含小数的实数 12.27，则应当选择单精度型。

2. 字符型数据

字符串（String）是由一对双引号（" "）括起来的一个字符序列。双引号称为字符串的定界符。字符串中可以包含 ASCII 字符或中文汉字，一个汉字或一个英文字母都是一个字符。例如，"2024ABCD"、"中国北京"。

注意：字符串中字母的大小写是有区别的，如"ABC"与"abc"是不相等的字符串。

在 VB 中，字符串型数据可分为定长字符串和变长字符串两种。

（1）定长字符串：它的长度固定不变，计算机中为其分配的存储空间也是固定不变的，定长字符串最多可容纳 65 536（2^{16}）个字符。

（2）变长字符串：它的长度是可以变化的，计算机中为其分配的存储空间也是随着字符串的实际长度的变化而变化，变长字符串中最多可容纳大约 20 亿（2^{31}）个字符。

注意：

① 在书写程序代码时，如果使用字符串，该字符串一定要加上英文双引号（字符串定界符）。例如，Text1.Text ="大连医科大学"。

② 程序运行时，有时需要从键盘上输入一个字符串，此时不需要输入双引号，只需要输入字符串中的内容。

③ 在程序运行时，当输出一个字符串时，结果并不显示该双引号，而只显示双引号内包含的内容。

3. 逻辑型数据

逻辑型（Boolean）数据用于表示逻辑判断的结果，只有 True 和 False 两个值，分别表示真和假，默认值为 False。一个逻辑型数据在内存中占 2B。

逻辑型数据常作为程序的转向条件，用于控制程序的流程。逻辑型数据可以转换为整型数据，规则如下：True 转换为-1，False 转换为 0。其他类型数据也可以转换为逻辑型数据，规则如下：非 0 数转换为 True，0 转换为 False。

4. 日期型数据

日期型(Date)数据可以表示日期和时间，表示的日期范围为公元 100 年 1 月 1 日～9999 年 12 月 31 日，表示的时间范围为 00:00:00～23:59:59。一个日期型数据在内存中占用 8B，以浮点数形式存储。

日期型数据的表示方法有一般表示法和序号表示法两种。

（1）一般表示法：是用一对“#”将日期和时间前后括起来。例如，#Sep2011#、#2023-09-12 10:2:40AM#、#9/20/2023 08:15:32PM#等。日期可以用“/”“,”“-”分隔开，顺序可以是年、月、日，也可以是月、日、年。时间必须用“:”分隔，顺序是时、分、秒。在日期型数据中，不论年、月、日按照何种顺序排列，VB 都会自动将其转换为 mm/dd/yy（月/日/年）的形式。如果日期型数据不包括时间，则 VB 会自动将该数据的时间部分设置为午夜 0 点；如果日期型数据不包括日期，则 VB 会自动将该数据的日期部分设置为公元 1899 年 12 月 30 日。

（2）序号表示法：用来表示日期的序号是双精度实数，VB 会自动将其解释为日期和时间。其中，序号的整数部分表示日期，小数部分表示时间，午夜为 0，正午为 0.5。可以对日期型数据进行运算，通过加减一个整数来增加或减少天数，通过加减一个分数或小数来增加或减少时间。例如，加 16 就是加 16 天，而减掉 1/6 就是减去 4 小时。

5. 对象型数据

对象型（Object）数据用于保存应用程序中的对象，如文本框、窗体等。对象型数据在内存中占 4B。可以用 set 语句指定一个被声明为 Object 的变量，去调用应用程序所识别的任何实际对象。例如：

```
Dim a As Object
Set a = Command1
a.Font = "黑体"
a.FontSize = 16
a.Caption = "欢迎"
```

执行该段程序后，Command1 对象的字体、字体大小和标题内容均会发生相应变化。

6. 变体型数据

变体型（Variant）数据是一种特殊的数据，用于存储一些不确定类型的数据。它可以存储除了定长字符型及用户自定义类型以外的上述任何一种数据类型。VB 中所有未定义而直接使用的变量默认为变体型。

Variant 也可以包含 Empty、Error 及 Null 等特殊值。可以通过 VarType()或

Typename()函数检测 Variant 型变量中保存的数据的类型。Typename()函数可以直接返回数据类型名，而 VarType()函数则返回一个数值，不同的返回值代表不同的数据类型，具体如表 3.2 所示。

表 3.2　VarType()函数值

VarTypt()值	0	1	2	3	4	5	6	7	8	9	10	11
数据类型	Empty	Null	Integer	Long	Single	Double	Currency	Date	String	Object	Error	Boolean

其中，变体型包含三种特殊的数据：Empty、Error 和 Null。

① Empty：未赋值的可变类型变量的值。

② Error：表示在过程中出现错误时的特殊值。

③ Null：表示变量不含有效数据。

【例 3.1】　编写程序验证，在程序运行期间变体型变量不同类型的赋值。

步骤：

（1）创建一个新的工程。

（2）双击窗体任意位置，打开代码编辑窗口。编写 Form 的 Click 事件代码如下：

```
Private Sub Form_Click()
    Dim a                          'a 默认为变体型
    Print "a 的值是"; a,           "变量 a 的类型值为: "; VarType (a)
    a = "20"
    Print "a 的值是"; a,           "变量 a 的类型为: "; TypeName(a)
Print "a 的值是"; a,               "变量 a 的类型值为: "; VarType (a)
    a = a - 4
    Print "a 的值是"; a,           "变量 a 的类型为: "; TypeName(a)
    a = "A" & a
    Print "a 的值是"; a,           "变量 a 的类型为: "; TypeName(a)
    End Sub
```

程序的运行结果如图 3.2 所示。

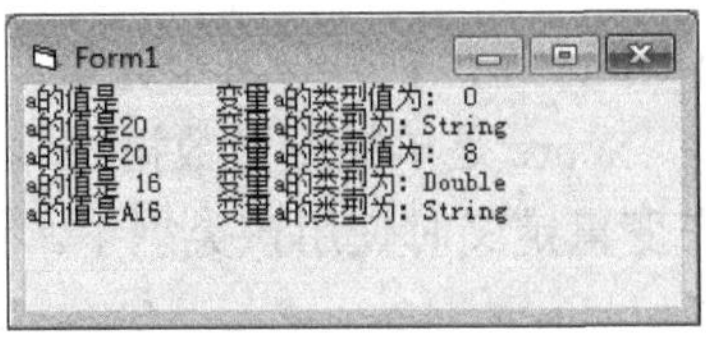

图 3.2　例 3.1 的程序运行结果

3.1.2 自定义数据类型

自定义数据类型是由若干标准数据类型组成的一种复合类型，又称为记录型。VB 用户可在窗体模块或标准模块的声明部分使用 Type 语句定义自己的数据类型。

自定义数据类型的语法格式如下：

```
[Public|Private] Type  数据类型名
    数据类型元素名  As 数据类型
    数据类型元素名  As 数据类型
    …
End Type
```

说明：

（1）如果使用关键字 Public，表示定义的数据类型在整个工程中都有效；如果使用关键字 Private，表示定义的数据类型仅在声明的模块中有效。在标准模块中定义时，关键字 Public 或 Private 可省略，默认为 Public；在窗体模块中定义时，必须加上关键字 Private。

（2）“数据类型名”是要定义的数据类型的名称，“数据类型元素名”是要定义的数据类型的组成元素的名称，它们都应遵循标识符的命名规则。

（3）“数据类型”是基本数据类型或已经存在的自定义类型。如果是字符串，必须是定长字符串。

（4）不要将自定义类型名和该类型中的元素名混淆。前者类似 VB 中标准数据类型的类型名；后者根据元素的类型分配所需的内存空间，用于存储数据。

例如，定义一个学生基本信息的自定义类型：

```
Type Student
    ID As String * 12           'ID 定义为 12 个字符的定长字符串
    Name As String * 20         'Name 定义为 20 个字符的定长字符串
    Score  As Single            'Score 定义为单精度型
End Type
```

此例定义了一个数据类型 Student，它包含三个元素：ID、Name 和 Score。其中，ID 和 Name 为定长字符串型， Score 是单精度型数据。

类型定义好后，就可以在变量定义时使用该类型了。例如：

```
Dim stu1 As Student
```

这样，就定义了一个 Student 类型的变量 stu1，要表示 Student 变量中的某个元素，需使用如下形式：

```
变量名.元素名
```

即定义了 stu1 变量，就包含了 stu1.ID、stu1. Name 和 stu1. Score 三个元素。例如：

```
Stu1.ID = "20201001"
Stu1. Name = "晓峰"
Stu1. Score = 90
Print "学号："; stu1.ID
Print "姓名："; stu1. Name
Print "成绩："; stu1. Score
```

如果要输入第 2 个同学的信息，只需要再定义一个 Student 类型的变量。例如：

```
Dim stu2 As Student
```

之后就可以直接为 stu2.ID、stu2.Name 和 stu2.Score 三个元素赋值了。

3.2　常量与变量

一个完整的程序要做三件事：获取数据、处理数据和输出数据。在程序执行过程中数据的存储及中转大多是通过变量来实现的。可以将变量理解为一个容器，它有自己的名称（变量名）和容量（变量类型）。常量和变量类似，但常量存储的值在程序运行过程中是不变的。

3.2.1　常量

常量是在程序运行过程中其值保持不变的量，如数值、字符串等。在 VB 中，常量可以分为一般常量和符号常量。

1. 一般常量

一般常量就是在程序中显式给出的数据。根据常量的数据类型，常量又分为数值常量、字符型常量、逻辑型常量和日期型常量。

（1）数值常量。由正号、负号、数字和小数点组成，如 123、2.34、9.5E-6（单精度型）、7.45D3（双精度型）等。

数值型常量除了可以用十进制数来表示，还可以用十六进制数或八进制数来表示。各种数值型常量的表示如下所示。

① 十进制数。例如，231、-647、0、3.1415926。

② 八进制数。以&O 或&为引导，其数据范围为&0～&177777（整型数据）或&0～&37777777777&（长整型数据）。对于长整型数据还要以&结尾，例如，&O3424578&、&O745236541&。

③ 十六进制数。以&H 为引导，其后的数据位数为 1～4 位（整型数据）或 1～6 位（长整型数据），对于长整型数据也要以&结尾，如&H47CB、&H5F、&HFF55CC&等。

（2）字符型常量。由一对英文双引号括起来的字符串组成，如"AB"和"学习 VB"。

注意：如果一对英文双引号中不包含任何字符，则称该字符串为空字符串；如果英文双引号中的字符为空格，则称该字符串为空格字符串。这两个字符串是有区别的，空字符串的长度为 0，空格字符串的长度为其中所包含空格的个数。

（3）逻辑型常量。逻辑型常量只有 False（假）和 True（真）两个值。

（4）日期型常量。由一对“#”括起来的日期形式的字符组成，如#2024-5-17:45:21#、#Oct 1,2024#等。

2. 符号常量

符号常量是在程序中用符号表示的常数。在程序中经常要多次使用同一个常数，此时使用符号常量更方便。

在 VB 中，符号常量有两种：自定义符号常量和系统符号常量。

1）自定义符号常量

例如，在程序中经常要用到圆周率 π（3.1415926），但如果每次用到 π 时都重复录入 3.1415926，就很不方便。因此，VB 允许用一个符号来代替永远不变的数值或字符串常量，称这个符号为符号常量，其定义格式如下：

```
Const 符号常量名[As 类型]=表达式
```

其中，符号常量名的命名规则与变量名的命名规则相同；“类型”用于声明常量类型；“表达式”由数值常量、字符串等常量及运算符组成，可以包括前面定义过的常量。例如：

```
Const Pi!=3.1415926             '定义单精度符号常量 Pi，值为 3.1415926
Const min As Integer=20         '定义整型符号常量 min，值为 20
Const num#=12.5                 '定义双精度符号常量 num，值为 12.5
```

符号常量可以是具有一定含义、容易理解和记忆的字符。在程序中，凡出现该常量的地方，都用该符号常量代替，如果要改变某一常量的值，则只需改变程序中声明该符号常量的那条语句。

2）系统符号常量

除了上述方法可以自定义符号常量外，VB 系统和控件还提供了大量系统预先定义好的、具有不同用途的、用户可以直接使用的常量，称为系统符号常量，如 vbBlue、vbRed，这些常量为程序设计提供了方便。

例如，设置文本框（Text1）的背景颜色为蓝色时，可使用如下语句：

```
Text1.BackColor=vbBlue          'vbBlue 为 VB 提供的系统符号常量
```

系统符号常量可与对象、属性和方法一起在应用程序中使用。这些常量位于对象库中。选择“视图”→“对象浏览器”命令，可打开“对象浏览器”窗口，如图 3.3 所示，在该窗口中可以查看系统符号常量。

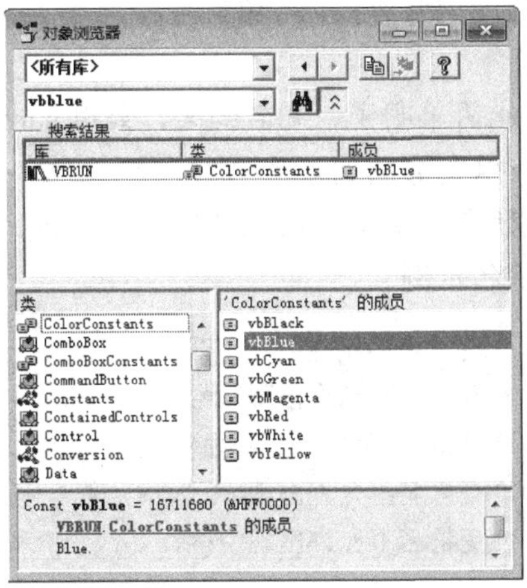

图 3.3　“对象浏览器”窗口

在“所有库”下拉列表框中选择“VB”“VBA”“工程 1”等选项，即选择了相应的对象库，再在“类”列表框中选择组名称，即可在其右侧的“成员”列表框中列出相应的系统符号常量、属性和方法名称。选中一个名称后，“对象浏览器”窗口底部的文本框中将显示该常量的功能。图 3.3 显示的是系统提供的颜色常量。也可以在“搜索”对话框中输入系统符号常量进行搜索。

3.2.2　变量

变量是在程序运行过程中其值可以发生改变的量，每个变量都有变量名、数据类型和变量值。变量实际上代表一些临时的内存单元，在这些内存单元中存储着数据。不同数据类型的数据占用的内存空间不同，运算规则也不同。变量名是变量的标识符，表示存储变量值的内存单元地址。在使用变量前先声明变量名和类型，系统将为其分配内存单元（地址和大小）。

1. 变量的命名规则

变量名是代表数据的一个名称，通过变量名引用它所存储的值。变量的命名必须遵循以下规则。

（1）VB 变量名只能由字母（含汉字）、数字和下划线组成，第 1 个字符必须是字母或汉字。例如，sum、xyz、a123 均为合法的变量名，而 12Ab、$ABC 是不合法的变量名。

（2）变量名的字符数不得超过 255 个字符。

（3）变量名不能与关键字同名。关键字是 VB 使用的词，是语言的组成部分，如不能用 Print 作为变量名。

（4）变量名不能与过程名或符号常量同名。

（5）变量名不区分大小写。例如，MystrING 和 mYstring 是同一个变量名。

（6）变量名在同一个范围内必须是唯一的。

注意：

① 变量命名时应尽可能简单明了，见名知义，如用 sum 代表求和，average 代表求平均数。变量名不要过长，以免影响阅读和书写。

② 变量名不能包含小数点、空格或嵌入“!”“#”“@”“%”“&”等字符。

下面是命名错误的变量名示例。

```
123a            '变量名不允许以数字开头
X-y             '变量名不允许出现减号
Const           '变量名不允许出现 VB 关键字
Sin             '变量名不允许出现 VB 内部函数
张 三           '变量名不允许出现空格
```

2. 变量的声明

通常，在程序中必须先声明变量再使用变量。变量声明就是将变量名和数据类型事先通知给应用程序，也称为变量定义。

在 VB 中，变量的声明分为显式声明和隐式声明两种。

1）显式声明

显式声明是指使用声明语句来定义变量名及其类型，通常有两种格式。

① 格式 1：

```
Dim 变量名[As 类型],变量名[As 类型]…
```

这种格式将指定的变量定义为由类型指明的变量类型。其中，类型可使用表 3.1 中所列出的数据类型或用户自定义的类型名。“[]”内的部分表示可以省略。如果省略“As 类型”部分，则所创建的变量默认为变体型。例如：

```
Dim A1 As Integer, A2 As Single  '声明 A1 为整型变量和 A2 为单精度型变量
Dim C1 As Double                 '声明 C1 为双精度型变量
Dim D1                           '声明 D1 为变体型变量
```

根据存放的字符串长度是否固定，字符串变量又分为变长字符串变量和定长字符串变量。

声明变量为变长字符串变量的语法格式如下：

```
Dim 变量名 As String
```

该类变量最多可存放约 20 亿个字符。例如：

```
Dim str1 As String          '声明 str1 为变长字符串变量，其长度不固定
```

声明变量为定长字符串变量的语法格式如下：

```
Dim 变量名 As String*字符数
```

该类型变量存放字符的个数由 String 后的字符数决定，最多可以存放约 65536 个字符。例如：

```
Dim str2 As String*10        '声明 str2 为定长字符串变量，最多可存放 10 个字符
```

对于变量 str2，若赋予的字符数少于 10 个，则右补空格；若赋予的字符超过 10 个，则自左向右取 10 个字符，多余部分被截去。

② 格式 2：

```
Dim 变量名类型符
```

例如：

```
Dim S%, P!                          '声明 S 为整型变量，P 为单精度型变量
```

这种格式使用类型符直接声明变量。

注意：使用这种格式定义变量时，变量名与类型符之间不能有空格。类型符如表 3.3 所示。

表 3.3　类型符

数据类型	整型	长整型	单精度型	双精度型	货币型	字符型
类型符	%	&	!	#	@	$

无论采用格式 1 还是格式 2 声明变量，都需要注意以下问题。

首先，一条 Dim 语句可以同时定义多个变量，但每个变量必须有自己的类型声明，类型声明不能共用。例如：

```
Dim S%, P!   '或  Dim S As Integer, P As Single
```

两种声明格式效果相同，声明 S 为整型变量、P 为单精度型变量。若是采用下面的形式声明变量，则定义了 S 为整型变量、P 为变体型变量。

```
Dim P, S%   '或  Dim P, S As Integer
```

其次，变量一旦被声明，VB 会自动对各变量进行初始化。不同类型变量的初始值不同：数值型变量默认初始值为 0，字符型变量默认初始值为空串，变体型变量默认初始值为 Empty，逻辑型变量默认初始值为 False，日期型变量默认初始值为 00:00:00。

最后，在 VB 中，数值型变量均有取值范围，如果超出规定的范围，将弹出“溢出”错误提示信息。例如：

```
Dim x As Integer
x = 50000
```

由于整型数据最大能表示的数是 32767，而 50000 超出了整型数据所能表示数的范围，因此当程序运行时，将弹出“溢出”错误提示信息。

2）隐式声明

隐式声明是指在程序中直接使用未声明的变量，所有隐式声明的变量都是变体型。例如，下面程序隐式声明了一个变量 a。

```
Private Sub Command1_Click()
    a=50
    Print a
End Sub
```

此时，变量 a 没有事先声明就直接引用了，这就是隐式声明。虽然这种方法很方便，但不提倡这么做，因为即便写错变量名，系统也不会提示错误。

3）强制显式声明

为了避免系统因为变量未声明而出现的错误，VB 提供了强制显式声明的方法，即只要使用变量，就必须先进行变量的显式声明。遇到一个未经显式声明的变量名，VB 会自动弹出“变量未定义”的警告信息。

实现强制显式声明的方法：选择“工具”→“选项”命令，在弹出的“选项”对话框中选择“编辑器”选项卡，选中“要求变量声明”复选框，如图 3.4 所示。

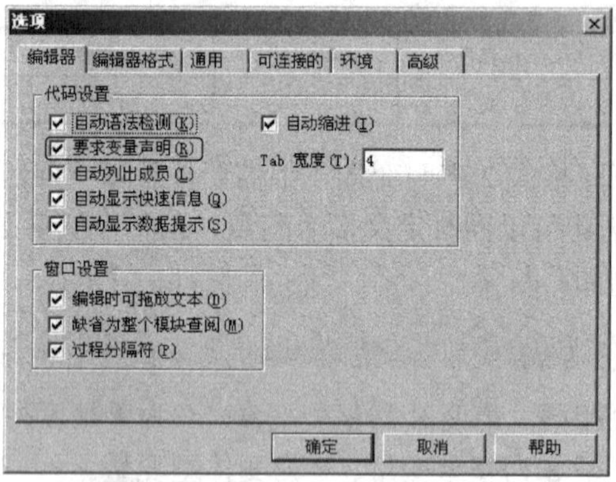

图 3.4　设置强制显式声明变量

这样 VB 系统会在以后新建的类模块、窗体模块或标准模块的通用声明段内，自动插入 Option Explicit 语句。但这种方法不会在已经编写的模块中自动插入上面的语句。

除了采用菜单方法对变量强制声明外，还可以采用代码的方式强制声明变量。在窗体的通用声明段或标准模块的声明段（代码编辑窗口最上方）中直接加入下述语句：

```
Option Explicit
```

即可实现强制显式声明。

3.3　运算符与表达式

运算是对数据进行加工的过程，描述不同运算的符号称为运算符，参与运算的数据称为操作数。运算符和操作数组合为表达式。

需要两个操作数的运算符，称为双目运算符；只需要一个操作数的运算符，称为单目运算符。例如，“-”作为负号时只需要一个操作数，是单目运算符。

表达式用于表示某个求值规则，由运算符和小括号将常量、变量和函数按照一定的语法规则连接而成。

在 VB 中，有四种类型的表达式，分别为算术表达式、字符串表达式、关系表达式和逻辑表达式。其中，关系表达式和逻辑表达式也称为条件表达式。

3.3.1　算术运算

算术表达式也称数值表达式。它是用算术运算符和小括号将数值型数据连接起来的式子，算术表达式的运算结果为数值型。

1. 算术运算符

VB 中的算术运算符如表 3.4 所示。

表 3.4　VB 中的算术运算符

运算符	含义	举例
+	加	5+3.2=8.2
-	减	15-5.0=10.0
*	乘	2.5*3=7.5
/	除	1/2=0.5
\	整除	1\2=0
Mod	取余	6 Mod 4=2
-	负号	-12.3
^	乘方	2^3=8

说明：

（1）“\”与“/”的区别：“\”用于整数除法，结果只取两数相除的整数部分。在进行整除时，如果参加运算的数据含有小数部分，则先按四舍五入的原则将它们转换为整数，再进行整除运算。例如：

```
52.2\3.7          '结果为13
27.1\9.4          '结果为3
```

```
8\3                       '结果为 2
8/3                       '结果为 2.6666666666666667
```

（2）Mod 是取余运算符，用于计算第一个操作数整除第二个操作数的余数。若两个操作数均为整型数，则可以直接进行整除取余运算。若两个操作数中有单精度浮点数或双精度浮点数，则按四舍五入的原则对小数点后的部分进行处理，再进行取余运算。运算结果的符号取决于第一个操作数的符号。例如：

```
10 Mod 4                  '结果为 2
26.88 Mod 5.6             '先四舍五入再求余数，结果为 3
13 Mod -3                 '结果的符号取决于第一个操作数，结果为 1
-13 Mod 3                 '结果为-1
-13 Mod -3                '结果为-1
```

（3）四舍五入规则：小于 5 时舍；大于 5 时入；等于 5 时的舍入情况，取决于前一位数，当前一位数为偶数时舍，为奇数时入。例如：

```
?Round(2.5)               '结果为 2
?Round(1.5)               '结果为 2
```

2. 算术表达式及其书写规则

1）算术表达式

由算术运算符、小括号和运算对象（包括常量、变量、函数、对象等）组成的表达式为算术表达式。其运算结果为一个数值。单独一个数值型常量、变量或函数也可构成一个算术表达式。例如，$12*5+(17-10)/7$、x、sin(x)都是算术表达式。

2）算术表达式的书写规则

算术表达式与数学中代数式的书写方法不同，在书写时应特别注意以下几点要求。

（1）在算术表达式中，所有字符都必须写在同一行上。例如，将数学式$\frac{\pi}{a^2+\sqrt{b}}$写作 VB 的算术表达式为 3.14159 / (a^2 + sqr(b)) 。

（2）加小括号可以调整运算次序，如$3\frac{b+2}{a}$写作 VB 表达式为 3 * (b + 2) / a 。

（3）代数式中省略的乘号，在写成 VB 表达式时必须补上，如代数式$8a+b^2$写作 VB 表达式应为 8 * a + b^2 。

（4）VB 表达式中一律使用“()”，且必须配对，如代数式$3[a(b+c)]$应写作 3 * (a * (b + c)) 。

3. 不同数据类型的转换

如果参与运算的两个数值型数据为不同类型，VB 系统会自动将它们转换为同一类型，再进行运算。转换的规律是将范围小的数据类型转换为范围大的数据类型，即 Integer→Long→Single→Double。

但是当 Long 型与 Single 型数据进行运算时，结果为 Double 型。

注意：当算术运算符一侧为数值型数据，另一侧为数字字符串或逻辑型数据时，会自动将它们转换为数值型后再进行运算。例如：

```
Print 10 - True      '结果为 11，逻辑型 True 转换为数值-1，False 转换为数值 0
Print 10 + "4"       '结果为 14，数字字符串"4"转换为数值 4，再与 10 做加法运算
```

4. 算术运算符的优先级

在一个表达式中可以出现多个运算符，因此必须确定这些运算符的运算顺序。运算顺序不同，所得的结果也就不同。

算术运算符的运算优先级从高到低如表 3.5 所示。其中，乘、除和加、减分别为同级运算符，同级运算按照从左向右的方向进行。在表达式中加“()”可以改变表达式的求值顺序。

表 3.5 算术运算符的优先级

优先级	运算符	含义
1	^	乘方
2	-	取负
3	*	乘
	/	点除
4	\	整除
5	Mod	取余
6	+	加
	-	减

3.3.2 字符串运算

1. 字符串运算符

字符串运算符有两个，一个是“+”运算符，另一个是“&”运算符，它们均可以实现将两个字符串首尾相连。使用“&”运算符时应注意，运算符“&”前后都应加一个空格，以避免 VB 系统认为此时的“&”是长整型变量的类型说明符。

2. 字符串表达式

字符串表达式是由字符串运算符和小括号将字符常量、变量和函数连接起来的式子，其运算结果可能为数值型，也可能为字符型。例如：

```
? "VB" + "中文版"            '结果为"VB 中文版"，类型为字符型
```

```
? "VB" & "中文版"                '结果为"VB 中文版"，类型为字符型
? "12" & 34                      '结果为"1234"，类型为字符型
? "12" + 34                      '结果为 46，类型为数值型
```

3. 运算过程中的类型转换

（1）“+”运算符。当运算符两边的操作数均为字符型时，进行字符串连接运算；当运算符两边的操作数均为数值型时，进行算术运算；当一个为数字字符串，另一个为数值型数据时，VB 会自动将数字字符串转换为数值，再进行算术运算；当一个为非数字字符串，另一个为数值型数据时，则会弹出对话框，提示出错信息“类型不匹配”。例如：

```
? "1" + "2"                      '结果为"12"，类型为字符型
? 1 + 2                          '结果为 3，类型为数值型
? "1" + 2                        '结果为 3，类型为数值型
? "VB" + 123                     '操作类型不匹配，出错
```

（2）“&”运算符。该运算符两边的操作数可以是字符型数据，也可以是数值型数据。进行数据连接以前，VB 先将它们转换为字符型数据，再连接。例如：

```
? "辽宁" & "沈阳"                '结果为"辽宁沈阳"
? "辽宁" & 125                   '结果为"辽宁 125"
? 12 & 34                        '结果为"1234"，类型为字符型
```

注意：在使用“+”运算符时有时可能无法确定是做加法还是做字符串连接。为避免混淆且使程序代码具有可读性，建议使用“&”连接符进行字符串连接。

3.3.3 关系运算

关系表达式用于比较两个同类型表达式的值，比较的结果为逻辑值 True（真）或 False（假），如 a > b 、3 > 5 、"3y"<"jqk"都是合法的关系表达式。由于它常用于描述一个给定条件，因此也称为“条件表达式”。

1. 关系运算符

VB 提供的常用关系运算符有六种，如表 3.6 所示。

表 3.6　VB 提供的常用关系运算符

关系运算符	含义	相当于数学符号
=	等于	=
>	大于	>
<	小于	<

续表

关系运算符	含义	相当于数学符号
>=	大于或等于	≥
<=	小于或等于	≤
<>	不等于	≠

2. 关系表达式

关系表达式是用关系运算符和小括号将两个相同类型的表达式连接起来的式子。关系表达式的格式如下：

```
表达式 1 关系运算符 表达式 2
```

先计算表达式 1 和表达式 2 的值，得出两个相同类型的值，再进行关系运算符所规定的关系运算。如果关系表达式成立，则计算结果为 True，否则为 False。例如：

```
? 3+5>6+7              '运算符两边为数值型数据，比较结果为 False
? "ABCD"<"ABCE"        '运算符两边为字符串型数据，比较结果为 True
```

注意：

① 表达式 1 和表达式 2 是两个类型相同的表达式，可以是算术表达式，也可以是字符串表达式，还可以是其他关系表达式。

② 所有关系运算符的优先顺序均相同，如要改变运算的先后顺序，需要与小括号配合使用。

3. 比较规则

（1）对数值型数据，按其数值的大小进行比较。

（2）对字符串型数据，从左到右依次按其每个字符的 ASCII 值的大小进行比较，如果对应字符的 ASCII 值相同，则继续比较下一个字符，以此类推，直到遇到第一组 ASCII 值不相等的字符为止。

（3）日期型数据将日期看作“yyyymmdd”格式的 8 位整数，按数值大小进行比较，如#10/08/2023#>#10/08/2022#，比较结果为 True。

【例 3.2】　创建一个工程，单击窗体后，直接输出比较结果。

步骤：

（1）创建一个窗体。

（2）设置窗体的 Caption 属性为“关系表达式”。

（3）单击窗体，打开代码编辑窗口，在窗体 Click 事件中输入以下语句。

```
Private Sub Form_Click()
    a = 20
    b = 45
```

```
    Print "a="; a, "b="; b
    Print "a>b" & "结果是"; a > b, "a<b" & "结果是"; a < b
    Print "a>=b" & "结果是"; a >= b, "a<=b" & "结果是"; a <= b
    Print "a=b" & "结果是"; a = b, "a<>b" & "结果是"; a <> b
End Sub
```

（4）运行该程序，单击窗体，即在窗体上输出运行结果，如图 3.5 所示。

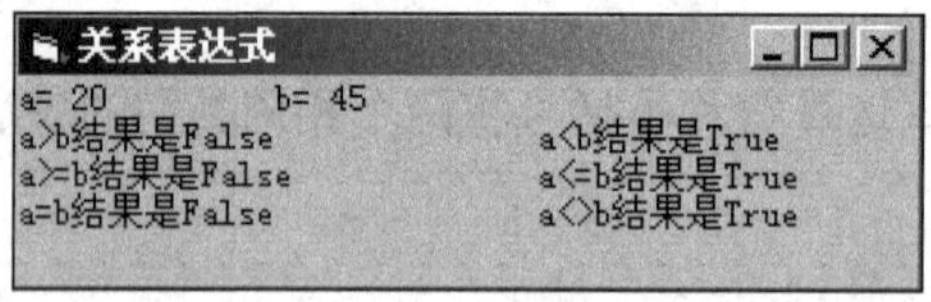

图 3.5　例 3.2 的程序运行结果

3.3.4　逻辑运算

关系表达式只能表示一个条件，即简单条件，如“ x > 0 ”代表数学表达式“ x > 0 ”，但人们时常会遇到一些比较复杂的条件，如“ 0 < x < 8 ”，实际上是“ x > 0 ”且“ x < 8 ”两个简单条件的组合。逻辑表达式就是用来表示“非……”“不但……而且……”“或……或……”等复杂条件的。

1. 逻辑运算符

逻辑运算符是用于进行各种逻辑运算的运算符，VB 中的逻辑运算符如表 3.7 所示。

表 3.7　VB 中的逻辑运算符

运算符	实例	结果
Not	Not(5>0) Not(5<0)	False True
Or	16 Mod 4=0 Or 16 Mod 3=0 (2 <= 0) Or (−5 > 0)	True False
And	(8 > 6) And (8 Mod 3=0) (3 >= 0) And (−5 < 0)	False True
Xor	(2>1) Xor (4<1) (2>1) Xor (3>1)	True False
Eqv	(5>4) Eqv (5<1) (5>2) Eqv (5>1)	False True
Imp	(5>3) Imp (5<1) (5>2) Imp (4>1)	False True

逻辑运算符的优先级按由高到低的顺序为 Not→And→Or→Xor→Eqv→Imp。

2. 逻辑表达式

用逻辑运算符将两个关系式连接起来得到的式子，称为逻辑表达式。其一般格式如下：

```
逻辑量　逻辑运算符　逻辑量
```

VB 中的逻辑量有逻辑常量、逻辑变量、逻辑函数和关系表达式四种。逻辑表达式的运算结果仍为逻辑型数据，即 True 或 False。

Not 为单目运算符，用于对逻辑值取反；如果有多个条件做 And 运算，则只有所有条件均为真时，运算结果才为真，只要有一个为假，结果就为假；如果有多个条件做 Or 运算，只要有一个条件为真，运算结果就为真，只有全部条件均为假时，结果才为假。

例如，由下列条件写出相应的 VB 逻辑表达式。

（1）条件“x 是 5 或 7 的倍数”写成逻辑表达式为 x Mod 5＝0 Or x Mod 7＝0。

（2）条件“|x|≠0”写成逻辑表达式为 Not Abs(x)＝0，也可写成 Abs(x)<>0。

（3）条件“−5<x<5”写成逻辑表达式为 x>−5 And x < 5。

（4）条件“x>10 或 x<5”写成逻辑表达式为 10 < x Or x < 5。

（5）判断变量 x、y 均不为 0，写成逻辑表达式为 x<>0 And y<>0，也可以写成 x * y <>0。

（6）判断整型变量 a 是正的奇数，写成逻辑表达式为 a > 0 And a Mod 2 <>0。

（7）年龄大于等于 50 岁、职称为教授的女同志，写成逻辑表达式为“年龄>=50 And 职称= "教授"And 性别="女"”。

注意：赋值运算符“=”和关系运算符“=”含义不同。

3.3.5 运算符的优先顺序

当一个表达式中有多种运算符时，不同运算符的执行是有顺序的，称为运算符的优先顺序。运算符的优先顺序如表 3.8 所示。

表 3.8　运算符的优先顺序

优先顺序	运算符类型	运算符
1	算术运算符	^（乘方）
2		-（取负）
3		*、/（乘、除）
4		\（整除）
5		Mod（取余）
6		+、-（加、减）
7	字符串运算符	&、+（字符串连接）

续表

优先顺序	运算符类型	运算符
8	关系运算符	=、<>、<、<=、>、>=
9	逻辑运算符	Not
10		And
11		Or
12		Xor
13		Eqv
14		Imp

例如，-2^3*6>-5 And 36/(8-2) Mod 2>0 的运算顺序如下。

（1）括号中的运算(8-2)得 6。

（2）乘方运算 2^3 等于 8，后取负得-8。

（3）乘法运算-8*6 得-48，36/6 得 6。

（4）取余运算 6 Mod 2 得 0。

（5）关系运算-48>-5 得 False；0>0 得 False。

（6）逻辑运算 False And False 结果为 False。

3.4 常用的内部函数

为了方便用户进行各种运算，VB 提供了大量的内部函数，供用户在编程时调用。内部函数的调用格式如下：

```
函数名([参数 1,参数 2,…])
```

函数调用后，一般都会有一个返回值，函数不同，其返回值类型也不同。此外，不同函数的参数个数也可能不同。

VB 内部函数按其功能可分为数学函数、随机函数、字符串函数、类型转换函数、日期与时间函数和格式输出函数等。

3.4.1 数学函数

数学函数用于各种数学运算，包括三角函数、求平方根、绝对值及对数、指数等。表 3.9 列出了常用的数学函数。

说明：

（1）函数名是 VB 关键字，调用函数时一定要书写正确，“参数”应该在函数有意义的区间内取值。

（2）表中的参数 N 表示数值表达式。在三角函数中，参数 N 以弧度表示；遇到角度必须转换为弧度，如 Sin(45°)应写作 Sin(3.14/180*45)。

表 3.9　常用的数学函数

函数名	函数值类型	功能	举例
Int(N)	Integer	求不大于 N 的最大整数	Int(5.2)=5，Int(−5.2)= −6
Fix(N)	Integer	将 N 的小数部分截去，取其整数部分	Fix(5.2)=5，Fix(−5.2)= −5
Abs(N）	同 N 的类型	取 N 的绝对值	Abs(−2.5)=2.5
Sgn(N)	Integer	N>0, Sgn(N)=1； N<0, Sgn(N)= −1； N=0, Sgn(N)=0	Sgn(5)= 1 Sgn(−5)= −1 Sgn(0)=0
Sqr(N)	Double	求 N 的算术平方根，N≥0	Sqr(256)=16
Exp(N)	Double	求自然常数 e 的幂	Exp(0)=1
Log(N)	Double	求 N 的自然对数值，N>0	Log(10)=2.30258509299405
Sin(N)	Double	求 N 的正弦值	Sin(0)=0
Cos(N)	Double	求 N 的余弦值	Cos(0)=1

3.4.2　随机数函数

1. Rnd()函数

格式：Rnd([x])，其中参数 x 是一个双精度浮点数，可以省略。

功能：可产生一个 0 至 1（大于或等于 0，但小于 1）的单精度随机数。下一个要产生的随机数受参数 x 的影响。

（1）当 x>0 或省略时，每次产生不同的随机数。

（2）当 x=0 时，该次产生与上次相同的随机数。

（3）当 x<0 时，每次产生相同的随机数。

说明：产生随机整数可利用取整函数实现。例如，要产生 0 至 100（包括 0，不包括 100）的随机整数，可以写作 Int(Rnd*100)。

产生随机整数的公式如下。

（1）产生区间在[n,m)范围内的随机整数：Int(Rnd*(m−n)+n)。

（2）产生区间在[n,m]范围内的随机整数：Int(Rnd *(m−n+1)+n)。

2. Randomize 语句

Rnd()函数的运算结果取决于随机种子（seed）的初始值。默认情况下，每次运行一个应用程序，随机种子的初始值是相同的，即 Rnd()产生相同序列的随机数。若要每次运行时产生不同序列的随机数，可使用如下形式的语句。

```
Randomize[number]
```

【例 3.3】 单击命令按钮，随机产生一个[10，99]的两位正整数，并将该随机数在文本框中输出。

步骤：

（1）新建工程，在窗体上添加一个文本框和一个命令按钮。

（2）编写如下代码。

```
Private Sub Command1_Click()
    Randomize
    Text1. Text = Int(Rnd * 90 + 10)
End Sub
```

（3）运行程序并观察结果，如图 3.6 所示。实际运行结果只要是一个大于或等于 10 并且小于 100 的数值即为正确。

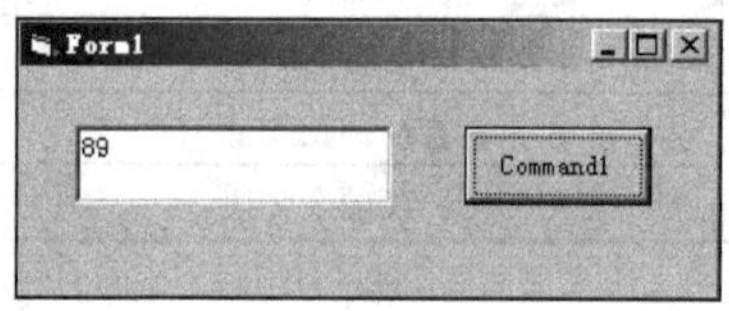

图 3.6　例 3.3 的程序运行结果

3.4.3　字符串函数

VB 的字符串函数相当丰富，常用的字符串函数如表 3.10 所示。

表 3.10　VB 中常用的字符串函数

函数名	函数值类型	功能	举例
Len(C)	Long	求 C 中包含的字符个数	Len("ABCD321")=7
LCase(C)	String	将 C 中的大写字母转换为小写字母	LCase("Abc")="abc"
UCase(C)	String	将 C 中的小写字母转换为大写字母	UCase("aBC")="ABC"
Tab(N)		将光标从该列的开头移到第 N 个字符的位置（绝对位置）	
Spc(N)		将光标从当前位置移到第 N 个字符的位置（相对位置）	
Space(N)	String	产生 N 个空格的字符串	Len(Space(10))=10
Left(C,N)	String	从字符串 C 的左边开始截取 N 个字符	Left("Visual",3)="Vis"
Right(C,N)	String	从字符串 C 的右边开始截取 N 个字符	Right("Visual",3)="ual"
Mid(C,N1[,N2])	String	从字符串 C 中 N1 指定处开始，截取 N2 个字符；省略 N2 时，截取到字符串末尾	Mid("Visual",2,3)="isu" Mid("Visual",2)="isual"
Trim(C)	String	删除字符串 C 两边的空格	Trim(" Visual ")="Visual"
Replace(C,C1,C2)	String	在字符串 C 中用 C2 替换 C1	Replace("abcabc", "c", "3")="ab3ab3"
String(N,C)	String	取字符串 C 的第一个字符，构成长度为 N 的新字符串	String(3,"Visual")="VVV"

续表

函数名	函数值类型	功能	举例
StrReverse(C)	String	将字符串反序	StrReverse("abcd")="dcba"
InStr([N1,]C1,C2)	Integer	在字符串 C1 中，从 N1 位置开始找 C2，返回找到的字符串的起始位置，未找到时返回 0。省略 N1 时，从 C1 开头进行查找	InStr(2,"ABCDE","C")=3 InStr(2, "ABCDEF","CDE")=3 InStr("ABCDEFGH","CDE")=3 InStr("ABCDEFGH","XYZ")=0

说明：

（1）表中参数 C 表示字符串表达式，N 表示数值表达式。

（2）Tab(N)和 Spc(N)函数用于对输出进行定位，一般与 Print 方法配合使用。

（3）对于字符串截取函数 Left(C,N)和 Right(C,N)，N 的值如果为 0，则函数值是长度为零的字符串（即空串）；如果 N 的值大于或等于字符串 C 中的字符数，则函数值是整个字符串。

（4）Mid(C,N1[,N2])中 N1 是数值表达式，其值表示开始截取字符的起始位置，如果该数值超过字符串 C 中的字符数，则函数值为空串。N2 是数值表达式，其值表示要截取的字符数，如果省略 N2，则函数值将包含字符串 C 中从起始位置 N1 到字符串末尾的所有字符。

下面是字符串函数应用示例。

```
Print Len("I am a student")          '结果为14
Print Len("中国")                    '结果为2
b="abcdefg"
Print Left(b,4)                      '结果为abcd
Print Mid(b,2,3)                     '结果为bcd
Print Right(b,4)                     '结果为defg
Print "a" + Space(3)+ "b"            '结果为a   b
a=UCase("Visual Basic")
Print a                              '结果为VISUAL BASIC
b=LCase(a)
Print b                              '结果为visual basic
```

3.4.4　类型转换函数

在 VB 中，有些数据类型之间可以自动进行转换，如数字字符串可以自动转换为数值。但是，多数数据类型之间不能自动进行转换，需要使用 VB 提供的类型转换函数进行强制转换。VB 中常用的类型转换函数如表 3.11 所示。

说明：

（1）参数可以是任何类型的表达式，究竟是哪种类型的表达式，需根据具体函数而定。转换之后的函数值如果超过其数据类型的范围，将发生错误。

表 3.11　VB 中常用的类型转换函数

函数名	含义	举例
Val(C)	将 C 中的数字字符转换为数值型数据	Val("123ABC")=123
Str(N)	将 N 转换成字符串	Str(123.456)="123.456"
Asc(C)	求字符串中第 1 个字符的 ASCII 值	Asc("a")=97
Chr(N)	求 ASCII 值为 N 的字符	Chr(66)="B"
Round(N,X)	保留 X 位小数的情况下四舍五入	Round(8.66,1)=8.7
CBool(C)	将任何有效的数字字符串或数值转换为逻辑型值	CBool(5)=True　　CBool("0")=False
CByte(N)	将 0 至 255 的数值转换成字节型	CByte(122)=122
CDate(C)	将有效的日期字符串转换为日期型	CDate(#2011,10,1#)=2011-10-1
CStr(N)	将 N 转换为字符串型	CStr(34)= "34"
CInt(C)	将 C 转换为整型	CInt(123.456)=123

（2）Chr()和 Asc()函数的功能相反，即 Chr(Asc(C))、Asc(Chr(N))的结果为原来各自参数的值，如表达式 Asc(Chr(65))的结果还是 65。

（3）Val()函数可以将数字字符串转换为数值型，当字符串中出现数值型规定的字符外的字符时，则停止转换，函数返回的值是停止转换前的结果。数值函数 Val(C)不能识别“,”和“$”；空格、制表符和换行符都要从 C 中去除；当遇到字母 E 或 D 时，将其按单精度或双精度实型浮点数处理。

例如：

```
? Val("123ab4")          '遇到字符"a"停止转换，结果为123
? Val("56.83*4")         '遇到字符"*"停止转换，结果为56.83
? Val("26.4e4")          '字符"e"为指数符号，结果为264000
```

（4）将一个数值型数据转换为日期型数据时，其整数部分转换为日期，小数部分转换为时间。其整数部分数值表示相对于 1899 年 12 月 30 日前后的天数，负数是 1899 年 12 月 30 日之前，正数是 1899 年 12 月 30 日之后。例如，CDate(30.5)的函数值为 1900-1-29 PM 12:00:00，CDate(−30.25)的函数值为 1899-11-30 AM 06:00:00。

【例 3.4】　设计一个应用程序，求一元二次方程的根。

“一元二次方程的根”程序界面如图 3.7 所示。在三个文本框中分别输入一元二次方程的三个系数（a，b，c，其中必须符合 b×b−4×a×c≥0），单击“计算”按钮，可计算出该方程的实数根。

步骤：

（1）创建一个新的工程。在窗体的“属性”窗口中设置窗体 Name 属性值为 Form1，Caption 属性值为“一元二次方程的根”。

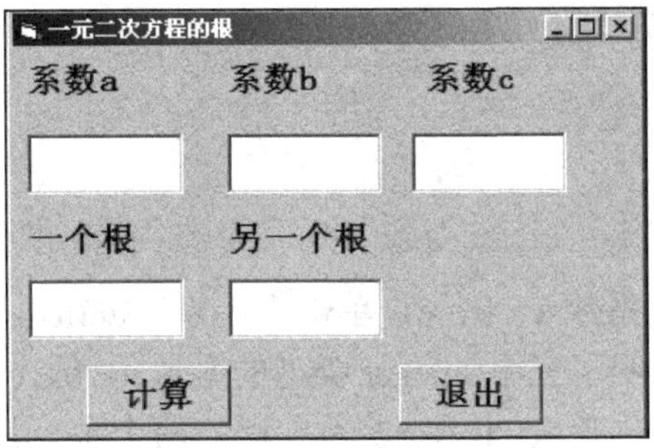

图 3.7　例 3.4 程序界面

（2）在窗体内添加控件，它们的属性设置如表 3.12 所示，所有控件的 Font 属性均为宋体、粗体、四号，布局如图 3.7 所示。

表 3.12　“一元二次方程的根”程序控件对象的属性设置

对象类型	对象名	属性	属性值
窗体	Form1	Caption	一元二次方程的根
标签	Label1	Caption	系数 a
	Label2	Caption	系数 b
	Label3	Caption	系数 c
	Label4	Caption	一个根
	Label5	Caption	另一个根
文本框	Text1	Text	空
	Text2		
	Text3		
	Text4		
	Text5		
命令按钮	Command1	Caption	计算
	Command2	Caption	退出

（3）在“代码”窗口输入如下程序。

```
Dim a%, b%, c As Integer
Dim r1#, r2 As Double
Private Sub Command1_Click()
   a = CInt(Text1.Text)
   b = CInt(Text2.Text)
   c = CInt(Text3.Text)
   r1 = (-b + Sqr(b * b - 4 * a * c))/ (2 * a)'计算方程的一个根
   r2 = (-b - Sqr(b * b - 4 * a * c))/ (2 * a)'计算方程的另一个根
   Text4.Text = r1
```

```
    Text5.Text = r2
End Sub
Private Sub Command2_Click()
    End
End Sub
```

（4）运行程序，输入系数 a、b、c，单击“计算”按钮，计算该方程的根。

在上面的程序中，声明了三个 Integer 类型的变量 a、b、c，分别用于保存系数 a、b 和 c 的值。Double 类型的变量 r1 和 r2 为方程的两个根。用户输入的系数必须满足 b×b－4×a×c≥0，否则程序将提示错误信息。Sqr()是数学函数，用于求平方根。

3.4.5 日期与时间函数

日期与时间函数提供时间和日期信息，常用的日期与时间函数如表 3.13 所示。

表 3.13 常用的日期与时间函数

函数名	功能说明	举例	结果
Date()	返回系统日期	Date()	2023/10/1
Time()	返回系统时间	Time()	21:09:50
Now	返回系统时间和日期	Now	2023/10/1 21:09:26
Month(C)	返回月份代号（1～12）	Month("2023-10-1")	10
Year(C)	返回年代号（1752～2078）	Year("2023-10-1")	2023
Day(C)	返回日期代号（1～31）	Day("2023-10-1")	1
MonthName(N)	返回月份名	MonthName(10)	十月
WeekDay()	返回星期代号（1～7），星期日为 1	WeekDay("2023-10-1")	1（即星期日）
WeekDayName(N)	根据 N 返回星期名称，星期日为 1	WeekDayName(6)	星期五

3.4.6 格式输出函数

格式输出函数 Format()可以用来定制数值型、日期和时间型及字符串表达式的输出格式。其一般格式如下：

```
Format(表达式[,格式字符串])
```

其中，“表达式”是要输出的内容；“格式字符串”用于规定输出的格式。格式字符串有三类：数值格式、日期格式和字符串格式。格式字符串必须加双引号。

1. 数值格式化

数值格式化是指将数值表达式的值按“格式字符串”指定的格式输出。常用数值格式化符及其示例如表 3.14 所示。

表 3.14　常用数值格式化符及其示例

符号	含义	数值表达式	格式化字符串	显示结果
0	实际数字小于符号位数，数字前加 0	1234.56 1234.56	"00000.000" "000.0"	01234.560 1234.6
.	加小数点	4567	"0000.00"	4567.00
E+	用指数表示	0.6789	"0.00E+00"	6.79E-01
E-	与 E+相似	1234.567	".00E-00"	.12E04
#	实际数字小于符号位数，数字前后不加 0	4567.842 4567.842	"#####.####" "#####.##"	4567.842 4567.84
$	在数字前加$	1234.567	"$###.##"	$1234.57
+	在数字前加+	1234.567	"+###.##"	+1234.57
-	在数字前加-	1234.567	"-###.##"	-1234.57
,	千分位	1234.567	"##,##0.0000"	1,234.5670
%	数值乘以 100，加百分号	1234.567	"####.##%"	123456.7%

例如：

```
print Format(123.45, "0000.000")       '结果为0123.450
Print Format(123.45, "0.0")            '结果为123.5
Print Format(123.45, "####.###")       '结果为123.45
Print Format(123.45, "#.#")            '结果为123.5
Print Format(0.123, ".##")             '结果为.12
Print Format(0.123, "0.##")            '结果为0.12
Print Format(123.456,"0.0e+00")        '结果为1.2e+02
Print Format(123.456,"0.000e-00")      '结果为1.235e02
Print Format(123)+ Format(456)         '结果为123456
```

2. 日期和时间格式化

日期和时间格式化是指将日期与时间型表达式的值或数值表达式的值按指定的格式输出。VB 中常用的日期和时间格式化符如表 3.15 所示。

表 3.15　VB 中常用的日期和时间格式化符

符号	作用	符号	作用
M	显示月份（1～12），个位前不加 0	MM	显示月份（1～12），个位前加 0
MMM	显示月份缩写（Jan～Dec）	MMMM	显示月份全名
d	显示日期（1～31），个位前不加 0	dd	显示日期（1～31），个位前加 0
ddd	显示星期缩写（Sun～Sat）	dddd	显示星期全名
ddddd	显示完整日期（yyyy/m/d）	dddddd	显示完整长日期
h	显示小时（0～23），个位前不加 0	hh	显示小时，个位前加 0

续表

符号	作用	符号	作用
m	在 h 后显示分（0～59），个位前不加 0	mm	在 h 后显示分，个位前加 0
s	显示秒（0～59），个位前不加 0	ss	显示秒，个位前加 0
y	显示一年中的第几天（1～366）	yy	两位数显示年份
yyyy	四位数显示年份（0100～9999）	q	季度数（1～4）
w	星期为数字（1～7），1 是星期日	ww	一年中的第几个星期
ttttt	显示完整时间（小时、分和秒）	AM/PM, am/pm	12 小时制的时钟

例如：

```
D1 = #11/20/2023 10:35:09 PM#             '时间为2023-11-20 22:35:09
print Format(D1,"d-mmmm-yy")              '结果为返回20-November-23
print Format(D1,"yyyy-mm-dd hh:mm")       '结果为返回2023-11-20 22:35
```

3. 字符串格式化

字符串格式化是指将字符串按指定的格式进行操作，如英文字母大小写转换显示等。常用的字符串格式化符及其示例如表 3.16 所示。

表 3.16　常用的字符串格式化符及其示例

符号	作用	示例	结果
@	字符由右向左填充，当实际字符位数小于符号位数时，字符前面要加空格作补充	Format("DMU","@@@@@")	" DMU"
&	字符由右向左填充，当实际字符位数小于符号位数时，字符前面不加空格作补充	Format("DMU","&&&&&")	DMU
<	强制小写，实现所有字符按小写的格式显示	Format("DaLian","<")	dalian
>	强制大写，实现所有字符按大写的格式显示	Format("DaLian",">")	DALIAN

3.4.7　Shell 函数

在 VB 中，可以利用 Shell 函数实现对 Windows 下可执行程序的调用。Shell 函数的格式如下：

```
Shell  Pathname [WindowsStyle]
```

说明：

（1）Pathname 是必要参数，文件必须是可执行文件，须包括文件的完整路径、文件名和扩展名。

（2）WindowsStyle 参数是可选的，取值可以是 0～4、6 的整数值，一般取值为 1，表示窗口具有焦点，并可以还原到原来的大小和位置。

例如：

```
Shell "C:\Windows\system32\calc.exe", 1          '打开计算器
Shell "C:\windows\system32\notepad.exe", 1       '打开记事本
Shell "C:\windows\system32\mspaint.exe", 1       '打开画图
Shell "C:\windows\system32\write.exe", 1         '打开写字板
```

3.5　VB 程序代码的书写规则

3.5.1　关键字和标识符

1. 关键字

关键字又称为保留字，是 VB 系统定义的、有特定意义的词汇，是程序设计语言的组成部分。在 VB 中，当用户在代码编辑窗口中输入关键字时，系统会自动识别并将其首字母改为大写。

2. 标识符

程序设计中常常需要为一些对象命名，然后通过对象名访问这些对象，人们称这些自定义的对象名为标识符。标识符通常用于标记用户自定义的常量、变量、控件、函数和过程的名称。VB 中标识符的命名应遵循如下规则。

（1）必须以字母或汉字开头。

（2）只能由字母、汉字、数字和下划线组成，但不能直接使用 VB 的关键字。

（3）不能超过 255 个字符，控件、窗体和模块的名称不能超过 40 个字符。

（4）在标识符的有效范围内，标识符必须是唯一的。

在定义标识符时要尽量选用一些有意义的字符，这样可以提高程序的可读性，例如，学生姓名可以定义为 stu_name，三个数可以定义为 num1、num2 和 num3。

3.5.2　语句书写规则

语句是程序设计时使用的指令，语句的书写必须符合 VB 的规定。VB 可以设置自动语法检测：选择“工具”→“选项”命令，在弹出的“选项”对话框中，选中“编辑器”选项卡中的“自动语法检测”复选框。系统会对不符合语法规则的语句进行错误提示，给出出错的原因。

1. VB 语句书写格式

（1）VB 中的每条语句均以回车符结束，通常一行只写一条语句，语句的长度不能超过 1023 个字符。

如果一行写多条语句，各语句之间要用冒号“:”隔开。

如果一条语句过长，需要将这条语句断开换行写时，只需在语句断开处用下划线“_”结尾，这样就表示下一行语句与本行语句属于同一条语句。

注意：下划线要与最后一个字符间隔至少一个空格。

如果希望在程序代码中添加注释，则使用单引号“'”，单引号后面的内容表示注释，不参与程序代码的运行。

（2）VB 能够自动对语句进行简单的格式调整，例如，关键字的第一个字母大写、运算符的前后加上空格等。所以在输入关键字时不用区分大小写，例如，输入“print a+1”，按 Enter 键结束输入后，VB 会自动将其调整为“Print a + 1”。

（3）VB 还具有自动提示功能。例如，当输入对象名时，系统会提示该对象的方法、属性等；当输入定义变量的语句时，系统会提示变量类型，此时只需选择相应项再按空格键，这样做既可以提高输入速度，还可以防止错误的出现。

2. 命令格式中的符号约定

为了方便解释语句、方法和函数，本书中的语句、方法和函数式中的符号采用以下统一约定。

（1）<>：必选参数表示符，尖括号中的参数是必写的，输入时不要输入尖括号本身。输入时如果不提供<>内的参数，将产生语法错误。

（2）[]：可选参数表示符，表示用户可根据具体情况输入[]内的参数，也可以省略该参数。如果省略参数，则 VB 会使用该参数的默认值。

（3）|：为多个取一表示符，多个选项中必须选择其中之一。

（4）{}：表示括起多个选择项。

（5）…：省略叙述中不涉及的部分。

（6）,…：表示同类项目的重复出现。

注意：这些特定的符号不是语句或函数的组成部分，只是语句、函数的书面表示，输入时不能输入这些符号。

上 机 练 习

1．在“立即”窗口中用 Print 方法测试下列表达式的值。

（1）4^3Mod3^3\2^2。

（2）"Visual"+"Basic"。

（3）"Visual" & "Basic"。

（4）Not "abc"<"abd"。

（5）3<5 And "a"="A"。

（6）"abc"<>"ABC" Or 2>1。

（7）Not "Abc"="abc" Or 2+3<>5 And "23"<"3"。

（8）#2001-02-03# - #2001-02-02#。

（9）Int(12345.6789 * 100 + 0.5) / 100。

提示：“立即”窗口是 VB 提供的一个对象，称为 Debug 对象，用于调试程序。它只有方法，不具备任何事件和属性。在设计状态可以在“立即”窗口中进行一些简单的命令操作，如变量赋值、用 Print 方法输出表达式的值。

步骤：

（1）选择“视图”→“立即窗口”命令，打开“立即”窗口。一般在打开 VB 时，“立即”窗口会随之在屏幕下方打开。

（2）输入 Print 或“?”，并输入表达式，按 Enter 键即可在下一行输出运算结果，如图 3.8 所示。

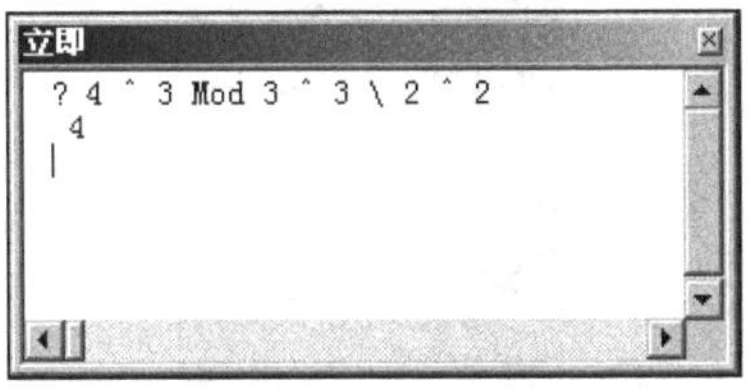

图 3.8　“立即”窗口

（3）“立即”窗口中的语句可以被复制、剪切、粘贴。

2．利用下列函数测试常用标准函数的功能，在“立即”窗口中用 Print 方法测试表达式的值。

（1）Abs(−25)。

（2）Round(5.1256,3)，Round (0.55)，Round(0.46)。

（3）Int(1.9)，Int (1.3)，Int(−2.5)。

（4）LTrim("　　good　　")，RTrim("　　good　　")，Trim("　　good　　")。

（5）Left("abcdefg",4)，Right("abcdefg",4)，Mid("abcdefg",2,3)。

（6）Len("I am a student")，Len("中国")。

（7）String(3, "a")，String(3,"abc")，String(3,97)。

（8）"a"+Space(3)+ "b"。

（9）InStr("Basic Database", "Bas")，InStr(3," Basic Database ", "Bas",1)。

（10）Val("123ab4")，Val("56.83*4")，Val("26.4e7")，Str(825.6)。

（11）Date，Time，Now。

（12）Year(Date)，Month(Date)，Day(Date)。

3．利用下面程序测试 Format 函数的功能。

```
Private Sub Form_Click()
    Dim a As Single
    a = Sqr(8)
```

```
        Print Format(a, "00.000")
        Print Format(a, "##.###")
        Print Format(a, "00.###")
        Print Format(a, "#,#.###")
        Print Format(a, "$00.###")
        Print Format(a, "-00.000")
        Print Format(a, "##.##%")
        Print Format(a, "#.##E+##")
    End Sub
```

程序运行结果如图 3.9 所示。

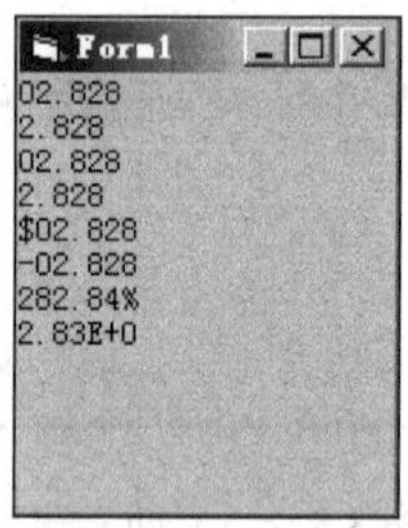

图 3.9　上机练习 3 的程序运行结果

思考：将 a=sqr(8)改为 a=sqr(4)，观察程序运行结果。

4．编写一个程序，实现摄氏温度与华氏温度的相互转换。

要求：温度转换程序界面如图 3.10 所示。

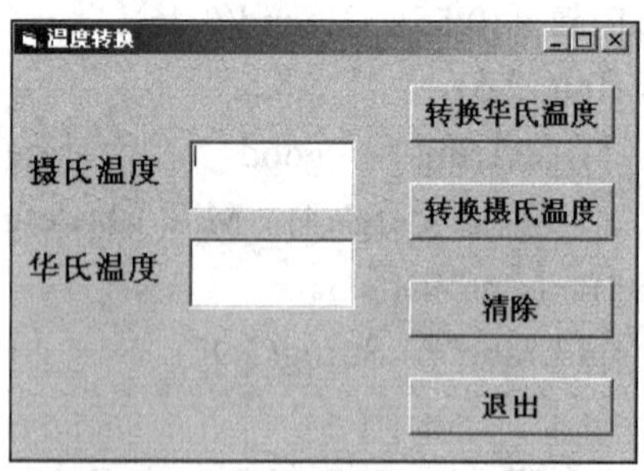

图 3.10　温度转换程序

分析：

摄氏温度转换为华氏温度的公式为 F=9*C/5+32。

华氏温度转换为摄氏温度的公式为 C=5*(F-32)/9。

其中，F 为华氏温度，C 为摄氏温度。

本例程序运行后，先将转换的温度值输入到相应的文本框中，再单击相应的转换按钮进行转换。例如，在第一个文本框输入“60”，单击“转换华氏温度”按钮，将在第二个文本框显示“140”；如在第二个文本框输入“140”，单击“转换摄氏温度”按钮，则第一个文本框中显示“60”；单击“清除”按钮，两个文本框中原有内容被清空；单击“退出”按钮，退出程序运行。

步骤：

（1）建立一个 VB 工程。

（2）在窗体上添加两个标签、两个文本框和四个命令按钮，各控件的属性设置如表 3.17 所示。

表 3.17　上机练习 4 控件属性设置

控件名	属性名	属性值	说明
Form1	Caption	温度转换	
Label1	Caption	摄氏温度	
	Font	宋体、粗体、四号	
Label2	Caption	华氏温度	
	Font	宋体、粗体、四号	
Command1	Caption	转换华氏温度	
	Font	宋体、粗体、小四号	
Command2	Caption	转换摄氏温度	
	Font	宋体、粗体、小四号	
Command3	Caption	清除	
	Font	宋体、粗体、小四号	
Command4	Caption	退出	
	Font	宋体、粗体、小四号	
Text1	Text	空	
Text2	Text	空	

（3）在窗体上双击 Command1 命令按钮，打开代码编辑窗口，在 Click 事件过程中输入以下代码。

```
Private Sub Command1_Click()
    Dim F As Single
    F = Val(Text1.Text) * 9 / 5 + 32
    Text2.Text = Str(F)
End Sub
```

（4）在窗体上双击 Command2 命令按钮，打开代码编辑窗口，在 Click 事件过程中输入以下代码。

```
Private Sub Command2_Click()
    Dim C As Single
    C = (Val(Text2.Text) - 32) * 5 / 9
```

```
    Text1.Text = Str(C)
End Sub
```

（5）在窗体上双击 Command3 命令按钮，打开代码编辑窗口，在 Click 事件过程中输入以下代码。

```
Private Sub Command3_Click()
    Text1.Text = ""
    Text2.Text = ""
End Sub
```

（6）在窗体上双击 Command4 命令按钮，打开代码编辑窗口，在 Click 事件过程中输入以下代码。

```
Private Sub Command4_Click()
    End
End Sub
```

（7）调试运行程序，程序运行结果如图 3.11 所示。

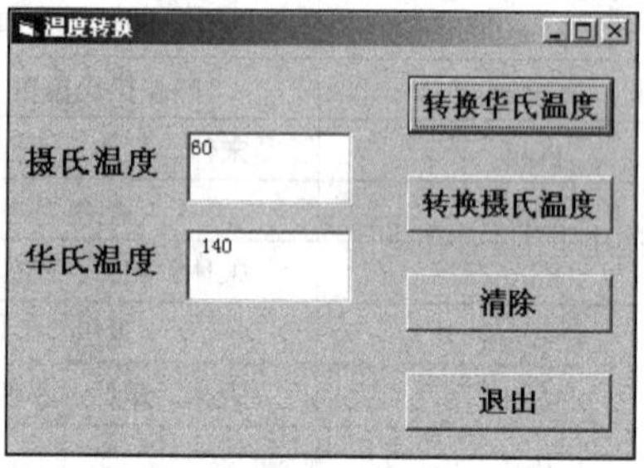

图 3.11　上机练习 4 的程序运行结果

（8）保存工程文件和窗体文件。

5．设计一个应用程序，随机产生一个三位正整数，然后逆序输出。

要求：产生的随机数与逆序数分别显示在窗体的两个文本框中。例如，产生的随机数是 734，逆序数则是 437。程序界面如图 3.12 所示。

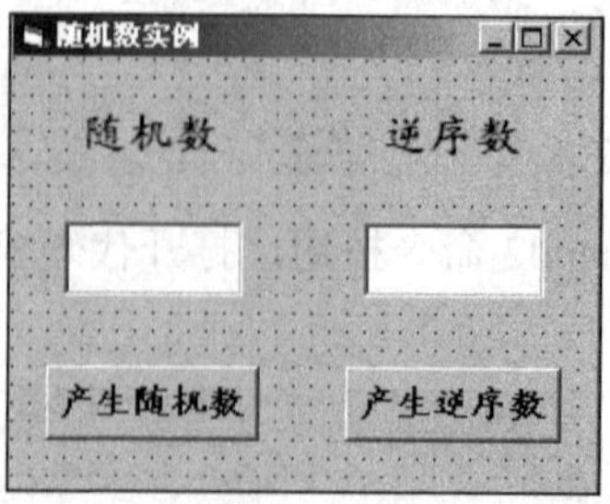

图 3.12　上机练习 5 程序界面

分析：一个三位正整数由随机函数产生。由于随机函数的值是 0 至 1 的数，三位正整数应在 100 至 999 之间，所以用 Int(Rnd*900+100)产生。为了得到逆序数，要分离出该正整数的个、十、百位数，这要用到“Mod”和“\”运算符。

步骤：

（1）创建一个新的工程。

（2）在窗体上添加两个标签、两个文本框和两个命令按钮。控件属性设置如表 3.18 所示。

表 3.18　上机练习 5 控件属性设置

控件名	属性名	属性值	说明
Form1	Caption	随机数实例	
Label1	Caption	随机数	
	Font	楷体、粗体、四号	
Label2	Caption	逆序数	
	Font	楷体、粗体、四号	
Command1	Caption	产生随机数	
	Font	楷体、粗体、小四号	
Command2	Caption	产生逆序数	
	Font	楷体、粗体、小四号	
Text1	Text	空	
Text2	Text	空	

（3）在窗体上双击 Command1 命令按钮，打开代码编辑窗口，在 Click 事件过程中输入以下代码。

```
Private Sub Command1_Click()
    Text1.Text = Int(Rnd * 900 + 100)
End Sub
```

（4）在窗体上双击 Command2 命令按钮，打开代码编辑窗口，在 Click 事件过程中输入以下代码。

```
Private Sub Command2_Click()
    Dim a%, b%, c%, d%
    a = Val(Text1.Text)
    b = a Mod 10                  '个位数
    c = (a Mod 100) \ 10          '十位数
    d = a \ 100                   '百位数
    Text2 = b * 100 + c * 10 + d
End Sub
```

（5）调试运行程序，程序运行结果如图 3.13 所示。

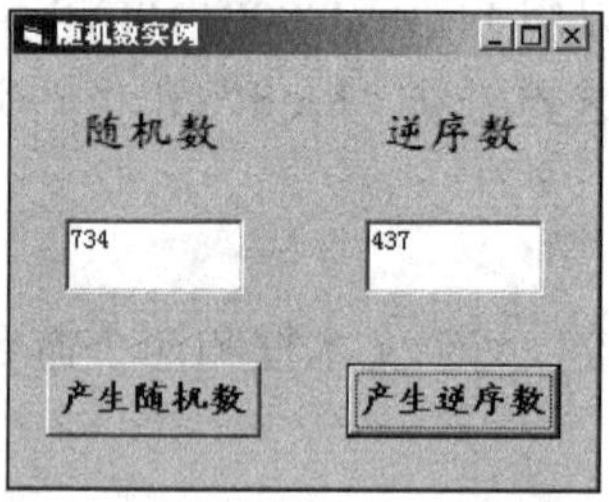

图 3.13　上机练习 5 的程序运行结果

（6）保存工程文件和窗体文件。

课 后 习 题

一、选择题

1．在 VB 中，若要强制变量必须先定义才能使用，应该使用以下语句中的（　　）。

A．Public Const　　B．Option Explicit

C．Type 数据类型名　　D．Private

2．在一行语句内写多条语句时，用来分隔每条语句的符号是（　　）。

A．,　　B．:　　C．;　　D．.

3．一条语句要在下一行继续写，续行符是（　　）。

A．_　　B．-　　C．…　　D．+

4．下面 4 项中，合法的变量名是（　　）。

A．123abc　　B．X_yz　　C．integer　　D．X-Y

5．表达式 5\2*3 的值是（　　）。

A．7.5　　B．2　　C．0　　D．1

6．数学关系 3≤x<10 正确的 VB 表达式为（　　）。

A．3<=x And x<10　　B．3<=x And <10

C．x>=3 Or x<10　　D．3<=x<10

7．下列逻辑表达式中，值为真的是（　　）。

A．"9"> "a"　　B．"A"> "a"

C．"That"> "THANK"　　D．12>12.1

8．设 a=10，b=5，c=1，执行语句 Print a > b > c 后，窗体上显示的是（　　）。

A．出错信息　　B．1　　C．True　　D．False

9．在 VB 中，表示日期时间型常量应使用（　　）。

A．*　　B．{}　　C．"　　D．#

10．求 Sin65° 的正确表达式为（　　）。

A．Sin(65)　　B．Sin65

C．Sin(65°)　　D．Sin(65*3.14159/180)

11．Rnd 函数不可能为下列值中的（　　）。

A．1　　B．0.0005　　C．0.1234　　D．0

12．下列函数中，返回值为字符串的是（　　）。

A．Chr　　B．Val　　C．Asc　　D．InStr

13．函数 Len(Space(4)+String(3, "c"))返回的值是（　　）。

A．4　　B．7　　C．3　　D．9

14．可以同时删除字符串前导和尾部空白的函数是（　　）。

A．Trim　　B．Mid　　C．Rtrim　　D．Ltrim

15．执行以下程序段后，变量 c$的值是（　　）。

```
a$="Visual Basic Programming"
b$="Quick"
c$=b$ & UCase(Mid$(a$,7,6)) & Right$(a$,12)
```

A．Quick Basic Programming　　B．QUICK Basic Programming

C．Quick BASIC Programming　　D．Visual BASIC Programming

16．设 a="Visual Basic"，则使 b="Basic"的语句是（　　）。

A．b=Right$(a,5,5)　　B．b=Mid$(a,8,5)

C．b=InStr(a,8)　　D．b=Left$(a,8,5)

17．表达式 Len("123 程序设计 ABC")的值是（　　）。

A．17　　B．20　　C．14　　D．10

18．设 a%=20, b$="30"，则下列输出结果为“2030”的语句是（　　）。

A．Print a & b　　B．Print a+b　　C．Print "a"+b　　D．Print str(a)

19．赋值语句 a=123+Mid("123456", 3, 2)执行后，a 变量中的值是（　　）。

A．123　　B．"12334"　　C．12334　　D．157

20．表达式 16/4-2^5 *8/4 Mod 5\2 的值为（　　）。

A．20　　B．4　　C．14　　D．2

二、思考练习题

1．常用的数据类型有哪些？

2．变量如何定义？

3．能否通过函数实现上机练习 5 的功能？

4．编写程序，实现在窗体上随机显示一个班级同学的学号（1～32）。

课后习题答案

一、选择题

1	2	3	4	5	6	7	8	9	10
B	B	A	B	C	A	C	D	D	D
11	12	13	14	15	16	17	18	19	20
A	A	B	A	C	B	D	A	D	B

二、思考练习题

略。

第 4 章

VB 的基本控制结构

本章要点

- 了解算法的基本描述方法。
- 掌握 VB 的输入、输出函数和语句。
- 掌握顺序结构的特点及应用。
- 掌握选择结构的特点及应用。
- 掌握循环结构的特点及应用。

根据前面的介绍，设计一个 VB 应用程序，首先要给应用程序设计一个或多个窗体，必要时还需在窗体上设置相关控件，这是可视化程序展现给用户的界面。在这个界面上，用户通过鼠标或键盘操作界面上的对象，产生一个事件，要求应用程序对所产生的事件予以响应。所谓响应，就是执行一段程序，这段程序完成了事件所要求的功能。当然，在一个应用程序中，会有许多事件产生，也就是说允许多段程序完成相应功能。

这些程序段应怎样编写？使用哪些语句编写程序？这就是本章要解决的问题。本章主要介绍 VB 程序设计中要用到的程序语句，介绍每种语句的语法规则，再将多个语句结合程序的功能要求按一定的逻辑规则组成程序。

在 VB 程序设计中，程序的控制结构有顺序结构、选择结构和循环结构。

4.1 算法与结构

4.1.1 算法

1. 算法的定义

算法可以理解为由基本运算及规定的运算顺序所构成的完整的解题步骤，或者看作按照要求设计好的有限的确切的计算序列，并且这样的步骤和序列可以解决一类问题。

只有算法能够表示的问题才能够用计算机求解。对于同一个问题，可以有不同的解题方法和步骤，也就是说可以有不同的算法。不同的算法可能用不同的时间、空间或效率来完成同样的任务。一个算法的优劣可以用空间复杂度与时间复杂度来衡量。如果一个算法有缺陷或不适合求解某个问题，执行该算法将无法解决这一问题。

2. 算法的特征

一个正确的算法，应具备如下基本特征。

（1）有穷性（finiteness）：是指算法必须能在执行有限个步骤之后终止。

（2）确切性（definiteness）：是指算法的每一步骤必须有确切的定义。

（3）输入项（input）：一个算法有零个或多个输入项，以刻画运算对象的初始情况。所谓零个输入项，是指算法本身设定了初始条件。

（4）输出项（output）：一个算法有一个或多个输出项，以反映对输入数据加工后的结果。没有输出的算法是无意义的。

（5）可行性（effectiveness）：是指算法中执行的任何计算步骤都是可以被分解为基本的可执行的操作步，即每个计算步骤都可以在有限时间内完成（也称为有效性）。

（6）高效性（high efficiency）：是指执行速度快，占用资源少。

3. 算法的基本要素

1）数据对象的运算和操作

计算机可以执行的基本操作是以指令的形式描述的。一个计算机系统能执行的所有指令的集合，称为该计算机系统的指令系统。一个计算机的基本运算和操作有如下四类。

算术运算：加、减、乘、除等运算。

逻辑运算：或、与、非等运算。

关系运算：大于、小于、等于、不等于等运算。

数据传输：输入、输出、赋值等运算。

2）算法的控制结构

一个算法的控制结构不仅取决于所选用的操作，而且还与各操作之间的执行顺序有关。

4. 算法的描述

描述算法的方法有多种，常用的有自然语言、流程图、伪代码和问题分析图（problem analysis diagram，PAD）等，其中使用最普遍的是流程图。

1）用传统流程图表示

传统流程图是用一些图形框来表示各种操作。其优点是形象直观、简单易懂，便于修改和交流。图 4.1 列出了美国国家标准研究所（American National Standards Institute，ANSI）规定的一些常用的流程图符号。

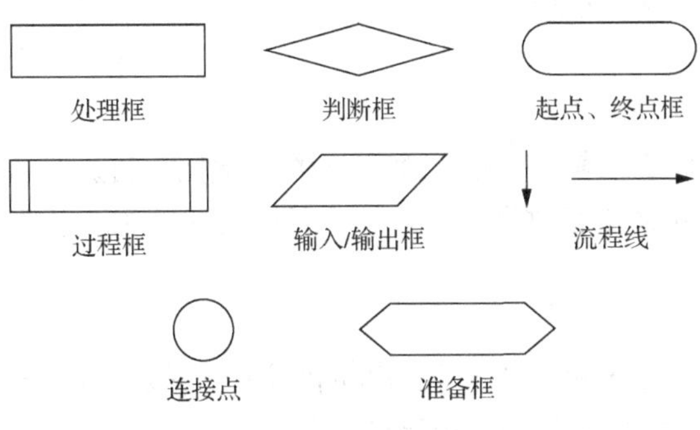

图 4.1　常用的流程图符号

【例 4.1】　用传统流程图描述下列函数：

$$y=\begin{cases}1 & (x\geqslant 0)\\ -1 & (x<0)\end{cases}$$

其流程图描述如图 4.2 所示。

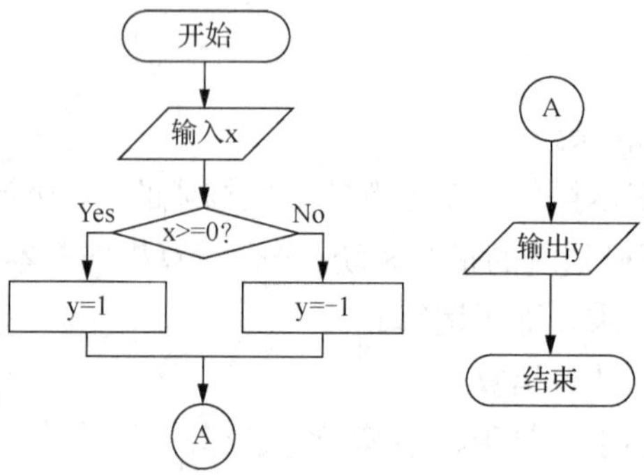

图 4.2　例 4.1 的流程图

2）用计算机语言表示算法

计算机无法直接识别自然语言、流程图和伪代码形式的算法，只能识别和处理用计算机语言编写的程序，因此用自然语言、流程图和伪代码形式描述的算法，最终要转换为计算机语言描述的程序。

【例 4.2】　用 VB 语言描述例 4.1。

```
Private Sub Form_Click()
    Dim x%, y%
        x = InputBox("请输入 x 的值", " 输入数据")
        If x >= 0 Then y = 1 Else y = -1
    Print "x="; x; "y="; y
End Sub
```

5. 算法的评价

同一问题可用不同算法解决，而一个算法的质量优劣将影响程序的效率。算法分析的目的在于选择合适的算法和改进算法。一个算法的评价主要从时间复杂度和空间复杂度两方面来考虑。

1）时间复杂度

算法的时间复杂度是指执行算法所需要的时间。一般来说，计算机算法是问题规模为 n 的函数 f(n)，算法的时间复杂度也因此记作

$$T(n)=O(f(n))$$

算法执行时间的增长率与 f(n)的增长率正相关，称为渐进时间复杂度（asymptotic time complexity），简称时间复杂度。

2）空间复杂度

算法的空间复杂度是指算法需要消耗的内存空间。其计算和表示方法与时间复杂度类似，一般都用复杂度的渐进性来表示。与时间复杂度相比，空间复杂度的分析要简单

得多。

3）正确性

算法的正确性是评价一个算法优劣的最重要的标准。

4）可读性

算法的可读性是指一个算法可供人们阅读的容易程度。

5）健壮性

健壮性是指一个算法对不合理数据输入的反应能力和处理能力，也称为容错性。

4.1.2　程序控制结构

VB 采用事件驱动调用过程的程序设计方法，但是对于具体过程本身，仍然采用结构化程序设计方法。结构化程序设计包含三种基本结构：顺序结构、选择结构和循环结构。在顺序结构中，程序由上到下依次执行每一条语句。在选择结构中，程序判断某个条件是否成立，以决定执行哪部分代码。在循环结构中，程序判断某个条件是否成立，以决定是否重复执行某部分代码。

4.2　顺序结构

顺序结构是结构化程序设计中最简单的一种控制结构。在顺序结构的程序中，程序按从上到下的线性顺序执行。

赋值语句、注释语句、暂停语句、结束语句、输入/输出语句等构成了最基本的顺序结构程序。

4.2.1　赋值语句、注释语句、暂停语句和结束语句

1. 赋值语句

赋值语句是程序设计中使用的最基本的语句，可以将指定的值赋给某个变量或将某个属性值赋给带有属性的对象，是为变量和控件属性赋值的基本方法。

格式 1：

```
变量名=表达式
```

格式 2：

```
对象名.属性=表达式
```

说明：表达式可以是任何类型的值，一般应与左边变量或属性的类型保持一致。例如：

```
A=88                    '将数值常量 88 赋给变量 A
N=N+1                   '将变量 N 的值加上 1 后再赋给 N，即在原值的基础上累加 1
```

```
Command1.caption="运行程序"          '控件 Command1 的标题设为"运行程序"
Command1.top=200                     '控件 Command1 与窗体上边界的距离为 200
Text1.Text="计算机"                  '将控件 Text1 的文本值设为"计算机"
Text2.Text="文化基础"                '将控件 Text2 的文本值设为"文化基础"
Text3.Text =Text1.Text & Text2.Text
```

1）赋值号与等号的区别

在 VB 语言中，“=”称为赋值号，其形式与数学中的等号（=）完全一致，但意义不同。在数学中，其表示左右两边绝对相等；而在 VB 语言中，其表示先计算右边表达式的值，再将此值赋给左边的变量。例如，在“N=N+1”语句中，执行时先计算“=”右边的表达式的值，即将变量 N 的值在当前值的基础上加 1，然后将结果赋给变量 N，此时变量 N 获得了新值，如果 N 的原值为 88，则 N 的新值为 89。

在 VB 语言中，“=”是一个具有二义性的符号，既可作为赋值号，又可以作为关系运算符中的符号，其实际意义需根据前后文的形式来判断。例如：

```
if  x=y  then           '此时“=”是关系运算符，它用于判断 x 和 y 值是否相等
   z=x                  '此时“=”为赋值号
else
   z=y                  '此时“=”为赋值号
end if
```

2）类型问题

赋值语句中的赋值号两边的两个量都有特定的数据类型，因此存在以下两种可能。

（1）当左右两边的数据类型一致时，仍保持它们的原类型。

（2）当左右两边的数据类型不一致时，存在以下情况。

① 当表达式为数值型而精度不同时，强制转化为左边的精度。

② 当表达式为数字字符串、左边变量为数值型时，其结果自动转换为数值型再赋值。

③ 当表达式为非数字字符串、左边变量为数值型时，会出错。

④ 当表达式为逻辑型、左边变量为数值型时，表达式结果：True 转化为−1，False 转换为 0。

⑤ 当表达式为数值型、左边变量为逻辑型时，表达式结果：非 0 转化为 True，0 转换为 False。

⑥ 任何非字符类型赋值给字符类型时，都会自动转换为字符类型。

例如：

```
s %=7.8                 '转换时自动四舍五入，s 的值为 8
s %="78"                's 的值为 78
s %="56"+"78"           's 的值为 5678
s $=56+78               's 的值为 134
s %="7abc8"             '出现错误
```

```
s %=true                'S的值为 -1
s %=false               's的值为 0
s %=""                  '出现错误
```

3）赋值号

赋值号左边只能是变量，不能是常量、常数符号、表达式。

以下语句均为错误语句：

```
m+n=88                  '赋值号左边不能是表达式
88=m+n                  '赋值号左边不能是常量
```

4）赋值语句的特性

一个赋值语句只能为一个变量赋值，不能为多个变量赋值。例如：

```
x=y=9
```

系统将左边的“=”看作赋值号，而将右边的“=”作为关系运算符进行处理，即 y=9 是个表达式，x 的值为逻辑值。

2. 注释语句

注释语句用于对程序或程序中某些语句进行注释，以便于读者对程序的阅读和理解。

格式 1：

```
'注释内容
```

格式 2：

```
Rem 注释内容
```

说明：

（1）注释语句属于非执行语句，对程序的执行结果没有任何影响，仅在列程序清单时，注释内容才被完整列出。

（2）Rem 是 Remark 的缩写。

（3）任何字符（包括汉字）均可放在注释行中作为注释内容。

（4）注释语句作为一个独立行，可放在过程、模块的开头作为标题，也可以放在执行语句的后面。

例如：

```
x=x+1             '将变量 x 的值加上 1 后再赋给 x，即在原值的基础上累加 1
```

其中，x=x+1 为语句本身，而“'”后的内容为注释内容。

3. 暂停语句

暂停语句用于暂时停止程序的运行。

格式：

```
Stop
```

说明：

（1）在程序运行期间，有时需要中途中止一下，以便观察前面运行的结果或修改程序，然后让程序继续运行，这时就要用到暂停语句 Stop。

（2）Stop 可以放置在过程中的任何位置，相当于在程序代码中设置断点，类似于执行“运行”→“中断”命令。当执行 Stop 语句时，系统将自动打开“立即”窗口，以便于程序员调试跟踪程序。它是用户调试程序的一种方法，在程序调试后，生成可执行文件（.exe 文件）之前，应删去代码中的所有 Stop 语句。

4. 结束语句

程序运行时，遇到结束语句就终止程序的运行。

格式：

```
End
```

说明：当在程序中执行 End 语句时，将终止当前程序，重置所有变量，并关闭所有数据文件。

为了保证程序的完整性，特别是要求生成.exe 文件的程序，应该含有 End 语句，并通过 End 语句正常结束程序的执行。

End 语句除用于结束程序外，在不同环境下还有其他一些用途。

（1）End Sub：结束一个 Sub 过程。

（2）End Function：结束一个 Function 过程。

（3）End If：结束一个 If 语句块。

（4）End Type：结束记录类型的定义。

（5）End Select：结束情况语句。

4.2.2 输入/输出函数和语句

下面介绍 VB 提供的输入/输出函数，即 InputBox()函数和 MsgBox()函数。

1. InputBox()函数

InputBox()函数产生一个对话框，这个对话框作为输入数据的界面，等待用户输入数据或按下按钮，一旦用户单击“确定”按钮或按 Enter 键，则返回用户在文本框中输入的内容。函数返回值是 String 类型。

格式：

```
InputBox[$](prompt[,title][,default][,xpos][,ypos],[helpfile],[context])
```

说明：

（1）prompt：提示信息，是作为对话框提示消息出现的字符串表达式，允许使用汉字，最大长度为 1024 个字符，该项不能省略。在对话框内显示 prompt 时，可以自动换行，如果用户需要换行，需插入回车符 Chr$（13）、换行符 Chr$（10）或者 VB 常数 vbCrlf 来分隔提示信息。

（2）title：一个字符串表达式，作为对话框的标题显示在对话框顶部的标题栏上，如果省略该项则标题栏上将显示应用程序名。

（3）default：一个字符串表达式，如果输入对话框无输入数据，则用此默认数据作为输入的内容；如果用户输入数据，则用户输入的数据立即取代默认值；若省略该项，则默认值为空白。

（4）xpos 和 ypos：x 坐标和 y 坐标是两个整型表达式，作为对话框左上角在屏幕上的点坐标，其单位为 twip，若省略，则对话框显示在屏幕中心线向下约 1/3 处。

（5）helpfile：一个字符串变量或字符串表达式，用于表示所要使用的帮助文件的名称。

（6）context：一个数值型变量或表达式，用于表示帮助主题的帮助号。使用时与 helpfile 配合使用，可以同时存在，也可以全部省略。

注意：

（1）每执行一次 InputBox()函数，只能输入一个值，如果需要输入多个数据，则必须多次调用 InputBox()函数。

（2）输入数据后，应单击“确定”按钮或按 Enter 键，以使输入的数据返回给函数值，否则输入的数据无法保留；如果单击“取消”按钮，则当前输入无效，返回一个空字符串作为函数值。

（3）如果后面的参数要使用，前面的参数不使用，则分隔符“,”不能省略。

【例 4.3】　利用 InputBox()函数分别输入学生的姓名、数学成绩和语文成绩，并将信息显示在窗体上。

程序代码如下：

```
Private Sub Form_Click()
    Dim s As String, x As Single,y As Single
    s = InputBox("请输入学生姓名：", "学生信息")
    x = InputBox("请输入数学成绩：", "学生信息")
    y = InputBox("请输入语文成绩：", "学生信息")
    Print "姓名", "数学成绩", "语文成绩", "总成绩"
    Print s,x, y, x + y
End Sub
```

单击窗体后，依次显示三个输入框，第一个输入框如图 4.3 所示。

图 4.3　例 4.3 的第一个输入框

在依次出现的三个输入框中分别输入“肖瑶”“98”“92”，单击“确定”按钮，程序运行结果如图 4.4 所示。

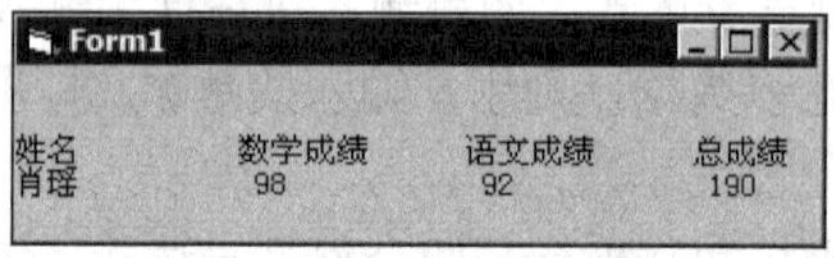

图 4.4　例 4.3 的程序运行结果

【例 4.4】　任意输入三个数，求以这三个数为边组成的三角形的面积（假设输入的三个数符合三角形的边长条件）。

程序代码如下：

```
Private Sub Form_click()
    Dim a!, b!, c!, t!, s!
    a = InputBox("请输入第一条边", "请输入三角形的三条边")
    b = InputBox("请输入第二条边", "请输入三角形的三条边")
    c = InputBox("请输入第三条边", "请输入三角形的三条边")
    t = (a + b + c)/ 2
    s = Sqr(t * (t - a)* (t - b)* (t - c))
    Print "第一条边为", a
    Print "第二条边为", b
    Print "第三条边为", c
    Print "面积为", s
End Sub
```

单击窗体后，依次显示三个输入框，第一个输入框如图 4.5 所示。

在依次出现的三个输入框中分别输入“18”“14”“19”，单击“确定”按钮，程序运行结果如图 4.6 所示。

图 4.5　例 4.4 的第一个输入框

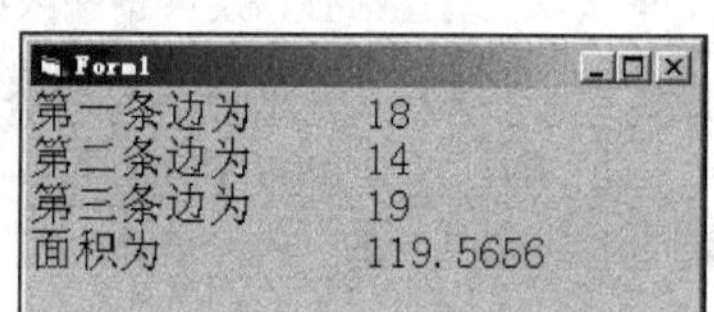

图 4.6　例 4.4 的程序运行结果

2. MsgBox()函数

MsgBox()函数可以通过对话框的形式向用户输出一些必要信息，还可以让用户在对话框中进行选择，然后此函数返回一个整型值传输给程序，以记录用户的操作来决定其后的程序执行。

格式：

```
MsgBox(prompt, [buttons],[title],[helpfile],[context])
```

说明：其中的 prompt、title、helpfile 和 context 参数与 InputBox()函数中的同名参数类似，这里不再介绍。

（1）buttons：指定显示按钮的数目及形式，使用的图标样式，默认按钮是什么，以及消息框的强制返回级别等。该参数是一个数值表达式，是四类数值相加产生的，其默认值为 0。这四类数值或符号常量分别表示按钮的类型、显示图标的种类、活动按钮的位置、强制返回。buttons 的取值及其含义如表 4.1 所示。

表 4.1　buttons 的取值及其含义

符号常量	值	含义
vbOkOnly	0	只显示“确定”按钮
vbOkCancel	1	显示“确定”“取消”按钮
vbAbortRetryIgnore	2	显示“终止”“重试”“忽略”按钮
vbYesNoCancel	3	显示“是”“否”“取消”按钮
vbYesNo	4	显示“是”“否”按钮
vbRetryCancel	5	显示“重试”“取消”按钮
vbCritical	16	显示图标
vbQuestion	32	显示图标
vbExclamation	48	显示图标
vbInformation	64	显示图标
vbDefaultButton1	0	第 1 个按钮是默认值
vbDefaultButton2	256	第 2 个按钮是默认值
vbDefaultButton3	512	第 3 个按钮是默认值
vbDefaultButton4	768	第 4 个按钮是默认值
vbApplicationModal	0	应用程序强制返回，当前应用程序被挂起，直到用户对消息框做出响应才继续工作
vbSystemModal	4096	系统强制返回，系统全部应用程序都被挂起，直到用户对消息框做出响应才继续工作

表 4.1 中的数据可分为四类。

① 第 1 组值（0～5）：描述了对话框中显示的按钮的类型与数目，按钮共有七种：确认、取消、终止、重试、忽略、是、否。每个数值表示一种按钮的组合方式。

② 第 2 组值（16，32，48，64）：指定对话框显示的图标样式，共有、、、四种样式。

③ 第 3 组值（0，256，512，768）：指定默认活动按钮，即活动按钮周边有虚线，按 Enter 键可执行该按钮的操作。

④ 第 4 组值（0，4096）：决定消息框的强制返回值。

buttons 参数由每组值选取一个数字相加而成。参数表达式既可以使用符号常数，也可以使用数值。下面举例进行说明。

17=1+16 或 vbOKCancel + vbCritical，显示“确定”“取消”按钮和图标，设置默认活动按钮为“确定”。

321=1+64+256 或 vbOkCancel+vbInformation+vbDefaultButton2，显示“确定”“取消”按钮和图标，默认活动按钮为“取消”。

（2）MsgBox()函数的参数只有 prompt 参数不可省略，其他均可省略。如果省略 buttons，则对话框中只显示“确定”按钮；如果省略 title，则标题框显示当前工程的名称。

（3）MsgBox()函数的返回值是一个整数，这个整数与选择的按钮有关，分别与七种按钮相对应。MsgBox()函数的返回值如表 4.2 所示。

表 4.2　MsgBox()函数的返回值

值	操作	符号常量
1	选择“确定”按钮	vbOk
2	选择“取消”按钮	vbCancel
3	选择“终止”按钮	vbAbort
4	选择“重试”按钮	vbRetry
5	选择“忽略”按钮	vbIgnore
6	选择“是”按钮	vbYes
7	选择“否”按钮	vbNo

【例 4.5】 如果用户程序出错，则系统会弹出一个提示框，提示用户是否继续。提示框中显示图标和“确定”“取消”按钮。

程序代码如下：

```
Private Sub Form_Click()
    a=MsgBox("程序出错，继续吗？", vbOKCancel + vbCritical, _
      "MsgBox 函数使用示例")
End Sub
```

或者

```
Private Sub Form_Click()
    a = MsgBox("程序出错，继续吗？", 1+16, "MsgBox 函数使用示例")
End Sub
```

程序的运行结果相同，如图 4.7 所示。

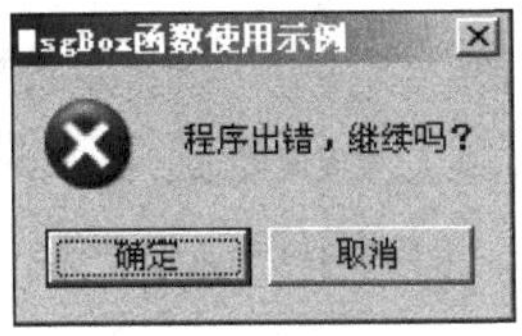

图 4.7　例 4.5 的程序运行结果

【例 4.6】　测试 MsgBox()函数的返回值。

程序代码如下：

```
Private Sub Form_Click()
    msg1 = "确定要删除吗？"
    msg2 = "注意"
    yn = MsgBox(msg1, 3 + 48 + 256, msg2)  '将消息框的返回值赋值给变量 yn
    Print yn
End Sub
```

程序运行时，单击窗体会弹出消息框，如图 4.8 所示。当用户单击“否”按钮时，在窗体 Form1 上显示 MsgBox()函数的返回值 7，如图 4.9 所示。

图 4.8　例 4.6 的程序运行结果 1

图 4.9　例 4.6 的程序运行结果 2

3. MsgBox 语句

MsgBox 语句的功能和 MsgBox()函数的功能一样，参数的形式与 MsgBox()函数一样，但它没有返回值。由于一些消息框不需要返回信息，因此不使用函数方式，而使用语句方式。这实际上给程序员带来了编程上的方便。

格式：

```
MsgBox  prompt, [buttons], [title], [helpfile], [context]
```

说明：该语句中各参数的含义及作用与 MsgBox()函数相同。由于 MsgBox 语句没有返回值，因此常被用于简单的信息显示。

【例 4.7】　用 MsgBox 语句显示警示信息。

程序代码如下：

```
Private Sub Form_Click()
```

```
        msg1 = "您已超出操作权限"
        msg2 = "注意"
        MsgBox  msg1, 0 + 48 , msg2
    End Sub
```

程序运行结果如图 4.10 所示，但单击“确定”按钮后，系统没有记录。

图 4.10　例 4.7 的程序运行结果

4.3 选择结构

顺序结构是程序设计最基本的结构，但是在程序设计过程中往往需要进行一些判断，程序运行时根据判断结果选择执行哪些语句。例如，输入一个非零数，判断其是正数还是负数，其结果只能是二者中的一个，这样的问题无法用顺序结构实现，需要使用选择结构。

选择结构又称为分支结构，这种结构能够根据条件执行不同的操作。VB 支持的选择结构包括 If 语句和 Select Case 语句。

4.3.1 If 语句

1. If…Then 语句

格式：

```
If <条件> Then
    <语句块>
End If
```

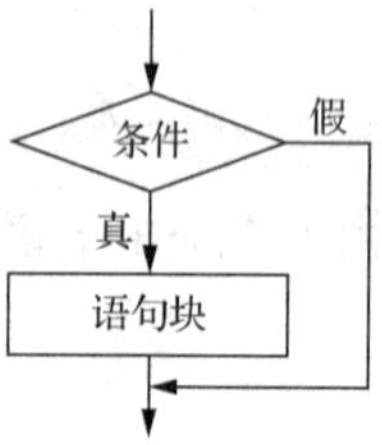

图 4.11　If 语句单分支流程图

说明：

（1）“条件”一般为关系表达式或逻辑表达式，其值为 True 或 False。“语句块”可以为一条或多条语句，If 语句以 End If 结束。

（2）语句执行过程：首先判断条件表达式的值，若为 True，则执行 Then 后面的语句块；否则，直接跳出 If 语句，执行 End If 之后的语句。If 语句单分支流程图如图 4.11 所示。

【例 4.8】　输入一个数，如果这个数大于 0，则输出“这个数是正数”。

程序代码如下：

```
Private Sub Form_Click()
    Dim a!
    a = InputBox("please input a number :")
    If a > 0 Then
       Print a;"是个正数"
    End If
End Sub
```

（3）条件表达式也可以是算术表达式，表达式结果：为 0 则为 False，非 0 则为 True。例如：

```
Dim a%
a=3
If a then
    Print a
End If
```

由于 a 被赋值为 3，If 语句判断条件时，会认为条件为 True，因此执行分支内语句，输出 a 的值 3。

（4）If 语句单分支结构可以精简为单行 If 语句，即

```
If <条件>  Then  <语句>
```

单行 If 语句必须在一行内完成，Then 后面即使是多条语句也要写在一行，用冒号分隔，单行 If 语句不用 End If 结束。

【例 4.9】　将例 4.8 用单行 If 语句改写。

程序代码如下：

```
Private Sub Form_Click()
    Dim a!
    a = InputBox("please input a number :")
    If a > 0 Then Print a;"是个正数"
End Sub
```

一般使用单行 If 语句进行短小简单的判断，语句块形式具有更强的结构性与适应性，并且通常也比较容易阅读、维护及调试。

2. If…Then…Else 语句

格式：

```
If <条件> Then
```

```
    <语句块 1>
Else
    <语句块 2>
End If
```

说明：

（1）语句执行过程：首先测试条件表达式的值，如果值为真，执行 Then 后面的语句块 1，执行完毕跳出 If 语句，继续执行 End If 下面的语句；如果值为假，则执行 Else 后面的语句块 2，执行完毕再执行 End If 下面的语句。If 语句双分支流程图如图 4.12 所示。

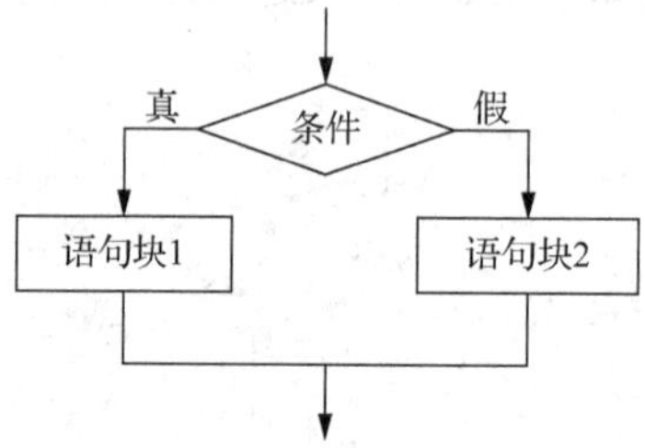

图 4.12　If 语句双分支流程图

（2）If…Then…Else 语句为双分支选择结构，语句块 1 和语句块 2 必定有一个被执行。

【例 4.10】　输入一个非零数，判断其是正数还是负数。

程序代码如下：

```
Private Sub Form_Click()
    Dim a!
    a = InputBox("please input a number :")
    If a > 0 Then
       Print a; "是一个正数"
    Else
       Print a; "是一个负数"
    End If
End Sub
```

【例 4.11】　判断某年是不是闰年。

闰年的条件：年份能被 400 整除，或者年份能被 4 整除但不能被 100 整除。

分析：由条件可知有两种情况是闰年，一种情况是 year Mod 400 = 0（被 400 整除），另一种情况是 year Mod 4 = 0 And year Mod 100 < > 0（被 4 整除但不能被 100 整除），只要满足其中任一条件就是闰年，所以这两个表达式之间应该用 Or 连接。

程序代码如下：

```
Private Sub Form_Click()
    Dim year As Integer
    year = InputBox("请输入一个年份：")
    If year Mod 400 = 0 Or year Mod 4 = 0 And year Mod 100 <> 0 Then
      Print year; "是闰年"
    Else
      Print year; "不是闰年"
    End If
End Sub
```

（3）If…Then…Else 语句也可以写为单行形式，格式如下：

```
If <条件> Then <语句块 1> Else <语句块 2>
```

【例 4.12】　将例 4.10 用单行语句改写。

程序代码如下：

```
Private Sub Form_Click()
    Dim num!
    num = InputBox("please input a number :")
    If num > 0 Then Print num; "是一个正数" Else Print num; "是一个负数"
End Sub
```

3. If…Then…ElseIf 语句

格式：

```
If <条件 1> Then
    <语句块 1>
ElseIf <条件 2> Then
    <语句块 2>
    …
[Else
    语句块 n+1]
End If
```

说明：If…Then…ElseIf 语句用于实现多分支结构。语句执行过程：依次判断条件 1、条件 2……一旦遇到表达式的值为真，则执行该条件下的语句块。如果所有的表达式都不为真，则执行 Else 后面的语句块 n+1；如果没有 Else 语句，则什么也不执行，跳出 If 语句，执行 End If 后面的语句。If 语句多分支流程图如图 4.13 所示。

If…Then…ElseIf 语句可以用于条件比较复杂的多分支情况。

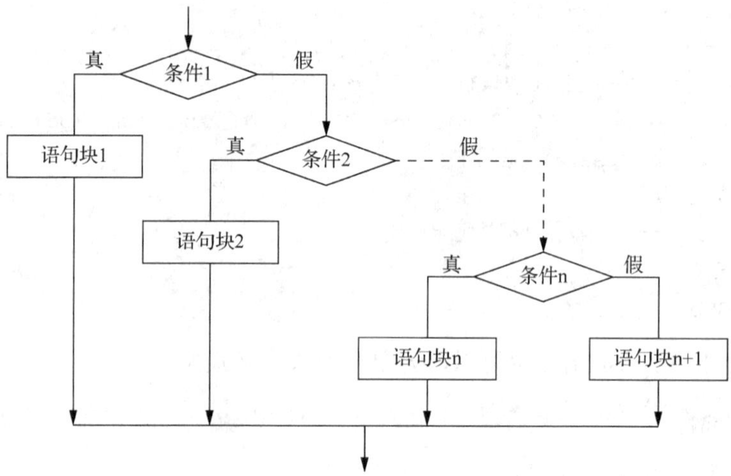

图 4.13　If 语句多分支结构流程图

【例 4.13】　已知分段函数

$$y=\begin{cases}x^2+1 & (x>0)\\ 0 & (x=0)\\ 2x-1 & (x<0)\end{cases}$$

编写程序，输入自变量 x 的值，计算并输出函数 y 的值。

步骤：

（1）新建一个“标准 EXE”工程。

（2）在 From1 窗体上依次添加两个标签控件、两个文本框控件和两个命令按钮控件。

（3）在“属性”窗口中，设置对象属性。

（4）编写程序代码，如下所示。

```
Private Sub Command1_Click()
    Dim x As Single, y As Single
    x = Val(Text1.Text)
    If x >0 Then
        y = x * x + 1
    ElseIf  x=0 Then
        y = 0
    Else
        y=2*x-1
    End If
    Text2.Text = y
End Sub
```

```
Private Sub Command2_Click()
    End
End Sub
```

程序运行后，在文本框 1 中输入自变量 x 的值 5，单击“计算”按钮，程序运行结果如图 4.14 所示。

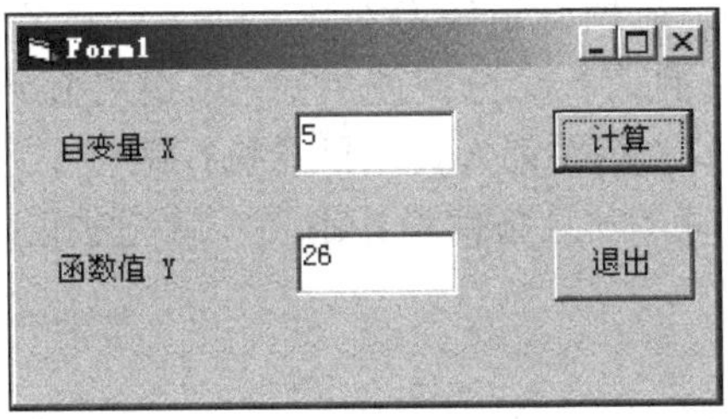

图 4.14　例 4.13 的程序运行结果

利用多分支的 If 语句可以实现筛选，如判断成绩属于哪个等级。

【例 4.14】　输入一个分数，输出对应的学分，如表 4.3 所示。

表 4.3　不同分数对应的学分

分数	学分
分数≥90	4
80≤分数<90	3
70≤分数<80	2
60≤分数<70	1
分数<60	0

程序代码如下：

```
Private Sub Form_Click()
    Dim score!,grade%
    score = InputBox("请输入分数：")
    If score >= 90 Then
        grade = 4
    ElseIf score >= 80 Then
        grade = 3
    ElseIf score >= 70 Then
        grade = 2
    ElseIf score >= 60 Then
        grade = 1
    ElseIf score < 60 Then
        grade = 0
```

```
    End If
    Print "应得学分为：";grade
End Sub
```

当输入一个分数时，程序从第一个条件开始判断，如果条件为真，执行“grade = 4”，否则向下继续判断其他条件。总之，只要遇到一个满足条件的分支，便执行该分支下的语句。本题没有 Else 语句，若所有条件均为假，则一个分支也不执行。

If 语句执行过程中，一旦有一个分支被执行，便退出 If 语句，继续执行 End If 下面的语句，也就是说如果有多个条件都为真，只能执行第一个条件为真的分支。因此，利用 If 多分支语句筛选数据时，一旦条件设计不当，就无法正确地实现筛选。

4. If 语句的嵌套

如果一个 If 语句块中包含另一个 If 语句，则称为 If 语句的嵌套。

格式：

```
If <条件1> Then
    <语句块1>
Else
    If <条件2> Then
        <语句块2>
    Else
        <语句块3>
        …
    End If
End If
```

说明：嵌套必须完全“包住”，不能互相交叉，即把一个 If…Then…Else 块放在另一个 If…Then…Else 块中。

【例 4.15】 将例 4.13 分段函数用 If 语句的嵌套改写。

程序代码如下：

```
Private Sub Command1_Click()
    Dim x As Single, y As Single
    x = Val(Text1.Text)
    If x >0 Then
        y = x * x + 1
    Else
        If  x=0 Then
            y = 0
        Else
            y=2*x-1
```

```
        End If
    End If
    Text2.Text = y
End Sub
```

【例 4.16】　将任意输入的三个数，按照从大到小的顺序重新排列。

程序代码如下：

```
Private Sub Form_Click()
Dim a!, b!, c!
    a = InputBox("请输入 a:")
    b = InputBox("请输入 b:")
    c = InputBox("请输入 c:")
    Print "三个数原来的顺序为      "
    Print a, b, c
    Print "三个数从大到小的顺序为"
    If a < b Then
       t = a
       a = b
       b = t
    End If
    If c > a Then
       Print c, a, b
    Else
       If c < b Then
          Print a, b, c
       Else
          Print a, c, b
       End If
    End If
End Sub
```

程序运行后，依次在三个输入框中输入数据 23、16、37，单击“确定”按钮，程序运行结果如图 4.15 所示。

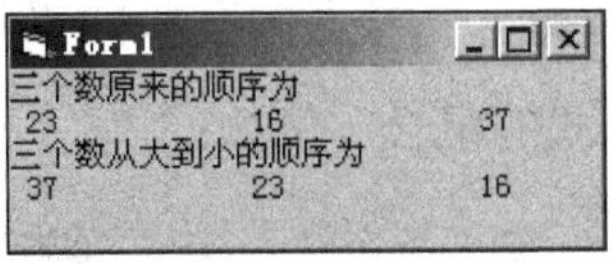

图 4.15　例 4.16 的程序运行结果

4.3.2 Select Case 语句

实现多分支的筛选，使用 If 语句的嵌套并不是最理想的，VB 提供了 Select Case 语句用于完成多分支程序的设计。Select Case 语句也称为 Case 语句或情况语句，其功能是根据测试表达式的值，在几组 Case 子句中挑选出一组符合条件的语句块执行。

格式：

```
Select Case <测试表达式>
    Case  <值 1>
        <语句块 1>
    Case  <值 2>
        <语句块 2>
        …
    [Case Else
        <语句块 n+1>]
End Select
```

说明：先计算测试表达式的值，依次与 Case 子句中的值相比较，如果遇到相匹配的值，则执行该 Case 子句中的语句块，然后跳出 Select Case 语句，继续执行 End Select 后面的语句。

（1）测试表达式可以是任何数值表达式或字符串表达式，也可以是日期或逻辑表达式。

（2）值 1、值 2 是测试表达式的可能取值，与测试表达式的类型必须相同。每个 Case 分支可以列出多个值，可以是以下形式之一。

① 多个具体值，用逗号隔开，例如：

```
Case 1,2,3
```

② 使用关键字 To 表示值的范围，例如：

```
Case 1 To 10
```

③ 使用 Is 关系表达式，例如：

```
Case Is>=10                 '表示测试表达式的值大于或等于 10
Case Is <>""                '表示测试表达式的值不为空字符串
```

④ 也可以使用以上几种形式的组合。例如：

```
Case 1,3,Is>10              '表示测试表达式的值为 1、3 或大于 10
```

【例 4.17】 输入 a、b 的值和运算符号，根据输入的运算符号决定运算的方式。

程序代码如下：

```
Private Sub Form_Click()
    Dim a!, b!, s!
    Dim op$
    a = InputBox("请输入 a:")
    b = InputBox("请输入 b:")
    op = InputBox("请输入运算符号:")
    Select Case op
        Case  "+"
            s = a + b
        Case  "-"
            s = a - b
        Case  "*"
            s = a * b
        Case  "/"
            s = a / b
    End Select
    Print "a";op;"b=";s
End Sub
```

程序运行后，在依次出现的三个输入框中分别输入 5、7、*，单击“确定”按钮，程序运行结果如图 4.16 所示。

图 4.16　例 4.17 的程序运行结果

（3）Select Case 语句功能与 If 多分支语句功能类似，但是当程序中依赖某个单独的关键变量或表达式作为判断条件时，Select Case 语句效率更高，并且使用 Select Case 结构可以提高程序的可读性。

（4）如果测试表达式的值能与多个 Case 子句表达式的值相匹配，则仅执行第一个匹配的 Case 子句中的语句块。

【例 4.18】　用 Case 语句改写例 4.14，将输入成绩转换为相应学分。

程序代码如下：

```
Private Sub Form_Click()
    Dim score!, grade%
    score = InputBox("输入成绩")
    Select Case score
        Case Is >= 90
```

```
            grade = 4
        Case Is >= 80
            grade = 3
        Case Is >= 70
            grade = 2
        Case Is >= 60
            grade = 1
        Case Is < 60
            grade = 0
    End Select
    Print "应得学分为:"; grade
End Sub
```

注意：使用 Select Case 语句也要确保值列表顺序的合理性，以正确筛选数据。如果将例 4.18 中的分数值列表按相反顺序编写，就不能合理地筛选数据。

（5）Case Else 子句是可选的，表示没有匹配的值时执行该子句中的语句块 n+1。通常加上 Case Else 语句来处理不可预见的测试表达式的值；如果测试表达式没有匹配值，而且也没有 Case Else 语句，则程序会跳转到 End Select 后面的语句继续执行。

【例 4.19】 判断大小写字母问题。

步骤：

（1）新建一个“标准 EXE”工程。

（2）在 From1 窗体上依次添加两个标签、两个文本框和两个命令按钮。

（3）在“属性”窗口中，设置对象属性。

（4）编写程序代码，如下所示。

```
Private Sub Command1_Click()
Dim s$
    s = Text1.Text
    Select Case s
      Case "a" To "z"
         Text2.Text = "它是小写字母"
      Case "A" To "Z"
         Text2.Text = "它是大写字母"
      Case "0" To "9"
         Text2.Text = "它是数字字符"
      Case Else
         Text2.Text = "它是其他字符"
    End Select
End Sub
```

```
Private Sub Command2_Click()
   End
End Sub
```

程序界面如图 4.17 所示。

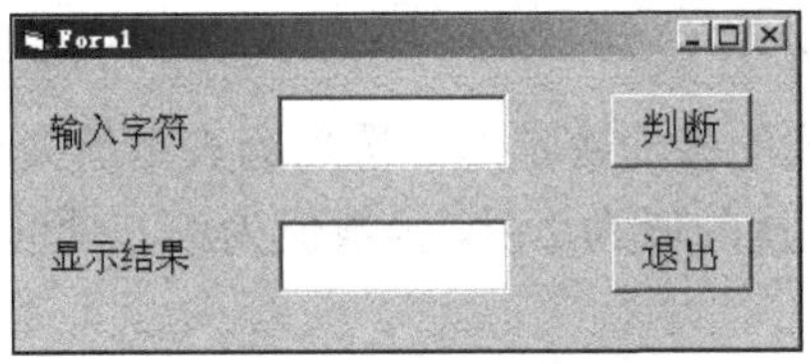

图 4.17　例 4.19 的程序界面

例 4.19 的程序以字符串型变量作为测试表达式，判断其属于哪种情况，如果 1、2、3 分支都不符合，则执行 Case Else 分支语句。

另外，判断字母是大写还是小写，可以直接利用字符串的比较判断：若满足大于或等于 A 且小于或等于 Z，则为大写字母；若满足大于或等于 a 且小于或等于 z，则为小写字母。也可以通过字符的 ASCII 值范围确定：如果 ASCII 值在 65～90 之间则为大写字母，在 97～122 之间则为小写字母。求某个字符的 ASCII 值的函数为 Asc()。

思考：*使用 Asc()函数改写例 4.19。*

4.3.3　条件函数

1. IIF()函数

格式：

```
IIF(条件, 表达式 1, 表达式 2)
```

功能：当条件表达式的值为真时，函数返回值为表达式 1，否则返回表达式 2。

说明：

（1）“条件”是逻辑表达式或关系表达式，该函数在运算时，首先计算“条件”的值，如果“条件”值为 True，则该函数返回值为“表达式 1”的值；否则，函数返回值为“表达式 2”的值。例如，Print IIF（3>5,1,−1）的结果为−1，Print IIF（3<5,1,−1）的结果为 1。

（2）函数中的三个参数都不能省略。

（3）可以将 IIF()函数看作一种简单的 If…Then…Else 结构。例如：

```
MaxValue=IIF(x>y,x,y)
```

可以改写为单行 If 语句：

```
If x>y Then MaxValue=x Else  MaxValue=y
```

二者的功能是一样的。

2. Choose()函数

格式：

```
Choose(整型表达式，选项列表)
```

功能：根据整型表达式的值，决定返回选项列表中的某个值。当变量的值为 1 时，函数值为第 1 项的值；当变量的值为 2 时，函数值为第 2 项的值……当变量的值为 n 时，函数值为第 n 项的值。

说明：

（1）表达式的类型为数值型。

（2）当变量的值是 1～n 的非整数时，系统自动取整。

（3）若变量的值不在 1～n 之间，则 Choose()函数的值为 Null。

（4）Choose()函数可代替 Select Case 语句，适用于简单的多重判断场合。

例如：

```
n = 2
st = Choose(n , "red" , "green" , "blue")
```

可等价于

```
st="green"
```

4.4 循环结构

循环是指某段程序需要重复执行若干次，才能完成的特定任务。循环结构是程序设计中一种重要的结构，在循环中被反复执行的部分称为循环体，使用循环控制结构可以减少程序中大量重复的语句，从而编写出更简洁的程序。

VB 提供了三种不同风格的循环语句：For 循环（For…Next 语句）、While 循环（While…Wend 语句）、Do 循环（Do…Loop 语句）。其中，For 循环是按给定的次数执行循环体，而 While 循环和 Do 循环是在给定的条件满足时执行循环体。

4.4.1 For 循环

由 For…Next 语句构成的循环称为 For 循环，也称计数循环。

格式：

```
For <循环变量> = <初值> To <终值> [Step 步长]
    [循环体]
    [Exit For]
```

```
Next [循环变量]
```

功能：For 循环按确定的次数执行循环体，该次数由循环变量的初值、终值和步长确定。首先循环变量取初值；接着将循环变量与终值进行比较，如果未达到终值，则继续执行循环体，并将循环变量按步长递增或递减；继续与终值进行比较，如果达到终值，则结束循环。For 循环语句流程图如图 4.18 所示。

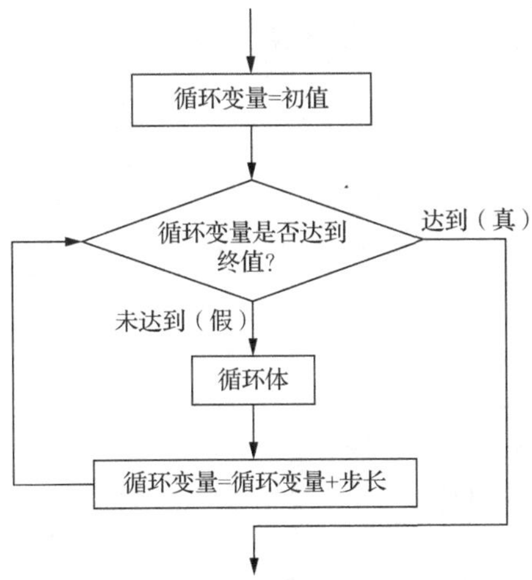

图 4.18　For 循环语句流程图

说明：

（1）循环变量。循环变量是一个数值变量。

（2）初值、终值和步长。三者均是数值表达式，其值若是非整数，则自动取整。当初值≤终值时，步长应为正数；当初值>终值时，步长应为负数；步长为 1 时，可省略不写；步长不应为 0，否则会造成死循环。循环次数=Int((终值−初值)/步长)+1。

（3）循环体。循环体是需重复执行的语句，可以是一条或多条语句的序列。

（4）Exit For。可选项，用于某些特殊情况下退出循环。

（5）Next。循环终端语句，其后面的“循环变量”必须与 For 语句中的“循环变量”相同，表明它们是一对循环的开始和结束语句。

（6）循环变量在循环体内可以引用，但要注意此时循环次数会发生改变。例如：

```
For i=1 to 10 Step 1
    i=i+1
Next i
```

由于在循环体内改变了循环变量的值，导致循环无法按既定的次数（10 次）进行，循环次数变为 5 次。

（7）VB 遵循“先检查，后执行”的原则，即先检查循环变量是否大于终值，然后决定是否执行循环体。当步长为正，初值大于终值时，或步长为负，初值小于终值时，循环体将不执行。

【例 4.20】 求 1～100 的和。

程序代码如下：

```
Private Sub Command1_Click()
Dim i As Integer, s%
s = 0
For i = 1 To 100
   s = s + i
Next i
Print "1~100 的和=";s
End Sub
```

【例 4.21】 求 10!

程序代码如下：

```
Private Sub Command1_Click()
Dim i As Integer, T!
T = 1
For i = 1 To 10
T = T* i
Next i
Print "10!="; T
End Sub
```

【例 4.22】 求级数和 $s=\sum_{i=m}^{n} i$。

步骤：

（1）新建一个“标准 EXE”工程。

（2）在 From1 窗体上添加三个标签、三个文本框和两个命令按钮。

（3）在“属性”窗口中设置对象属性。

（4）编写程序代码，如下所示。

```
Private Sub Command1_Click()
   Dim m!, n!, s!, i%
   m = Val(Text1.Text)          '取下界
   n = Val(Text2.Text)          '取上界
   s = 0
   For i = m To n Step 1        '设循环下界、上界和步长
      s = s + i                 '不断累加
   Next i
   Text3.Text = s
```

```
    End Sub
    Private Sub Command2_Click()
        End
    End Sub
```

运行程序后，在“下界”文本框和“上界”文本框中分别输入 5 和 15，单击“计算”按钮，程序运行结果如图 4.19 所示。

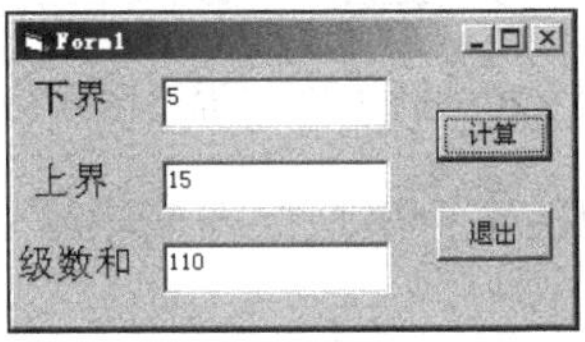

图 4.19　例 4.22 的程序运行结果

【例 4.23】　输入任意 10 个非零的数，统计其中正数和负数的个数。

程序代码如下：

```
    Private Sub Form_Click()
        Dim X As Integer , i As Integer
        Dim N1 As Integer, N2 As Integer
        N1 = 0
        N2 = 0
        For i = 1 To 10
            X = InputBox("请输入一个非零的数：")
            Print X
            If X > 0 Then
                N1 = N1 + 1
            ElseIf X < 0 Then
                N2 = N2 + 1
            End If
        Next i
        Print "正数的个数为：";N1
        Print "负数的个数为：";N2
    End Sub
```

例 4.23 的程序利用 N1、N2 分别作为统计正数、负数个数的变量。程序运行时，输入一个数，判断其正负性。如果大于 0，则变量 N1 加 1；如果小于 0，则变量 N2 加 1。

例 4.23 的程序中 i 仅作为控制循环次数的变量，在循环体中并没有参与运算；而例 4.20 的程序中 i 不仅用于控制循环次数，同时也参与运算。例 4.23 的程序运行结果如图 4.20 所示。

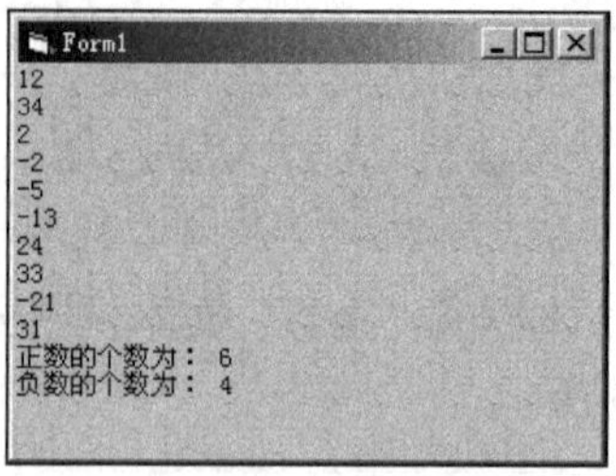

图 4.20　例 4.23 的程序运行结果

【例 4.24】　将文本框 1 中的字符串逆序在文本框 2 中输出。

步骤：

（1）新建一个“标准 EXE”工程。

（2）在 From1 窗体上依次添加三个标签、三个文本框和两个命令按钮。

（3）在“属性”窗口中设置对象属性。

（4）编写程序代码，如下所示。

```
Private Sub Command1_Click()
    x = Text1
    k = Len(x)
    Text2 = ""
    For i = k To 1 Step -1
        j = Mid(x, i, 1)
        Text2 = Text2 + j
    Next i
End Sub

Private Sub Command2_Click()
    End
End Sub
```

程序运行后，在文本框 1 中输入字符串 sdWER1234KP，单击“运行”按钮，程序运行结果如图 4.21 所示。

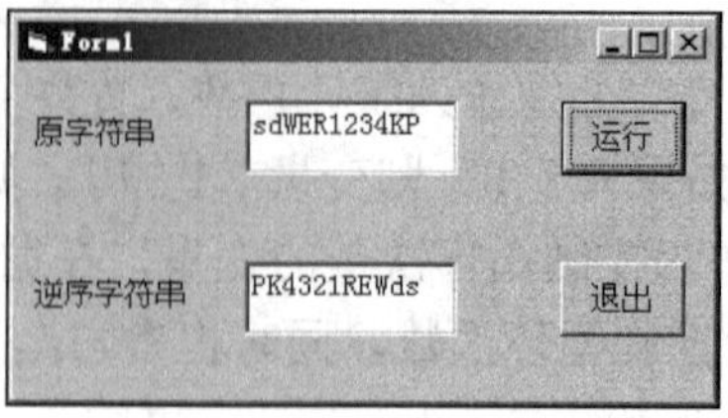

图 4.21　例 4.24 的程序运行结果

【例 4.25】 求水仙花数。水仙花数是一个 3 位数，其每一位数的立方和等于该数本身，如 $153=1^3+5^3+3^3$。

分析：三位数 n 中的每一位上的数可以表示如下：

百位　i=int(n/100)

十位　j=int(n/10)−i*10　或者　j=int((n Mod 100)/10)

个位　k=n Mod 10

程序代码如下：

```
Private Sub Form_Click()
    Dim i As Integer, j As Integer, k As Integer, n As Integer
    Print "水仙花数为："
    print
    For n = 100 To 999
        i = Int(n / 100)
        j = Int(n / 10)- 10 * i
        k = n Mod 10
        If n = i ^ 3 + j ^ 3 + k ^ 3 Then Print n;
    Next
End Sub
```

程序运行结果如图 4.22 所示。

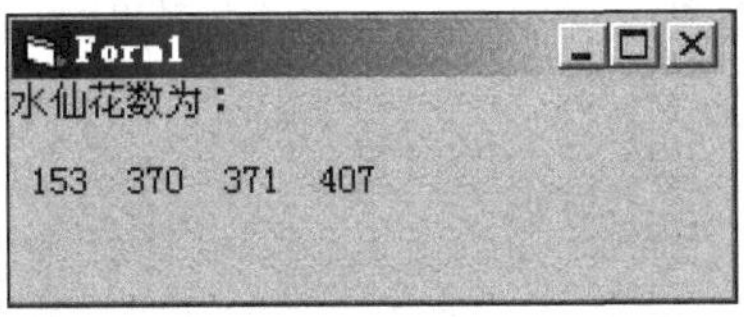

图 4.22　例 4.25 的程序运行结果

4.4.2 While 循环

由 While…Wend 语句构成的循环称为当循环或 While 循环。

格式：

```
While <条件>
    [循环体]
Wend
```

说明：While 循环通过测试条件的值来控制循环的结束。While 循环语句先对条件进行测试，当值为真时，执行循环体，然后返回到 While 语句再测试条件，一旦条件为假，就跳出循环。

如果条件总是成立，则循环永远不会结束，这种永不结束的循环称为死循环。因此，在循环体中应包含对“条件”的修改操作，使得开始时条件为真，接着条件逐渐趋向假，使循环体能正常结束。如果条件一开始就为假，则一次循环也不执行。

While 循环语句流程图如图 4.23 所示。

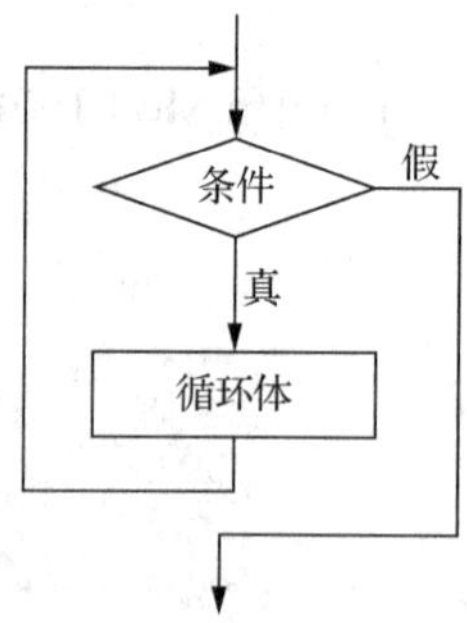

图 4.23　While 循环语句流程图

【例 4.26】 用 While 循环求 1～100 的和。

程序代码如下：

```
Private Sub Form_Click()
    Dim i As Integer, s As Integer
    s = 0
    i = 1
    While i <= 100
      s = s + i
      i = i + 1
    Wend
    Print "s="; s
End Sub
```

4.4.3　Do 循环

由 Do…Loop 语句构成的循环称为 Do 循环，同样通过测试条件的值来控制循环的结束。Do…Loop 语句有灵活的构造形式。

1. Do While…Loop 语句

格式：

```
Do While  <条件>
    [循环体]
Loop
```

说明： 首先测试条件表达式的值，如果值为真，则执行循环体中的语句块，完成一次循环，然后返回到 Do While 语句再测试条件，一旦条件值为假，就跳出循环，执行 Loop 后面的语句。如果条件一开始就为假，则一次循环也不执行。

可使用 Exit Do 语句强制跳出循环，其功能与 Exit For 语句类似。恰当地使用 Exit Do 语句可以防止死循环。

【例 4.27】 用 Do While…Loop 语句求 1～100 的和。

程序代码如下：

```
Private Sub Form_Click()
    Dim i As Integer, s As Integer
    s = 0
    i = 1
    Do While i <= 100
      s = s + i
      i = i + 1
    Loop
    Print "s="; s
End Sub
```

2. Do…Loop While 语句

格式：

```
Do
    [循环体]
Loop While <条件>
```

说明： 同 Do While…Loop 语句相比较，Do…Loop While 语句先循环后判断，可以保证循环体至少执行一次。

思考： 用 Do…Loop While 语句求 1～100 的和。

3. Do Until…Loop 语句

格式：

```
Do Until <条件>
    [循环体]
Loop
```

说明： 首先测试条件表达式的值，当值为假时，执行循环体，完成一次循环，然后返回到条件表达式再测试条件，直到条件表达式的值为真时，循环终止。

思考： 用 Do Until…Loop 语句求 1～100 的和。

4. Do…Loop Until 语句

格式：

```
Do
    [循环体]
Loop Until <条件>
```

说明：同 Do Until…Loop 语句相比较，Do…Loop Until 语句先循环后判断，可以保证循环体至少执行一次。

思考：用 Do…Loop Until 语句求 1～100 的和。

4.4.4 多重循环

在循环语句中使用另一个循环语句，称为循环的嵌套，也称多重循环。For 循环、Do 循环和 While 循环都可以互相嵌套，利用多重循环可以实现更复杂的程序设计。

如果在一个循环结束后，才开始另一个循环，则这两个循环称为并列循环。并列循环可以用同一个变量名作为循环变量，而多重循环不能用同一个变量名作为循环变量。例如：

```
For i=1 to 10
…
Next i
…
For i=1 to 10
…
Next i
```

以上这两个循环为并列循环，可以使用同一个循环变量名。

```
For i=1 to 10
    For j=1 to 10
        …
    Next j
Next i
```

变量 i 和变量 j 控制的两个循环为多重循环，其中循环变量 i 控制的循环为外循环，循环变量 j 控制的循环为内循环，不能用同一个变量名作为循环变量。

【例 4.28】 利用双重循环输出由星号（*）构成的矩形（每行 10 个星号，共 10 行）。

分析：在程序中使用双重循环，外循环变量为 i，用于控制星号的行数；内循环变量为 j，用于控制每一行的星号个数。

程序代码如下：

```
Private Sub Command1_Click()
 For i = 1 To 10
    For j = 1 To 10
          Print "*";
    Next
    Print
 Next
End Sub
```

程序运行结果如图 4.24 所示。

思考：若要输出图 4.25 所示的图形，程序应如何改动？

图 4.24　例 4.28 的程序运行结果

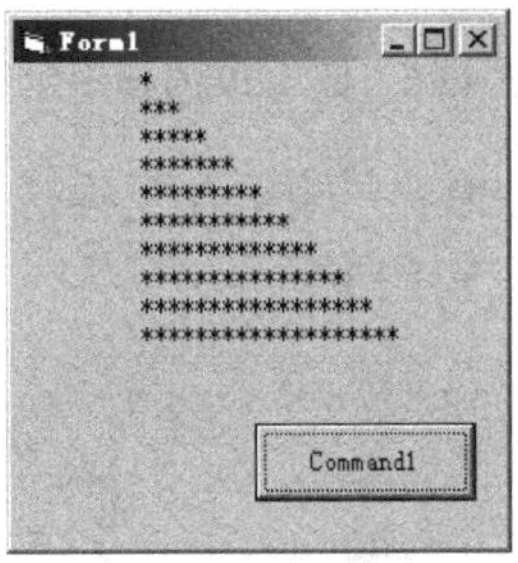

图 4.25　例 4.28 的思考题图

【例 4.29】　利用双重循环输出由星号（*）构成的三角形。三角形的高度由输入的 h 值控制。

分析：在程序中设计了一个双重循环，外循环变量为 i，用于控制三角形的高度；内循环变量为 j，用于控制三角形每一行的星号个数。其中的 Tab()函数用于控制每一行开始输出星号的位置。

程序代码如下：

```
Private Sub Form_Click()
   h = InputBox("请输入三角形的高度")
   For i = 1 To h
      Print Tab(30 - i);
      For j = 1 To 2 * i - 1
         Print "*";
      Next
      Print
   Next
End Sub
```

程序运行结果如图 4.26 所示。

思考：若要输出图 4.27 所示的图形，程序应如何改动？

图 4.26　例 4.29 的程序运行结果

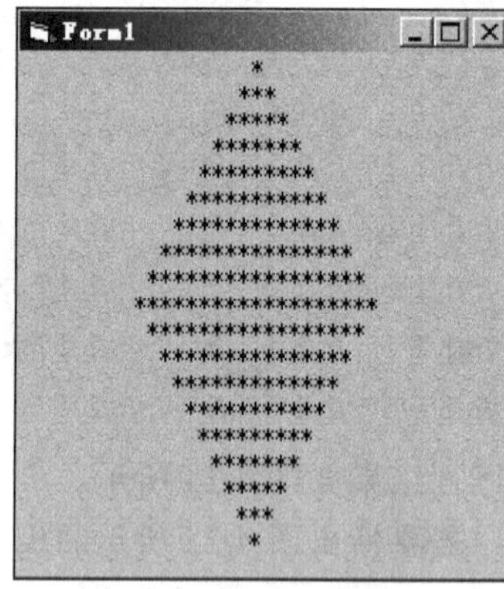

图 4.27　例 4.29 的思考题图

【例 4.30】　输出九九乘法表。

程序代码如下：

```
Private Sub Form_click()
    Dim i%, j%
    Print Tab(30); "九九乘法表"
    Print
    For i = 1 To 9
        For j = 1 To 9
            Print Tab(8 * (j - 1)); i & "*" & j & "=" & i * j;
        Next j
        Print
    Next i
End Sub
```

程序运行后，单击窗体，程序运行结果如图 4.28 所示。

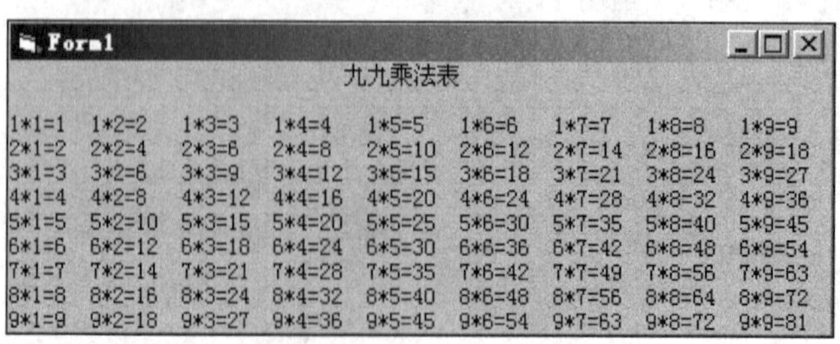

图 4.28　例 4.30 的程序运行结果

思考：若要输出图 4.29 所示的结果，程序应如何改动？

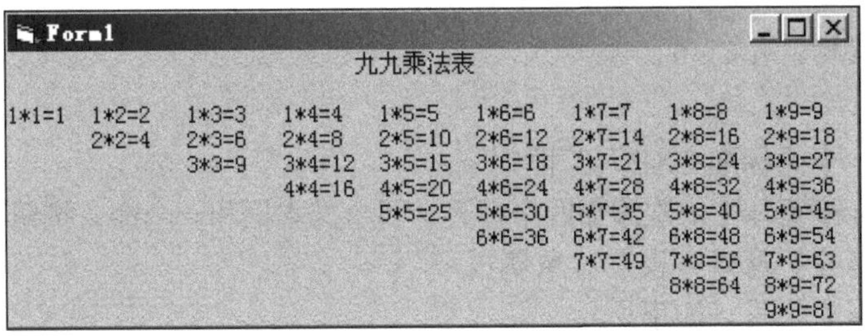

图 4.29　例 4.30 的思考题图

【例 4.31】　利用多重循环求出所有的三位“水仙花数”。

程序代码如下：

```
Private Sub Form_Click()
    For i = 1 To 9
        For j = 0 To 9
           For k = 0 To 9
               s = i * 100 + j * 10 + k
               If s = i * i * i + j * j * j + k * k * k Then
                   Print s
               End If
           Next k
        Next j
    Next i
End Sub
```

4.5　应用程序举例

【例 4.32】　用辗转相除法（即欧几里得算法）求两个正整数的最大公约数和最小公倍数。

分析：设有两个数 m、n，且 m ≥ n，并用 m 除以 n，求得余数 r。若 r 为 0，则 n 为最大公约数；若 r 不等于 0，则按如下迭代：m = n，n = r，原除数变为新的被除数，原余数变为新的除数。重复除法，直至余数为 0，余数为 0 时的除数 n，即为原始 m、n 的最大公约数。求得最大公约数后，最小公倍数就可以很方便地求出了，即将原来的两个数相乘除以最大公约数。

迭代的三个要素如下。

（1）迭代初值：m、n 的原始值。

（2）迭代过程：r = m mod n

m = n

n = r

（3）迭代条件：n <> 0。

步骤：

（1）新建一个“标准 EXE”工程。

（2）在 From1 窗体上依次添加四个标签、四个文本框和一个命令按钮。

（3）在“属性”窗口中设置对象属性。

（4）编写程序代码，如下所示。

```
Private Sub Command1_Click()
    Dim m%, n%, t%, r%
    m = Val(Text1.Text)
    n = Val(Text2.Text)
    s = m * n
    If n > m Then           '如果 m 小于 n，则交换
        t = m: m = n: n = t
    End If
    Do                      '开始迭代
        r = m Mod n         '循环进行整除取余
        m = n
        n = r               '更改除数和被除数，为下一次迭代准备
    Loop While r <> 0       '直到余数为 0，则该被除数为最大公约数
    Text3.Text = m
    Text4.Text = s / m
End Sub

Private Sub Command2_Click()
    End
End Sub
```

运行程序后，在“第一个数”和“第二个数”文本框中输入 12 和 54，单击“计算”按钮，程序判断进行迭代，并将结果输出在对应的文本框中。

程序运行结果如图 4.30 所示。

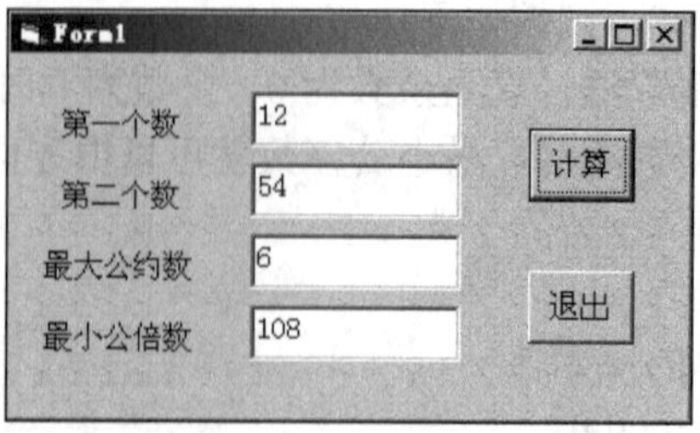

图 4.30　例 4.32 的程序运行结果

【例 4.33】　求 10～100 之间的素数。

分析：素数是只能被 1 和本身整除的数。对于任意数 m，用 2～m－1之间的数去除，所有数都除不尽时，m 即为素数。

本例构造一个控制变量 i 从 2～m－1的循环，让 m 被 i 逐一除，如果 m 能被其中一个数整除，则不是素数，退出测试。此时 i 的值必定小于 m；如果都不能整除，通过循环正常退出时，i 的值大于 m－1，m 即为素数。

本例程序需要两层循环才能实现：外循环 m 用于检测需要测试的数，内循环 i 用于构造测试条件。在内循环中进行取余数操作时，如果余数为 0，则结束内循环。在内循环结束后对内循环变量 i 进行判断，决定测试的数是否为素数。

程序代码如下：

```
Private Sub Form_Click()
    Dim m%, i%, n%
    For m = 10 To 100
        For i = 2 To m - 1
            If m Mod i = 0 Then     '能够整除，不是素数
                Exit For            '结束内循环
            End If
        Next i
        If i > m - 1 Then       '正常结束内循环，是素数
            n = n + 1           '统计素数个数
            Print m;
            If n Mod 5 = 0 Then Print
        End If
    Next m
    Print
    Print "10-100 之间素数的个数为 "; n '输出素数个数
End Sub
```

程序运行结果如图 4.31 所示。

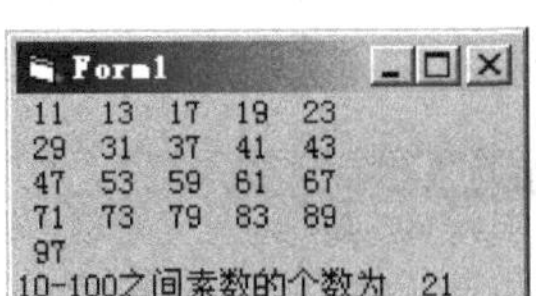

图 4.31　例 4.33 的程序运行结果

思考：若对于任意数 m，用 2～$\sqrt{m}$ 之间的数去除，所有数都除不尽时，m 即为素数。上面程序应如何优化？

【例 4.34】 “百鸡百钱”问题。

《算经》中有一道题：鸡翁一，值钱五；鸡母一，值钱三；鸡雏三，值钱一。百钱买百鸡，问鸡翁、鸡母、鸡雏各几何？此题称为“百鸡百钱”问题。已知一只公鸡 5 元，一只母鸡 3 元，3 只小鸡 1 元。现有 100 元钱，要买 100 只鸡，求公鸡、母鸡和小鸡各买多少只？

分析：设 x 是公鸡数、y 是母鸡数、z 是小鸡数，根据所给条件列出如下两个方程：

$$\begin{cases} x+y+z=100 \\ 5x+3y+z/3=100(z\text{ 能被 3 整除}) \end{cases}$$

以上方程是三元一次方程，只有两个方程。因此，该方程是不定方程。解决这一问题的方法是：将 x、y、z 的所有可能值代到方程中去试，满足方程条件的即为解。可以通过枚举（循环）一一列出 x、y 的所有组合。z 通过方程 $x+y+z=100$ 计算得出，然后用 $5*x+3*y+z/3=100$（z 能被 3 整除）测试 z 是否满足条件。

程序代码如下：

```
Private Sub Form_click()
    Dim x%, y%, z%                          '设 x,y,z 代表公鸡、母鸡、小鸡的数量
    Dim s!
    Print "公鸡", "母鸡", "小鸡"
    For x = 0 To 100                        '枚举公鸡的个数
        For y = 0 To 100                    '枚举母鸡的个数
            z = 100 - x - y                 '枚举小鸡的个数
            If 5 * x + 3 * y + z / 3 = 100 Then
                Print x, y, z               '满足条件输出结果
                s = s + 1                   '统计方案个数
            End If
        Next y
    Next x
    Print "可能方案有："; s; "种"
End Sub
```

程序运行结果如图 4.32 所示。

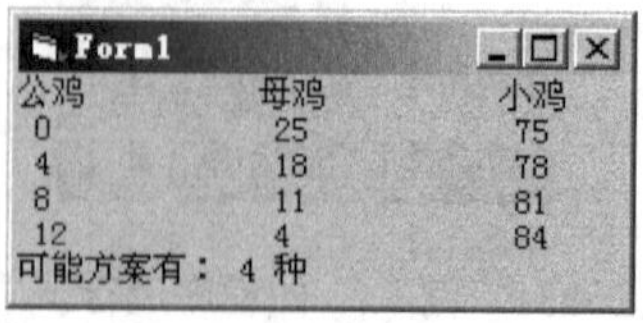

图 4.32　例 4.34 的程序运行结果

思考：由于公鸡是 5 元一只，那么其数量应小于 20，枚举范围是 0～19；母鸡是 3 元一只，其枚举范围是 0～32。上面的程序该如何优化？

上 机 练 习

1．利用 InputBox()函数和 MsgBox()函数设置用户注册登录界面。

设计如图 4.33 所示的注册界面，单击“注册”按钮，依次弹出“注册用户名”、“设置用户密码”和“确认用户密码”的提示框，如图 4.34～图 4.36 所示。如果注册正确，在窗体上显示信息，如图 4.37 所示。如果两次输入的密码不一致，则弹出如图 4.38 所示的提示框。单击“退出”按钮，可以结束程序。

图 4.33　注册界面

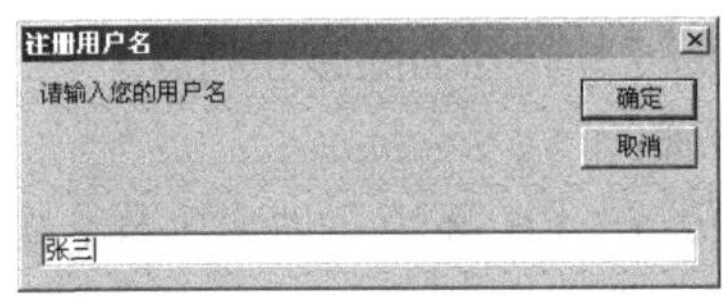

图 4.34　注册用户名

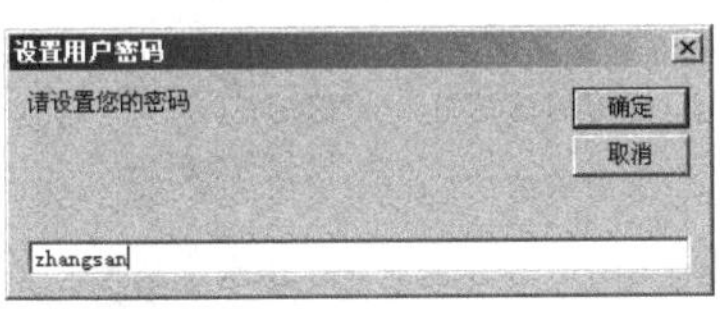

图 4.35　设置用户密码

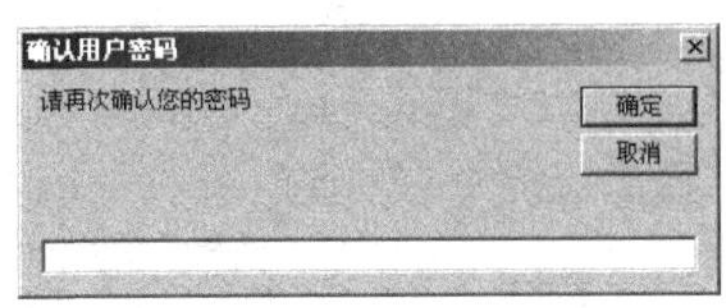

图 4.36　确认用户密码

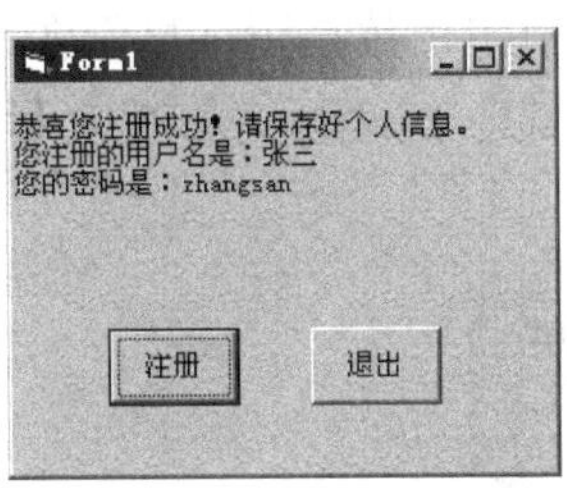

图 4.37　注册成功界面

图 4.38　提示信息

程序代码如下：

```
Private Sub Command1_Click()
   username = InputBox("请输入您的用户名", "注册用户名")
   pass = InputBox("请设置您的密码", "设置用户密码")
   repass = InputBox("请再次确认您的密码", "确认用户密码")
   If pass = repass Then
```

```
        Print
        Print "恭喜您注册成功！请保存好个人信息。"
        Print "您注册的用户名是："; username
        Print "您的密码是："; pass
    Else
MsgBox "两次输入的密码不一致" & Chr(13) & "请重新注册并设置密码",16,"提示信息"
    End If
End Sub
Private Sub Command2_Click()
     End
End Sub
```

2. 在文本框中输入 0～9 的数字字符，如果输入了其他字符，则弹出提示信息："请输入数字"，并且消除该字符。

步骤：

（1）在 VB 环境下创建工程、窗体，在窗体上添加一个文本框 Text1，并将其 Text 属性设置为空。

（2）编写文本框 Text1 的事件程序代码，如下所示。

```
Private Sub Text1_KeyPress(KeyAscii As Integer)
    If KeyAscii < Asc("0") Or KeyAscii > Asc("9") Then
        KeyAscii = 0
        MsgBox "请输入数字", , "输入出错"
    End If
End Sub
```

（3）按 F5 键，运行程序。在文本框 Text1 中输入数字，数字正常显示在文本框中，如果输入的是非数字，输入字符被取消，并弹出提示信息"请输入数字"。程序运行结果如图 4.39 所示。

图 4.39　上机练习 2 的程序运行结果

3. 求一元二次方程 $ax^2+bx+c=0$ 的解。输入 a、b、c 的值，求方程的两个解。

步骤：

（1）新建一个“标准 EXE”工程，并在工程中添加一个窗体。

（2）添加五个文本框用于录入数据和输出数据，五个标签用于每一个文本框的说明，两个按钮用于计算和结束计算。适当调整它们的大小和位置。

（3）设置属性：按表 4.4 设置控件对象的属性。

表 4.4　上机练习 3 控件对象的属性设置

对象类型	对象名	属性名	属性值
窗体	Form1	Caption	一元二次方程的根
文本框	Text1	Text	空
	Text2	Text	空
	Text3	Text	空
	Text4	Text	空
	Text5	Text	空
标签	Label1	Caption	a
	Label2	Caption	b
	Label3	Caption	c
	Label4	Caption	x1=
	Label5	Caption	x2=
命令按钮	Command1	Caption	计算
	Command2	Caption	结束

（4）编写程序代码，如下所示。

```
Private Sub Command1_Click()
    Dim a!, b!, c!, x1!, x2!, t1!, t2!
    a = Val(Text1.Text)                          '取变量 a 的值
    b = Val(Text2.Text)                          '取变量 b 的值
    c = Val(Text3.Text)                          '取变量 c 的值
    t1 = b * b - 4 * a * c
    If t1 > 0 Then                               '大于 0，有一对不等实根
        t2 = Sqr(t1)
        x1 = (-b + t2) / (2 * a)
        x2 = (-b - t2) / (2 * a)
        Text4.Text = x1: Text5.Text = x2         '显示一对不等实根
    ElseIf t1 < 0 Then                           '小于 0，有一对复根
        t2 = Sqr(-t1)
        x1 = -b / (2 * a)
        x2 = t2 / (2 * a)
        Text4.Text = x1 & "+" & x2 & "i"
        Text5.Text = x1 & "-" & x2 & "i"         '显示一对复根
    Else                                         '等于 0，有一对相等实根
```

```
            x1 = -b / (2 * a)
            x2 = -b / (2 * a)
            Text4.Text = x1: Text5.Text = x2  '显示相等实根
        End If
    End Sub
    Private Sub Command2_Click()
        End
    End Sub
```

（5）保存文件，运行程序，结果如图 4.40 所示。

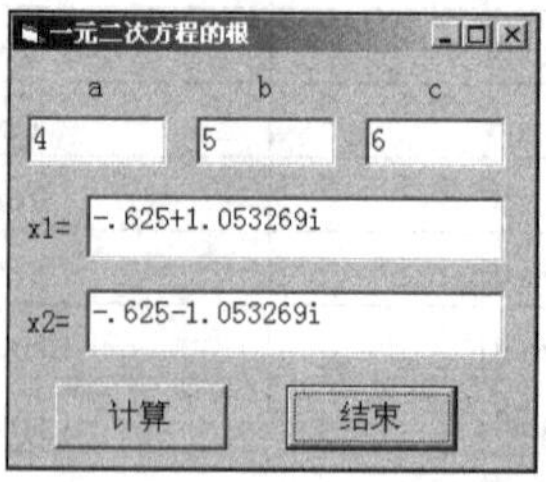

图 4.40　上机练习 3 的程序运动结果

4．求随机生成的十个整数（范围为 10～99）的最大数、最小数和它们的平均值。

步骤：

（1）新建一个“标准 EXE”工程，并在工程中添加一个窗体。

（2）添加四个文本框用于输入数据和输出数据，四个标签用于每一个文本框的说明，两个按钮用于计算和结束计算。适当调整它们的大小和位置。

（3）设置属性：按表 4.5 设置控件对象的属性。

表 4.5　上机练习 4 控件对象的属性设置

对象类型	对象名	属性名	属性值
窗体	Form1	Caption	求最大数和最小数
文本框	Text1	Text	空
	Text2	Text	空
	Text3	Text	空
	Text4	Text	空
标签	Label1	Caption	生成一组数据
	Label2	Caption	最大数是
	Label3	Caption	最小数是
	Label4	Caption	平均数是
命令按钮	Command1	Caption	开始
	Command2	Caption	结束

（4）编写程序代码，如下所示。

```
Private Sub Command1_Click()
    Dim i%, x%, max!, min!, ave!
    max = Int(Rnd * 90 + 10)  '生成第一个随机数
    min = max       '将此数设为最大、最小
    ave = max       '平均数也取此数的值
    Text1.Text = max        '将此数显示在文本框 Text1 中
    For i = 2 To 10
        x = Int(Rnd * 90 + 10)           '生成一个随机数
        Text1.Text = Text1.Text & " " & x
        ave = ave + x
        If x > max Then    '将此数与最大数进行比较，如果此数大于最大数，则修改最大数
            max = x
        ElseIf x < min Then    '将此数与最小数进行比较，如果此数小于最小数则修改最小数
            min = x
        End If
    Next i
    ave = ave / 10
    Text2.Text = max
    Text3.Text = min
    Text4.Text = ave
End Sub
Private Sub Command2_Click()
    End
End Sub
```

（5）保存文件。运行程序，运行结果如图 4.41 所示。

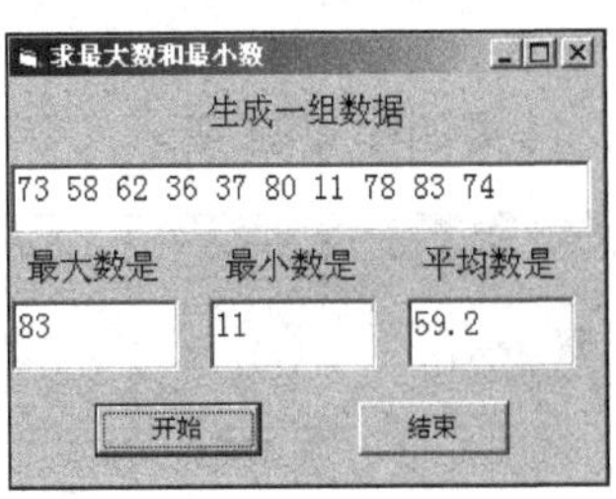

图 4.41　上机练习 4 的程序运行结果

5．求阶乘值不超过 32767 的数值 N 和 N 的阶乘。

步骤：

（1）新建一个“标准 EXE”工程，并在工程中添加一个窗体。

（2）添加两个文本框用于输入/输出数据，两个标签用于每一个文本框的说明，两个按钮用于计算和退出计算。适当调整它们的大小和位置。

（3）设置属性：按表 4.6 设置控件对象的属性。

表 4.6　上机练习 5 控件对象的属性设置

对象类型	对象名	属性名	属性值
窗体	Form1	Caption	Do 循环实例
文本框	Text1	Text	空
	Text2	Text	空
标签	Label1	Caption	N=
	Label2	Caption	N!=
命令按钮	Command1	Caption	计算
	Command2	Caption	退出

（4）编写程序代码，如下所示。

```
Private Sub Command1_Click()
    Dim s!, n%, i%
    s = 1
    n = 1
    Do
        n = n + 1
        s = s * n
    Loop While s < 32767
    Text1 = n - 1
    Text2 = s / n
End Sub
Private Sub Command2_Click()
    End
End Sub
```

（5）保存文件。运行程序，结果如图 4.42 所示。

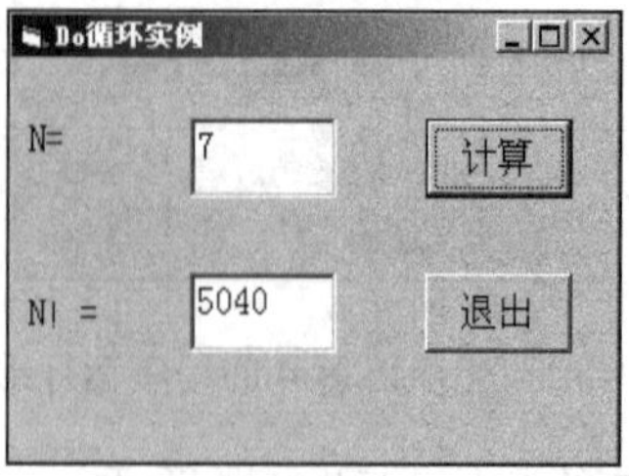

图 4.42　上机练习 5 的程序运行结果

课后习题

一、选择题

1．VB 提供了结构化程序设计的三种基本结构，分别是（　　）。

A．递归结构、选择结构、循环结构

B．过程结构、输入、输出结构、转向结构

C．选择结构、循环结构、顺序结构

D．选择结构、过程结构、顺序结构

2．下列赋值语句中，正确的是（　　）。

A．y = x + 30　　B．y = π*r*r　　C．3y = x　　D．x + y = 30

3．给 x，y，z 这 3 个变量赋初值 1，正确的赋值语句是（　　）。

A．x，y，z = 1　　B．x = 1：y = 1：z = 1

C．x = y = z = 1　　D．x = 1，y = 1，z = 1

4．设 a = 10，b = 5，c = 1，执行语句 Print　a > b > c 后，窗体上显示的是（　　）。

A．1　　B．True　　C．False　　D．出错信息

5．显示“请输入 vb 正整数”且标题为“应用示例 1”，输入框的内容默认为 1 的 inputbox 语句是（　　）。

A．A = inputbox("1", "应用示例 1", "请输入" &vbcrlf& "正整数")

B．A = inputbox("请输入"&"vb"&"正整数", "应用示例 1", "1")

C．A = inputbox("请输入正整数","1","应用示例 1")

D．A = inputbox("应用示例 1", "请输入" &vbcrlf& "正整数", "1")

6．　假设有如下窗体事件过程：

```
Private Sub Form_Click()
    a$ = "Microsoft Visual Basic"
    b$ = Right(a$, 5)
    c$ = Mid(a$, 1, 9)
    MsgBox a$, 34, b$, c$, 5
End Sub
```

程序运行后，单击窗体，弹出的信息框标题栏中显示的信息是（　　）。

A．5　　B．Microsoft

C．Microsoft Visual Basic　　D．Basic

7．在 MsgBox()函数中，必需的参数是（　　）。

A．title　　B．buttons　　C．prompt　　D．context

8．在窗体上画一个命令按钮和一个文本框，其名称分别为 Command1 和 Text1，把

文本框的 Text1 属性设置为空白，然后编写如下事件过程。

```
Private Sub Command1_Click()
    Dim a!, b
    a = InputBox("Enter an Integer")
    b = text1.Text
    text1.Text = b + a
End Sub
```

程序运行后，先在文本框中输入 456，然后单击命令按钮，在输入对话框中输入 123，单击“确定”按钮，则文本框中的内容是（　　）。

A．456　　B．456123　　C．123　　D．579

9．以下程序段中，可以实施 X、Y 变量变换的是（　　）。

A．Z = X : X = Y : Y = Z　　B．Z = X : Y = Z : X = Y

C．Z = X : W = Y : Y = Z : X = Y　　D．Y = X : X = Y

10．赋值语句 a = 123 + Mid ("123456",3,2)执行后，a 变量中的值是（　　）。

A．12334　　B．"12334"　　C．157　　D．123

11．执行以下语句，将显示（　　）。

```
Dim x As Integer
If x Then Print x Else Print x - 1
```

A．1　　B．-1　　C．不确定　　D．0

12．执行下列程序段，若输入 395，则输出结果是（　　）。

```
Private Sub Command1_Click()
    Dim x%
    x=InputBox("请输入一个 3 位整数")
    Print x Mod 10,x\100,(x Mod 100)\10
End Sub
```

A．5　9　3　　B．3　5　9　　C．5　3　9　　D．3　9　5

13．下列程序段的执行结果是（　　）。

```
X=5
Y=1
If Not X>0 Then X=Y-3 Else Y=X+3
Print X-Y;Y-X
```

A．-3 3　　B．5 -8　　C．3 -3　　D．25 -25

14．下列程序段的执行结果是（　　）。

```
X=Int(Rnd()+2)
Select Case X
    Case 5
```

```
        Print "优秀"
        Case 4
        Print "良好"
        Case 3
        Print "通过"
        Case Else
        Print "不通过"
    End Select
```

A. 优秀　　B. 良好　　C. 通过　　D. 不通过

15. 设 a＝5，b＝6，c＝7，d＝8，执行下列语句后，x 的值是（　　）。

```
x=IIF((a<b) And (d>c),10,20)
```

A. 10　　B. 20　　C. True　　D. False

16. 下列程序段的执行结果是（　　）。

```
A = "abcd"
B = "bcde"
E = Right(A, 3)
F = Mid(B, 2, 3)
If E < F Then Print E + F Else Print F + E
```

A. cdebcd　　B. cdcd　　C. bcdcde　　D. cdd

17. 在窗体上画一个命令按钮，名称为 Command1，然后编写以下程序。

```
Private Sub Command1_Click()
    For I = 1 To 4
        For J = 0 To I
            Print Chr$(65 + I);
        Next J
        Print
    Next I
End Sub
```

程序运行后，如果单击命令按钮，则在窗体上显示（　　）。

A. A	B. B	C. AA	D. BB
BB	CC	BBB	CCC
CCC	DDD	CCCC	DDDD
DDDD	EEEE	DDDDD	EEEEE

18. 在窗体上画一个名称为 Text1 的文本框和一个名称为 Command1 的命令按钮，然后编写如下事件过程。

```
Private Sub Command1_Click()
    Dim i As Integer,n As Integer
```

```
    For i=0 To 50
        i=i+3
        n=n+1
        If i>15 Then Exit For
    Next
    Text1.Text=Str(n)
End Sub
```

程序运行后，单击命令按钮，则文本框 Text1 中的内容是（　　）。

A．3　　B．4　　C．5　　D．2

19．设 X 初值为 0，则下列循环语句执行后，X 的值等于（　　）。

```
For i=1 To 10  Step 2
    X=X+i
Next  i
```

A．24　　B．36　　C．25　　D．27

20．下列程序段的执行结果是（　　）。

```
Private Sub Form_Click()
  num = 0
    Do While num <= 2
        num = num + 1
        Print num;
Loop
End Sub
```

A．1　　B．2　　C．3　　D．1　2　3

21．设有以下循环结构：

```
Do
    循环体
Loop While<条件>
```

则以下叙述中，错误的是（　　）。

A．如果“条件”总是为 True，则不停地执行循环体

B．循环体中可以使用 Exit Do 语句

C．若“条件”是一个为 0 的常数，则一次也不执行循环体

D．“条件”可以是关系表达式、逻辑表达式或常数

22．假设有以下循环结构：

```
Do Until 条件表达式
    循环体
Loop
```

则以下叙述中，正确的是（　　）。

A．如果“条件表达式”的值恒为 0，则无限次执行循环体

B．如果“条件表达式”的值为 0，则一次循环体也不执行

C．不论“条件表达式”的值是否为“真”，至少执行一次循环

D．如果“条件表达式”的值不为 0，则至少执行一次循环

23．下列程序段显示的“*”个数为（　　）。

```
For i=1 to 5
    For j=2 to 5
        Print "*"
    Next j
Next i
```

A．20　　B．10　　C．15　　D．25

24．要从 For…Next 循环中退出循环，应使用下列语句中的（　　）。

A．Exit For　　B．Exit　　C．Continue　　D．Stop

二、思考练习题

1．求 1～100 中 5 或 7 的倍数之和。请将结果输出到窗体上，并存入所给变量 sum 中。使用 While...Wend 语句完成程序。

2．求 3+6+9+12+15+18+…+300 的和，将计算结果存入变量 sum 中，并将结果输出到窗体上。

3．求 10～20 中所有素数的乘积并输出到窗体上，最后将结果存入变量 P 中。

课后习题答案

一、选择题

1	2	3	4	5	6	7	8	9	10
C	A	B	C	B	D	C	D	A	C
11	12	13	14	15	16	17	18	19	20
B	C	A	D	A	C	D	C	C	D
21	22	23	24						
C	D	A	A						

二、思考练习题

略。

第5章 数　组

本章要点

- 掌握数组的基本概念。
- 掌握静态数组的定义方法和应用。
- 掌握动态数组的定义方法和应用。
- 掌握控件数组的建立方法和应用。
- 掌握数组的典型应用。

前面使用的变量都是独立的简单变量，变量之间没有内在的联系。当处理的数据较少时，使用这些简单变量是可以的，可以为每一个数据设计一个变量，一个变量存储一个数据。然而，在实际应用中经常要处理同一性质的成批数据，只用简单变量就不够了，不仅不能反映出数据的特点，而且定义变量时不方便，更不能有效地进行处理。例如，为了存储一个班 30 名同学的成绩，只用简单变量，要逐一命名 30 个 Single 型变量 c1，c2，…，c30。但这里存在两个问题：一是定义烦琐，需要输入 30 个变量名，如果有 100 名学生或更多时怎么办呢？二是要对成绩进行处理，如排名次、统计各分数段的人数、计算平均成绩等，如果只使用简单变量，程序的编写会相当麻烦。

在程序设计语言中，为了解决类似这种需要有效使用变量的问题，引入了数组。

数组中各数据的排列存在一定规律，用下标表示数据在数组中的序号。

在 VB 中，使用数组来定义 100 个 Single 型变量的方法如下：

```
Dim c(1 To 100)  As Single
```

通过这样简短的方式就定义了 100 个 Single 型的变量，分别是 c(1)，c(2)，…，c(100)，这个 c 就是表示一组学生成绩的“数组”的名称，括号中的数字 1，2，…，100 称为下标。这里的 c(1)，c(2)，…，c(100)又称为数组元素，可以用来保存学生 1、学生 2、学生 3……学生 100 这 100 名学生的成绩。如果一个整型变量 i 有具体的值，c(i)就代表第 i 名同学的成绩。将数组与循环结合起来，就可以有效地处理大批量的数据，大大提高了处理效率，而且十分方便。

因为数组 c 只有一个下标，称之为一维数组。如果表示二维矩阵形式，可以定义如下形式的二维数组：

```
Dim  c1(1 To 30,1 To 10)  As Single
```

用这样一个二维数组可以保存 30 名选手的 10 个评委的成绩，而且与循环语句结合使用，就能很好地解决这样的实际问题。

把一组相互关系密切的数据放在一起并用一个统一的名称作为标志，这就是数组。数组中的变量用相同的名称和不同的下标表示，通过下标区分每个变量在数组中的位置。在程序中，使用数组的最大好处是可以用一个数组名代表逻辑上相关的一批数据，用下标表示该数组中的各个元素。在程序设计中，数组与循环语句结合使用，不但方便处理，而且程序书写简洁。

数组必须先定义后使用，数组定义后在内存可分配一块连续的区域。

（1）数组按维数可以分为一维数组和多维数组。

一维数组：用一个下标区分每个变量在数组中的位置。

多维数组：用多个下标区分每个变量在数组中的位置。最多可达 60 维，但维数越多越抽象，故一般不使用三维以上的数组。

（2）数组按定义时的大小确定与否又可分为静态数组和动态数组。

静态数组：又称为定长数组，数组元素的个数和数组的维数均固定不变。

动态数组：又称为可变长数组，数组元素的个数可在程序运行中根据需要进行调整。

数组元素的个数有时也称为数组的长度。

一般情况下，数组的元素类型必须相同，可以是前面讲过的各种基本数据类型。但当数组类型被指定为变体型时，它的各个元素可以是不同的类型。

数组和变量一样，也存在作用域。按作用域的不同可以把数组分为过程级数组（或称为局部数组）、模块级数组及全局数组。

5.1 一维数组

5.1.1 一维数组的定义

定义一维数组的格式如下。

格式 1：

```
说明符  数组名(下标上界)  [As 数据类型]
```

格式 2：

```
说明符  数组名(下界 To 上界)  [As 数据类型]
```

例如：

```
Dim a(5) As Integer
Dim b(1 To 5)
```

格式 1 默认下标下界为 0，建立了一个有六个整型元素的数组，数组名是 a，数组元素下标从 0 到 5 分别是 a(0)、a(1)、a(2)、a(3)、a(4)、a(5)。格式 2 用关键字 To 指定下界和上界，建立了一个有五个变体型元素的数组，数组名是 b，数组元素下标从 1 到 5，分别是 b(1)、b(2)、b(3)、b(4)、b(5)。

说明：

（1）“说明符”为保留字，可以为 Dim、Public、Private、Static 中的任意一个。在使用时可根据实际情况进行选用。VB 中，主要用 Dim 定义数组。

（2）“数据类型”用于说明“数组元素”的类型，可以是 Integer、Long、Single、Double、Currency 和 String（定长或变长）等基本类型或用户定义的类型，也可以是变体型。如果省略“As 数据类型”，则数组为变体型，此时数组中各元素可以包含不同类型的数据。可以通过类型说明符来指定数组的类型。

（3）数组的下界和类型是可选的。所谓下界和上界，就是数组下标的最小值和最大值。省略下界时，VB 默认的下界是 0，但通常人们习惯上从 1 开始，因此可以设置让数组的默认下界为 1，这需要在 VB 的窗体层或标准模块层用 Option Base n 语句重新设定数组的下界，如 Option Base 1。

注意：Option Base 语句不能出现在过程中，且 n 的值只能是 0 或 1。

（4）数组必须先定义后使用。

（5）数组名命名规则与变量名相同。

（6）在同一过程中，数组名不能与变量名相同。

（7）在定义数组时，每一维的元素个数必须是常数，不能是变量或表达式。引用的数组元素的下标可以是变量。

（8）在定义数组时，下界必须小于上界，并且上下界不得超过 Long 数据的范围。一维数组的大小为“上界-下界+1”。

5.1.2　一维数组的基本操作

1. 引用一维数组元素

数组元素的引用，其方法是在数组名后面的括号中指定被引用元素的下标，例如，有如下定义：

```
Dim a(5) As Integer
```

则在程序中就可以像使用简单变量那样使用数组 a 的元素，如 a(1)就是引用 a 数组中下标为 1 的数组元素。

说明：

（1）数组元素也称为下标变量。在程序中，凡是简单变量可以出现的地方都可以引用数组元素。

（2）引用数组元素时，数组名、数组的类型和维数必须与定义数组时保持一致。

（3）引用数组元素时，数组元素的下标必须在建立数组时指定的范围内，否则将触发“下标越界”错误。

2. 一维数组元素赋值的方法

给一维数组元素赋值，可以根据具体情况使用如下方法。

方法 1：直接用赋值语句对数组元素逐个赋值。例如：

```
Dim a(5) As Integer
a(0)=0: a(1)=1: a(2)=2: a(3)=3: a(4)=4: a(5)=5
```

方法 2：通过循环语句给数组元素赋初值。例如：

```
Dim a(5) As Integer
```

```
For i = 0 To 5
   a(i) = i
Next
```

方法 3：用 InputBox()函数给数组元素赋值。例如：

```
Dim a(5) As Integer
For i = 0 To 5
   a(i) = Val(InputBox("输入元素" & "a(" & i & ")的值"))
Next
```

说明：这里使用 Val()函数是防止误输入不合法数据时，出现“类型不匹配”实时错误。另外，为了便于输入和编辑数据，尤其是大量的数据输入，一般不用 InputBox()函数，而是用文本框技术处理。

方法 4：使用数组直接赋值。在 VB 6.0 中可以直接将一个数组的值赋值给另一个数组。例如，下面的代码中，给数组 a 中每个元素赋值后，直接将数组 a 赋给动态数组 b。

```
Private Sub Command1_Click()
   Dim a(3) As Integer        '定义静态数组 a
   Dim b() As Integer         '定义动态数组 b
   a(0) = 0: a(1) = 1: a(2) = 2: a(3) = 3
   b = a                      '直接将数组 a 赋给数组 b
   For i = 0 To 3
      Print b(i);
   Next i
End Sub
```

程序运行结果如下。

```
0  1  2  3
```

说明：

（1）使用数组直接赋值，赋值号两边的数据类型必须保持一致。

（2）如果赋值号左边是一个动态数组，则赋值时系统自动将动态数组变成与右边相同大小的数组。

（3）如果赋值号左边是一个大小固定的数组，则数组赋值会出错。

方法 5：使用 Array()函数赋值。

格式：

```
数组变量名=Array(数组元素值)
```

说明：只能对变体型变量和动态数组赋值。“数组变量名”是预先定义的数组名，但它只能是变体型。Array()函数对数组整体赋值，赋值后的数组大小由赋值的个数决定。

例如，要将1、2、3、4、5、6赋给数组a，可使用以下两种赋值方法实现。

```
Dim a()                                    '声明变体型动态数组a
a = Array(1, 2, 3, 4, 5, 6)
```

或者

```
Dim a                                      '声明变体型变量a
a = Array(1, 2, 3, 4, 5, 6)
```

3. 获取数组上、下界函数UBound()和LBound()

用UBound()和LBound()函数可以获得数组的上、下界，格式如下：

```
UBound(数组名[,维])          '获取数组上界
LBound(数组名[,维])          '获取数组下界
```

说明：数组名是必须有的；参数“维”可以省略，省略时表示返回第一维的值，如果测试多维数组，则“维”不能省略。

例如，在窗体上添加一个命令按钮，在按钮单击事件中添加如下代码：

```
Private Sub Command1_Click()
    Dim a(5) As Integer, b(2, 1 To 5) As Integer
    Dim a1%, a2%, b1%, b2%, b3%, b4%
    a1 = LBound(a)              '一维数组a的下界值
    a2 = UBound(a)              '一维数组a的上界值
    b1 = LBound(b, 1)           '二维数组b的一维下界值
    b2 = UBound(b, 1)           '二维数组b的一维上界值
    b3 = LBound(b, 2)           '二维数组b的二维下界值
    b4 = UBound(b, 2)           '二维数组b的二维上界值
    Print "一维数组a的下界值："; a1, "上界值："; a2
    Print "二维数组b的一维下界值："; b1, "上界值："; b2
    Print "二维数组b的二维下界值："; b3, "上界值："; b4
End Sub
```

则程序运行后，单击命令按钮显示如下结果。

```
一维数组a的下界值：0          上界值：5
二维数组b的一维下界值：0      上界值：2
二维数组b的二维下界值：1      上界值：5
```

【例5.1】 对10个数组元素依次赋值0,1,2,3,4,5,6,7,8,9，并按逆序输出。

分析：由于指定的值是整数0～9，与有10个元素的数组的下标相同，这样就可以定义一个长度为10的整型数组，数组中的每个元素的赋值与其下标相同，用循环语句来赋值。逆序输出时同样使用循环语句，按下标从大到小的顺序输出这10个元素。

步骤：

（1）新建一个“标准 EXE”工程。

（2）设计界面。在窗体上添加一个命令按钮，设置其 Caption 属性为“运行”。

（3）添加代码。在“运行”按钮的单击事件中添加如下代码。

```
Private Sub Command1_Click()
    Dim i As Integer
    Dim a(9) As Integer
    Print "a 数组元素为："
    For i = 0 To 9
        a(i) = i
        Print a(i); Spc(2);
    Next i
    Print vbCrLf & "逆序输出为：" & vbCrLf
    For i = 9 To 0 Step -1
        Print a(i); Spc(2);
    Next i
End Sub
```

【例 5.2】 求 Fibonacci 数列的前 20 个数，要求每行输出五个数据。Fibonacci 数列有如下特点：第 1、2 个数为 1、1。从第 3 个数开始，该数是其前面两个数之和。

分析： 显然首先要定义一个长度为 20 的数组，由于赋给的值是整数，因此数组可定义为整型，要赋的值有一定的规律，从第 3 个数开始，按 f(i)=f(i−1)+f(i−2)计算其余的数。

步骤：

（1）新建一个“标准 EXE”工程。

（2）设计界面。在窗体上添加一个命令按钮，设置其 Caption 属性为“运行”。

（3）添加代码。在“运行”按钮的单击事件中添加如下代码。

```
Private Sub Command1_Click()
    Dim i As Integer
    Dim f(19) As Integer
    f(0) = 1: f(1) = 1
    For i = 2 To 19
        f(i) = f(i - 1) + f(i - 2)
    Next i
    Print "Fibonacci 数列的前 20 个数为："
    For i = 0 To 19
        If i Mod 5 = 0 Then Print  '每行打印 5 个
        Print f(i),
```

```
    Next i
End Sub
```

【例 5.3】　统计一个班 30 名同学某科成绩在 0～9、10～19、…、90～99、100 各分数段的人数。

分析：首先定义两个一维数组，一个用于统计各个分数段的人数，下标为 0～10，分别对应每个分数段；另一个数组用于保存 30 个成绩，下标为 1～30，而数据输入方式，由于数据较多，为了使用方便，可以使用随机函数自动生成 30 个 0～100 的数。为了保证每次运行产生不同序列的随机数，须使用 Randomize 进行初始化。

另外，进行统计时，使用了一个技巧：通过 s(k) = s(k) + 1 来计数，其中 k 是每个成绩除 10 后的整数，这样就可以将 30 个成绩分布于 0～10，并作为数组的下标，分别用于统计各分数段的人数。

步骤：

（1）新建一个“标准 EXE”工程。

（2）设计界面。在窗体上添加一个命令按钮，设置其 Caption 属性为“统计”。

（3）添加代码。在“统计”按钮的单击事件中添加代码。程序代码如下。

```
Private Sub Command1_Click()
    Dim score(1 To 30) As Single       '保存成绩
    Dim s(10) As Integer               '保存各分数段人数，默认下标为 0
    Dim i As Integer, k As Integer
    For i = 0 To 10
        s(i) = 0                       '将数组元素赋初值 0
    Next
    Randomize              '为了每次运行产生不同序列的随机数，须进行初始化
    Print "通过随机数产生 30 个 0～100 的成绩如下："
    For i = 1 To 30
        score(i) = Int(Rnd * 101)      '通过随机数产生 0～100 的成绩
        Print score(i),
        If i Mod 5 = 0 Then Print      '每行打印 5 个成绩
        k = score(i) \ 10 '注意：使用的是整除运算符\，也可以使用除法运算符/
        s(k) = s(k) + 1   '按分数段计数
    Next
    Print vbCrLf & "各分数段人数如下："
    For i = 0 To 10
        Print "s("; i; ")="; s(i)
    Next
End Sub
```

程序运行结果如图 5.1 所示。

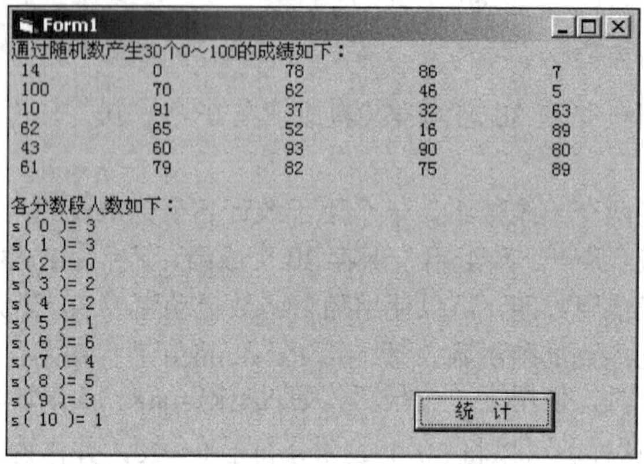

图 5.1　例 5.3 的程序运行结果

【例 5.4】　输入一串字符，统计各字母出现的次数，字母大小写不区分。

分析：

（1）要统计 26 个字母出现的次数，需要 26 个变量用于统计每个字母出现的次数，这样就需要定义一个具有 26 个元素的数组，每个元素的下标表示对应的字母，元素的值表示对应字母出现的次数。

（2）从输入的字符串中逐一取出字符，如果是字母，就转换为大写字母（或小写字母）。

步骤：

（1）新建一个“标准 EXE”工程。

（2）设计界面。窗体包含两个标签、两个文本框和一个命令按钮。窗体控件属性设置如表 5.1 所示。

表 5.1　例 5.4 的窗体控件属性设置

控件名	属性名	属性值
Form1	Caption	统计字母
Text1	Text	Hello,How are you?,Bye
	Multiline	True
Text2	Text	空白
	Multiline	True
Label1	Caption	输入字符串
Label2	Caption	统计结果
Command1	Caption	统计

（3）添加代码。在“统计”按钮的单击事件中添加代码，程序代码如下。

```
Private Sub Command1_Click()
```

```
    Dim a(1 To 26) As Integer, c As String * 1
    Dim i%, j%, k%
    k = Len(Text1)                      '求字符串的长度
    For i = 1 To k
        c = UCase(Mid(Text1.Text, i, 1))  '取一个字符，转换为大写形式
        If c >= "A" And c <= "Z" Then
            j = Asc(c) - 65 + 1         '将 A～Z 大写字母转换为 1～26 的下标
            a(j) = a(j) + 1             '对应数组元素加 1
        End If
    Next i
    For j = 1 To 26                     '输出字母及其出现的次数
        If a(j) > 0 Then
            Text2.Text = Text2.Text & " " & Chr$(j + 64) & "=" & a(j)
        End If
    Next j

End Sub
```

程序运行结果如图 5.2 所示。

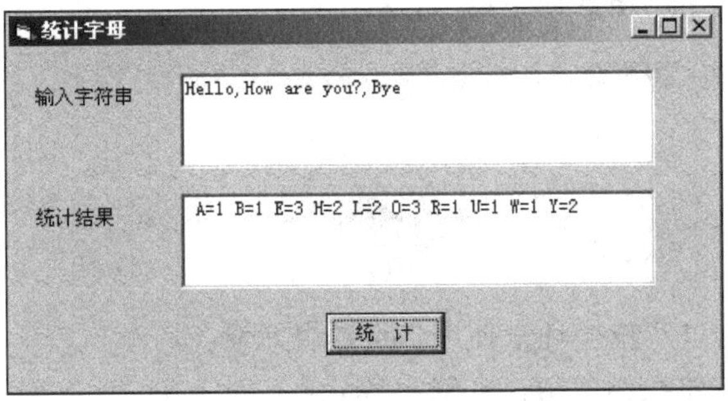

图 5.2　例 5.4 的程序运行结果

5.2　二维数组

5.2.1　二维数组的定义

具有两个下标的数组是二维数组。通常用于处理表格和数学中的矩阵等问题。二维数组及多维数组的定义格式与一维数组基本上是一致的，只是多了几个上界和下界。

二维数组的定义格式如下：

```
Dim 数组名([<下界>] To <上界>, [<下界> To ]<上界>) [As <数据类型>]
```

其中的参数说明与一维数组完全相同。例如：

```
Dim a(2,3)  As  Single
```

上面语句定义 a 是一个二维数组，共占据 12 个 Single 型变量空间，每一维元素都按照从索引 0 到该维的最大索引的顺序连续排列。每一维的大小是“上界-下界+1”，数组的大小是每一维大小的乘积。

计算二维数组上、下界的值使用 UBound()和 LBound()函数，如：

```
Dim b(2, 1 To 5) As Integer
b1 = LBound(b, 1)           '二维数组 b 的一维下界值
b2 = UBound(b, 1)           '二维数组 b 的一维上界值
b3 = LBound(b, 2)           '二维数组 b 的二维下界值
b4 = UBound(b, 2)           '二维数组 b 的二维上界值
Print b1; b2; b3; b4
```

程序运行结果如下。

```
0  2  1  5
```

5.2.2 二维数组的使用

二维数组元素的引用格式如下：

```
数组名(下标 1，下标 2)
```

例如：

```
a(1,2)=10
a(i+2,j)=a(2,3)*2
```

在程序中常常通过双重循环来使用二维数组元素。

【例 5.5】 为二维数组赋值，并输出各元素。

程序代码如下：

```
Private Sub Form_Click()
    Dim a(2, 3) As String
    For i = 0 To 2
      For j = 0 To 3
        a(i, j) = InputBox("输入数据 a(" & i & "," & j & ")", "二维数组输入")
        Print "a(" & i & "," & j & ")="; a(i, j); Spc(2);
      Next j
      Print
    Next i
End Sub
```

为数组各元素赋值，程序运行结果如图 5.3 所示。

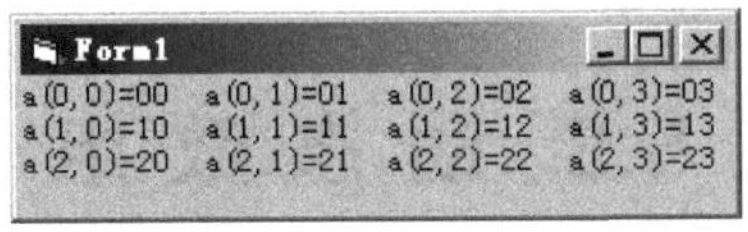

图 5.3　例 5.5 的程序运行结果

【例 5.6】　设计程序，将四名学生三门课程的考试成绩（均为整数）存放在四行三列的数组 score(4,3)中，并计算每名学生的总分。

程序代码如下：

```
Option Base 1
Private Sub Form_Click()
    Dim sum As Integer
    Dim score(4, 3) As Integer
    Print Tab(8); "语文"; Tab(16); "数学"; Tab(24); "英语"
    For i = 1 To 4
        For j = 1 To 3
            score(i, j) = Val(InputBox("输入score(" & i & "," & j & ")"))
            Print Tab(8 * j); score(i, j);
        Next j
    Next i
    For i = 1 To 4
        sum = 0
        For j = 1 To 3
            sum = sum + score(i, j)
        Next j
        Print
        Print "第" & i & "个学生的总分是："; sum
    Next i
End Sub
```

输入学生的各科成绩，程序运行结果如图 5.4 所示。

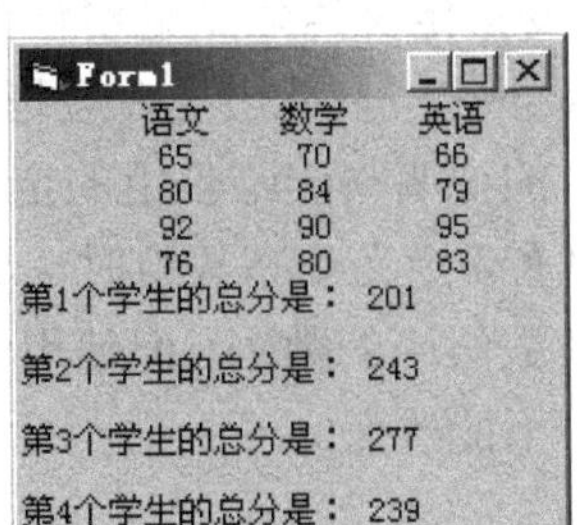

图 5.4　例 5.6 的程序运行结果

5.3 动 态 数 组

5.3.1 动态数组的定义

前面使用的数组都是静态数组，但有时并不知道需要定义多大的数组才合适，所以希望能够在程序运行时改变数组大小，这时可以定义动态数组。

动态数组定义时并不给出数组的大小（省略括号中的下标），当要使用它时，用ReDim语句重新指定数组的大小。使用动态数组的优点是根据用户需要，可以在任何时候改变元素个数，以有效管理内存。动态数组在程序执行到 ReDim 语句时才分配内存空间，而静态数组是在程序编译时分配内存空间。在 VB 中，动态数组灵活方便，如可短时间使用一个大数组，然后在不需要这个数组时，将内存空间释放给系统。

创建动态数组包括定义数组和指明数组大小两个步骤。

（1）使用 Dim、Private 或 Public 语句定义括号内为空的数组，即动态数组。

格式：

```
Dim|Private|Public  数组名()[As 数据类型]
```

例如：

```
Dim Arr() As Integer
```

（2）用 ReDim 语句指明该数组的大小。

格式：

```
ReDim [Preserve] 数组名(下标1[, 下标2…])
```

具体说明如下：

（1）ReDim 语句用于改变元素个数以及上、下界，数组的维数也可以改变，但数据类型不可改变，除非动态数组被定义为变体型。在一个程序中，可以多次使用 ReDim 语句来改变数组的大小和维数。

（2）Dim、Private、Public 变量定义语句是说明性语句，可出现在过程中或通用声明段；ReDim 语句是一个可执行语句，只能出现在过程中。

（3）“数组名”“数据类型”的说明与一维数组的定义相同。

（4）每次使用 ReDim 语句重新定义动态数组时，数组中的内容将被清除，可以在 ReDim 后加 Preserve 参数来保留数组中的数据。但使用 Preserve 后只能改变多维数组中最后一维的大小，前几维的大小不能改变。

【例 5.7】 动态数组的赋值。

程序代码如下：

```
Private Sub Form_Click()
```

```
    Dim i%
    Dim a%()                    '定义一个动态数组
    ReDim a(3)                  '给动态数组分配内存空间
    Print "第一次定义的数组："
    For i = 0 To 3
       a(i) = i
       Print "a(" & i & ")="; a(i)
    Next i
    Print
    Print "重新定义的数组："
    ReDim Preserve a(4)    '再次给动态数组分配内存空间，并保留之前数组内的值
    a(4) = 4
    For i = 0 To 4
       Print "a(" & i & ")="; a(i)
    Next i
End Sub
```

程序运行结果如图 5.5 所示。

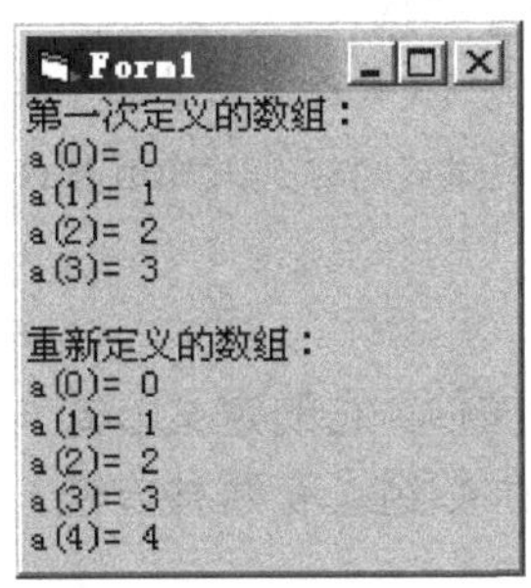

图 5.5　例 5.7 的程序运行结果

5.3.2　数组的清除

静态数组定义后不能改变大小，但可以使用 Erase 语句清除数组内容，使用 Erase 语句也可以释放动态数组的内存空间。

格式：

```
Erase 数组名[，数组名] …
```

说明：

（1）对于静态数组，如果数组为数值型，则将数组中的所有元素置为 0；如果数组为字符串型，则将所有元素置为空字符串；如果数组为变体型，则将数组元素置为Empty。

（2）对于动态数组，Erase 将释放动态数组占用的内存空间，即动态数组将被清除，下次使用之前必须使用 ReDim 语句重新定义。

5.4 控件数组

控件数组为人们处理功能相近的控件提供了极大的方便。

5.4.1 控件数组的定义

在实际应用中，有时会用到一些类型相同且功能类似的控件。如果对每一个控件都单独处理，就会多做许多重复的工作。这时，可以用控件数组来简化程序。控件数组是一组具有相同名称、类型和事件过程的控件，如 Label1(0)、Label1(1)、Label1(2)等。控件数组中各个控件相当于普通数组中的各个元素，同一控件数组中各个控件的 Index 属性相当于普通数组中的下标。

控件数组共享同样的事件过程，通过返回的下标值区分控件数组中的各个元素。控件数组具有以下特点。

（1）具有相同的控件名称（即 Name 属性）。

（2）控件数组中的控件具有相同的一般属性。

（3）所有控件共用相同的事件过程。

（4）以下标索引值（Index）来标识各个控件，第 1 个控件的下标索引号为 0，第 2 个控件的下标索引号为 1，以此类推，不受 Option Base 语句的影响。

5.4.2 控件数组的建立

控件数组中每一个元素都是控件，它的定义方式与普通数组不同。建立控件数组有两种方法：可以在设计时创建控件数组（有两种方法）和在运行时创建控件数组。下面分别进行介绍。

1. 在设计时创建控件数组

方法 1：复制已有的控件并将其粘贴到窗体上。此时，系统会弹出一个消息框，提示已经有相同名称的控件，问是否创建控件数组，选择“是”，即可建立一个控件数组。之后多次粘贴就可以创建多个控件元素。

方法 2：将窗体上已有的类型相同的多个控件的 Name 属性设置为相同的值。系统会弹出一个消息框提示已经有相同名称的控件，问是否创建控件数组，此时选择“是”，即可创建一个控件数组。

2. 在运行时创建控件数组

（1）在窗体上先添加一个控件，并设置该控件的 Index 值为 0，表示该控件为数组；如需要，也可以对控件的其他属性进行设置。

（2）在编程时通过 Load 方法添加其余若干个元素，也可以通过 Unload 删除某个添加的元素。

（3）通过对添加的每个控件数组元素的 Left 和 Top 属性进行设置，来确定该控件元素在窗体上的位置，并将 Visible 设置为 True。

5.4.3 控件数组的应用举例

建立控件数组之后，控件数组中所有控件共享同一事件过程。例如，假设某个控件数组含有 10 个按钮，则不管单击哪个按钮，系统都会调用同一个 Click 过程，并且会将被单击的按钮的 Index 属性值传递给过程，由事件过程根据不同的 Index 值执行不同的操作。

【例 5.8】 建立含有四个命令按钮的控件数组，单击某个按钮时，显示所操作的按钮名称。

步骤：

（1）新建一个“标准 EXE”工程。

（2）设计界面。窗体包含一个由四个命令按钮组成的控件数组。窗体控件属性设置如表 5.2 所示。

表 5.2 例 5.8 的窗体控件属性设置

控件名	属性名	属性值
Form1	Caption	设计时建立控件数组示例
Command1	Caption	按钮 1
	Index	0
Command1	Caption	按钮 2
	Index	1
Command1	Caption	按钮 3
	Index	2
Command1	Caption	退出
	Index	3

（3）添加代码。程序代码如下。

```
Private Sub Command1_Click(Index As Integer)
    Form1.FontSize = 12
    Select Case Index
        Case 0
            Print "选择了按钮 1"
        Case 1
            Print "选择了按钮 2"
        Case 2
            Print "选择了按钮 3"
```

```
        Case 3
            End
    End Select
End Sub
```

程序运行结果如图 5.6 所示。

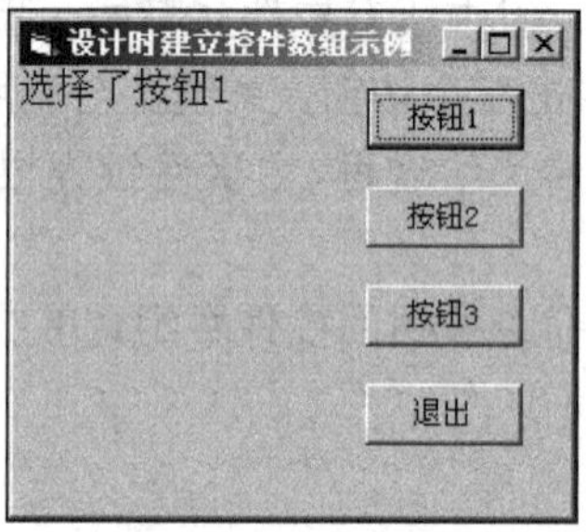

图 5.6　例 5.8 的程序运行结果

程序运行时，无论单击哪一个按钮，都会调用 Command1_Click 事件，但因为按钮的 Index 属性值不同，显示的内容也有所不同。

5.5　综 合 应 用

【例 5.9】　求最大值（最小值）问题。

分析：为了让程序能对任意个数据进行处理，定义一个动态数组，然后在程序运行时，根据给定的数据个数，重新定义数组。

若想找出数组中的最大值，可采用打擂台的方式：假设第 1 个数为最大数，并存储在变量 max 中，然后利用循环将后面的数依次与 max 进行比较，若遇到大于 max 的数，则让 max 存储该数，循环结束后，max 中存储的数一定是最大值。求最小值的方法与求最大值类似。本例中假设输入的是整数。

步骤：

（1）新建一个“标准 EXE”工程。

（2）设计界面。在窗体上添加一个命令按钮，设置其 Caption 属性为“最大最小值”。

（3）添加代码。在“最大最小值”按钮的单击事件中添加如下代码。

```
Private Sub Command1_Click()
    Dim score%(), n%, max%, min%, i%
    n = Val(InputBox("请输入数据个数："))
    ReDim score(1 To n)
    For i = 1 To n
        score(i) = Val(InputBox("请输入第" & i & "个数据："))
```

```
        Next i
        max = score(1)
        min = score(1)
        For i = 2 To n
            If max < score(i) Then max = score(i)
            If min > score(i) Then min = score(i)
        Next i
        Print "输入的" & n & "个数据是："
        For i = 1 To n
            Print score(i);
        Next i
        Print
        Print "最大值 max="; max
        Print "最小值 min="; min
    End Sub
```

程序运行结果如图 5.7 所示。

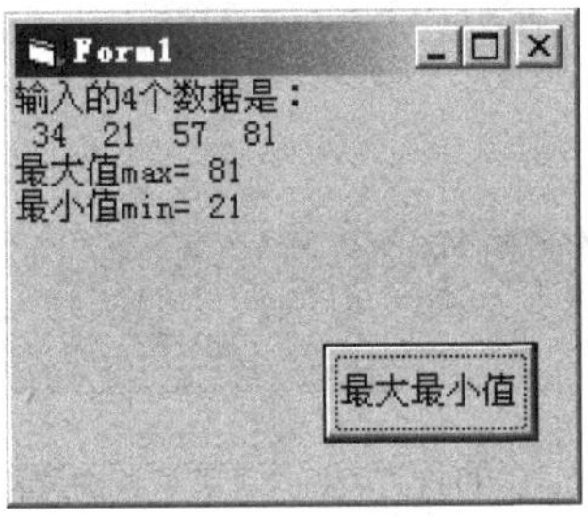

图 5.7　例 5.9 的程序运行结果

【例 5.10】　编写一个程序，利用随机函数生成 10 个 10～100 的整数，将这 10 个数按从小到大的顺序输出。

分析：这是一个排序问题。排序的方法很多，这里介绍两种比较常用的排序方法。

（1）冒泡排序法。冒泡排序法是将相邻的两个数进行比较，若为逆序，则将两个数据交换。小的数据就好像水中的气泡逐渐向上漂浮，大的数据就好像石块逐渐往下沉。

程序代码如下：

```
    Private Sub Form_Click()
        Dim a%(1 To 10), i%, j%, t%
        Randomize
        For i = 1 To 10
            a(i) = Int(Rnd * 90 + 10)
        Next i
        Print "要排序的数组是：";
```

```
    For i = 1 To 10
        Print a(i);
    Next i
    Print
    For i = 1 To 9
        For j = 1 To 10 - i
            If a(j) > a(j + 1) Then
                t = a(j)
                a(j) = a(j + 1)
                a(j + 1) = t
            End If
        Next j
    Next i
    Print "排序后的数组是:";
    For i = 1 To 10
        Print a(i);
    Next i
End Sub
```

程序运行结果如图 5.8 所示。

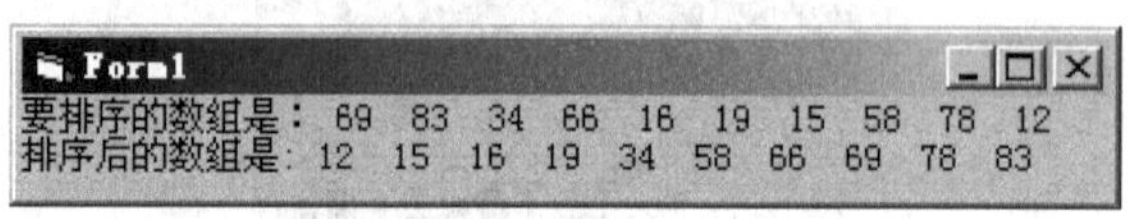

图 5.8　例 5.10 的程序运行结果（采用冒泡排序法）

（2）选择排序法。选择排序法的思路是从 10 个数据中找出最小数与第 1 个元素值交换，然后在后 9 个数据中再找出最小数与第 2 个元素值交换，以此类推，在最后两个数据中找出最小数与第 9 个元素值交换。即每比较一次，找出一个未排序数中的最小值。共比较 9 轮。程序代码如下。

```
Private Sub Form_Click()
    Dim a%(1 To 10), i%, j%, t%
    Randomize
    For i = 1 To 10
        a(i) = Int(Rnd * 90 + 10)
    Next i
    Print "要排序的数组是：";
    For i = 1 To 10
        Print a(i);
    Next i
    Print
```

```
    For i = 1 To 9
        For j = i + 1 To 10
            If a(j) < a(i) Then
                t = a(i)
                a(i) = a(j)
                a(j) = t
            End If
        Next j
    Next i
    Print "排序后的数组是:";
    For i = 1 To 10
        Print a(i);
    Next i
End Sub
```

程序运行结果如图 5.9 所示。

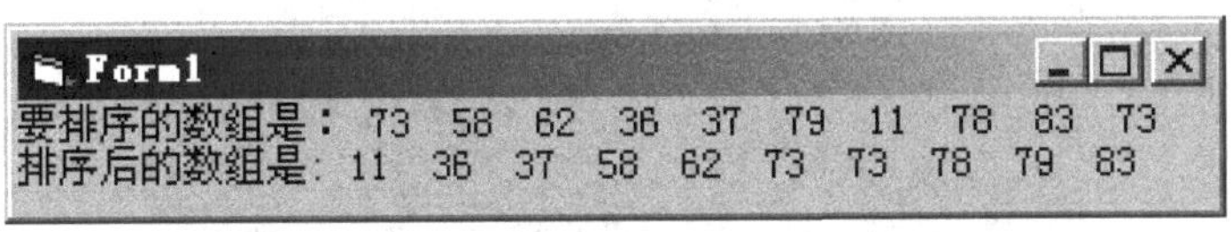

图 5.9　例 5.10 的程序运行结果（采用选择排序法）

思考：如果将数组降序排列，如何修改程序？

上 机 练 习

1．定义一个含有五个元素的数组 A，用 InputBox()函数为数组元素输入下列值：5、8、29、15、-7，然后将数组元素值输出到窗体上。

2．编写一个程序，打印四名学生英语、数学、法律三门课的考试成绩，并计算每人的平均成绩。

3．控件数组的使用。

步骤：

（1）新建一个“标准 EXE”工程。

（2）设计界面。窗体包含标签控件数组（共 16 个标签）和命令按钮控件数组（共四个命令按钮）。窗体控件属性设置如表 5.3 所示，控件数组-窗体设计如图 5.10 所示。

表 5.3　窗体控件属性设置

控件名	属性名	属性值
Command1	Caption	记事本
	Index	0
Command1	Caption	画图
	Index	1
Command1	Caption	写字板
	Index	2
Command1	Caption	计算器
	Index	3
Label1	Caption	空白
	Index	0～15

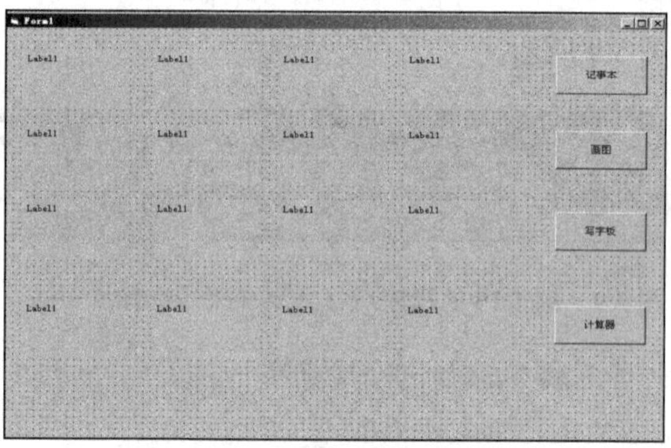

图 5.10　控件数组-窗体设计

（3）添加代码。在命令按钮的单击事件中添加如下代码。

```
Private Sub Command1_Click(Index As Integer)
    Select Case Index
        Case 0
            Shell "notepad", 1
        Case 1
            Shell "mspaint", 1
        Case 2
            Shell "write", 1
        Case 3
            Shell "calc", 1
    End Select
End Sub

Private Sub Form_Load()
```

```
        Dim m%
        For m = 0 To 15
            Label1(m).Caption = ""
            Label1(m).BackColor = QBColor(m)
        Next m
    End Sub
```

（4）保存工程。

（5）运行工程，单击“记事本”按钮，打开记事本应用程序；单击“画图”按钮，打开画图应用程序；单击“写字板”按钮，打开写字板应用程序；单击“计算器”按钮，打开计算器应用程序。控件数组-运行结果如图5.11所示。

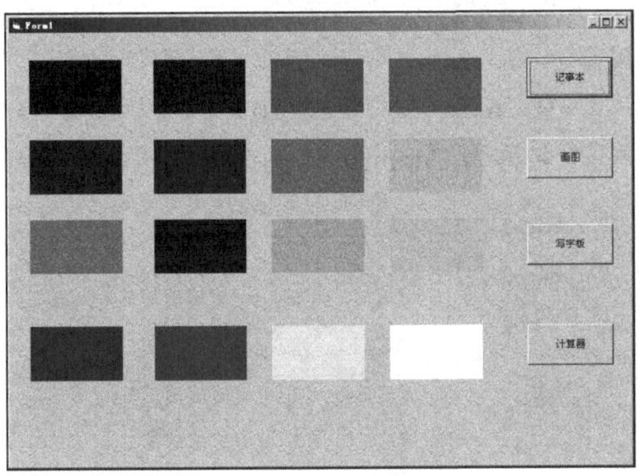

图5.11　控件数组-运行结果

课 后 习 题

一、选择题

1．窗体通用部分的语句“Option Base 1”，决定本窗体中数组下界，则下列叙述中，正确的是（　　）。

A．下界必须为0　　　　B．缺省的下界为0

C．缺省的下界为1　　　　D．下界必须为1

2．假设定义了一个数组arr(1 To 5, 1 To 10)，则UBound(arr, 2)的值是（　　）。

A．10　　B．15　　C．5　　D．1

3．Dim　ww(−1 To 2, −2 To 1)所定义的数组元素个数是（　　）。

A．9　　B．16　　C．4　　D．12

4．用Dim(1, 3 To 7, 10)声明的数组维数是（　　）。

A．1　　B．4　　C．2　　D．3

5．在窗体上添加一个命令按钮（其 Caption 属性为 Command1），然后编写如下代码：

```
Option Base 1
Private Sub Command1_Click()
    Dim a(100) As Integer
    Dim i As Integer, j As Integer
    For i = 1 To 10
        j = i * i
        a(j) = j
    Next i
    Print a(36);
End Sub
```

程序运行后，输出结果是（　　）。

A．36　　B．6　　C.0　　D．出错信息

6．在窗体上添加一个名称为 Command1 的命令按钮，然后编写如下事件过程：

```
Private Sub Command1_Click()
    Dim a(8) As Integer
    Dim i As Integer
    Const p = 3
    For i = 0 To 8
        a(i) = 8 - i
    Next i
    Print a(p + a(p))
End Sub
```

程序运行后，单击命令按钮，输出结果是（　　）。

A．0　　B．5　　C．8　　D．3

7．假设有以下程序段：

```
Option Base 1
Private Sub Form_Click()
    Dim arr, Sum
    Dim i As Integer
    Sum = 0
    arr = Array(1, 3, 5, 7, 9, 11, 13, 15, 17, 19)
    For i = 1 To 10
        If arr(i) / 3 = arr(i) \ 3 Then
            Sum = Sum + arr(i)
        End If
    Next i
```

```
    Print Sum
End Sub
```

则程序运行结果是（　　）。

A. 28　　B. 27　　C. 26　　D. 25

8. 下列程序运行后，输出结果是（　　）。

```
Private Sub Command1_Click()
    Dim a(10)
    Dim i As Integer
    For i = 1 To 10
        a(i) = i ^ 2
    Next i
    Print a(i - 1)
End Sub
```

A. 99　　B. 101　　C. 100　　D. 98

9. 下列程序的执行结果是（　　）。

```
Private Sub Form_Click()
    Dim a(5)
    For i = 1 To 5
        a(i) = i + 2
    Next i
    Print a(4)
End Sub
```

A. 6　　B. 8　　C. 2　　D. 24

10. 下列程序的输出结果是（　　）。

```
Dim ww()
Private Sub Command1_Click()
    Const tt = 6
    ReDim ww(tt) As Integer
    For i = 1 To tt
        ww(i) = i * i
    Next i
    Print ww(i)
End Sub
```

A. 49　　B. 36　　C. 出错　　D. 12

11．窗体上有 Command1、Command2 两个命令按钮。现编写以下程序：

```
Option Base 0
Dim a() As Integer, m As Integer
Private Sub Command1_Click()
    m=InputBox("请输入一个正整数")
    ReDim a(m)
End Sub
Private Sub Command2_Click()
    m=InputBox("请输入一个正整数")
    ReDim a(m)
End Sub
```

运行程序时，先单击 Command1 输入整数 10，再单击 Command2 输入整数 5，则数组 a 中的元素个数是（　　）。

A．5　　B．10　　C．6　　D．11

12．可用于清除数组内容的语句是（　　）。

A．Unload　　B．Erase　　C．Cls　　D．Preserve

13．下列语句中，可以为动态数组分配实际元素个数的是（　　）。

A．Static 语句　　B．Public 语句　　C．Dim 语句　　D．ReDim 语句

14．下列关于 ReDim 语句的说法中，正确的是（　　）。

A．可以用 ReDim 语句改变数组的数据类型和数组的维数

B．可以用 ReDim 语句改变数组元素的个数

C．可以用 ReDim 语句改变数组的数据类型

D．在一个程序中，只能使用一次 ReDim 语句来定义同一数组

15．下列关于控件数组的说法中，正确的是（　　）。

A．同一控件数组中的每个元素的所有属性值都是一样的

B．同一控件数组中的元素可以是不同类型的控件

C．控件数组的定义与普通数组的定义是一样的

D．同一控件数组必须由同类型的控件组成

16．在窗体上建立一个命令按钮控件数组，其名称为 ComTest，则在编写该控件数组的单击事件过程时，区别各命令按钮使用的参数是（　　）。

A．Caption　　B．ComTest　　C．Name　　D．Index

17．假定通过复制、粘贴操作建立了一个命令按钮数组 Command1，则以下说法中错误的是（　　）。

A．数组中每个命令按钮的 Index 属性值都相同

B．数组中每个命令按钮的名称（Name 属性）均为 Command1

C．若未作修改，数组中每个命令按钮的大小都一样

D．数组中各个命令按钮使用同一个单击事件过程

二、思考练习题

1. 编写程序，统计一个班级 30 名学生不及格、及格、中、良和优各分数段的人数。
2. 编写程序，实现在排序后的数据中插入一个数。

课后习题答案

一、选择题

1	2	3	4	5	6	7	8	9	10
C	A	B	D	A	A	B	C	A	C
11	12	13	14	15	16	17			
C	B	D	B	D	D	A			

二、思考练习题

略。

第 6 章

常 用 控 件

本章要点

- 熟练掌握各种常用控件的主要属性、方法和事件。
- 掌握各种常用控件的用法，并能利用其完成应用程序界面的设计。
- 能使用各种控件对象完成系统界面及应用功能的设计。
- 了解 ActiveX 控件的基本用法。

VB 通过工具箱提供的与用户交互的可视化部件称为控件，控件是构成用户界面的基本元素。在窗体中使用控件可以方便地获取用户的输入，或者显示程序的输出。因此，只有熟练地掌握控件的属性、事件和方法，才能编写和开发出具有实用价值的应用程序。在本书第 2 章中已经介绍了文本框、标签和命令按钮这三个最基本的标准控件，本章将继续介绍其他常用标准控件：图片框、单选按钮、复选框、框架、列表框、组合框、时钟、滚动条及 ActiveX 控件。

6.1　控件的分类及其通用属性

控件的使用与窗体类似，其命名规则与属性分类与窗体相同，大多数控件的属性、方法和事件也与窗体一致。

6.1.1　控件的分类

VB 控件分为三种：标准控件、ActiveX 控件和可插入对象。

1. 标准控件

标准控件又称为内部控件，是 VB 系统内置的控件，这些控件总是显示在工具箱中，不能从工具箱中删除。

启动 VB 6.0 后，在工作界面，工具箱上列出的都是标准控件，如图 6.1 所示。若界面上未显示工具箱，可选择“视图”→“工具箱”命令或单击工具栏上的工具箱按钮。

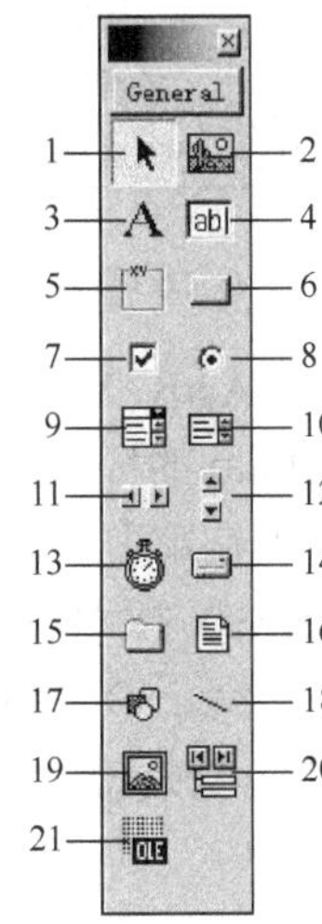

图 6.1　VB 工具箱

表 6.1 列出了工具箱中标准控件的名称和作用。

表 6.1　VB 6.0 的标准控件

编号	控件名	类名	描述
1	指针	Pointer	这不是一个控件，只有在选择 Pointer 之后，才能改变控件在窗体中的位置
2	图片框	PictureBox	显示图形、图像文件，也可显示文本或作为其他控件的容器
3	标签	Label	为用户显示不可交互操作或不可修改的文本
4	文本框	TextBox	提供一个区域来输入文本、显示文本
5	框架	Frame	为控件提供可视的功能化容器
6	命令按钮	CommandButton	为用户选定后执行相应的操作
7	复选框	CheckBox	显示 True/False 或 Yes/No 选项。一次可在窗体上选定任意数目的复选框
8	单选按钮	OptionButton	多个单选按钮组成选项组用于显示多个选项，用户只能从中选择一项
9	组合框	ComboBox	将文本框和列表框组合起来，用户可以输入选项，也可以从下拉列表中选择选项
10	列表框	ListBox	显示项目列表，用户可从中进行选择

续表

编号	控件名	类名	描述
11	水平滚动条	HScrollBar	对于不能自动提供滚动条的控件，允许用户为它们添加滚动条（这些滚动条与许多控件的内建滚动条不同）
12	垂直滚动条	VScrollBar	
13	时钟控件	Timer	按指定时间间隔执行时钟事件
14	驱动器列表框	DriveListBox	显示有效的磁盘驱动器并允许用户选择
15	目录列表框	DirListBox	显示目录和路径并允许用户从中进行选择
16	文件列表框	FileListBox	显示文件列表并允许用户从中进行选择
17	形状	Shape	向窗体、框架或图片框添加矩形、正方形、椭圆或圆形
18	线形	Line	向窗体添加线段
19	图像	Image	显示图像文件
20	数据控件	Data	能与现有数据库连接并在窗体上显示数据库中的信息
21	OLE 容器	OLE	将数据嵌入到 VB 应用程序中

2. ActiveX 控件

ActiveX 控件是扩展名为.ocx 的独立文件，通常位于 Windows 的 SYSTEM 目录下。VB 6.0 的标准控件只有 20 个，用户可将 VB 及第三方开发商提供的 ActiveX 控件添加到工具箱中，然后像标准控件那样使用，它是可以重复使用的编程代码和数据，由用 ActiveX 技术创建的一个或多个对象组成。

ActiveX 控件是对 VB 工具箱的扩充，这些控件使用之前必须先添加到工具箱中。添加 ActiveX 控件的步骤如下。

（1）选择“工程”→“部件”命令，弹出“部件”对话框，如图 6.2 所示。

（2）在“控件”选项卡中，选中要添加的 ActiveX 控件名称左侧的复选框。

（3）单击“确定”按钮，关闭“部件”对话框，所选中的 ActiveX 控件即出现在 VB 工具箱中。

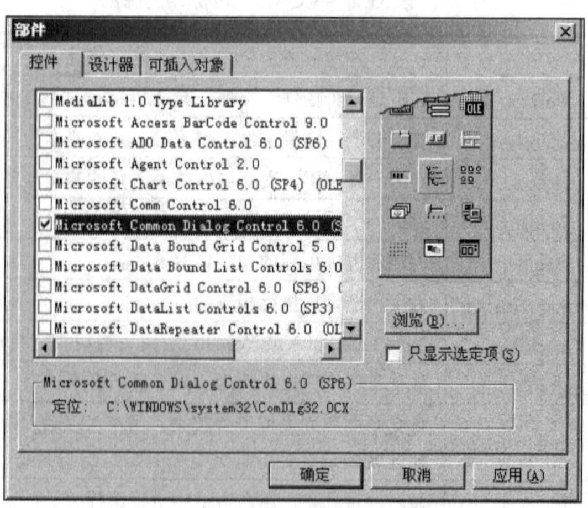

图 6.2 “部件”对话框

3. 可插入对象

可插入对象是指 Windows 应用程序对象。利用可插入对象，可以在 VB 应用程序中使用其他应用程序的对象。可将所需对象添加到工具箱中，添加后其具有与标准控件类似的属性，可以像使用标准控件那样使用。

将可插入对象添加到工具箱的方法与添加 ActiveX 控件的方法相同，此处不再赘述。

6.1.2 控件的通用属性

VB 的每个控件依照其不同的功能，控件的属性、方法和事件也不同，但有些常用的属性、方法和事件是大部分控件都具有的，如前面第 2 章提到的控件的名称（Name）属性、值属性等，在此不再赘述。除此之外，在控件设计过程中，还需要了解与控件紧密相关的焦点、Tab 键序、访问键及容器等相关概念。

1. 焦点

焦点是接收用户鼠标和键盘输入的能力。当对象具有焦点时，可接收用户的输入。窗体上的控件对象成为活动对象时，称为“获得焦点”。比如，文本框输入数据时，文本框首先获得焦点，之后才可以输入数据。

1）焦点的事件

当对象获得或失去焦点时，会产生 GotFocus 或 LostFocus 事件。窗体和多数控件支持这些事件。即对象得到焦点时发生 GotFocus 事件，对象失去焦点时发生 LostFocus 事件。

2）获得焦点的方法

使用以下四种方法可以将焦点赋予对象。

（1）运行时用鼠标选择对象。

（2）运行时用快捷键选择对象。

（3）运行时按 Tab 键将焦点移到对象上。

（4）在编写的代码中使用 SetFocus 方法。

在代码中用 SetFocus 方法获得焦点的语法格式如下：

```
对象.SetFocus
```

只有在窗体成为活动窗体时，才能设置窗体上对象的焦点。所以，不能在窗体的 Load 事件过程中使用此方法，否则会出现程序运行错误。

不能获得焦点的对象没有此方法，如标签在程序运行时不能获得焦点，只能显示信息。另外，能否获得焦点还取决于对象的特性，主要是对象的 Enabled 属性和 Visible 属性。当 Enabled 属性为 False 时，该对象不能获得焦点；当 Visible 属性为 False 时，该对象不可见，也无法获得焦点。

大多数控件获得或失去焦点的外观都不相同。例如，命令按钮获得焦点后会在边框部分出现一个虚线框；文本框获得焦点后会出现闪烁的光标，如图 6.3 所示。

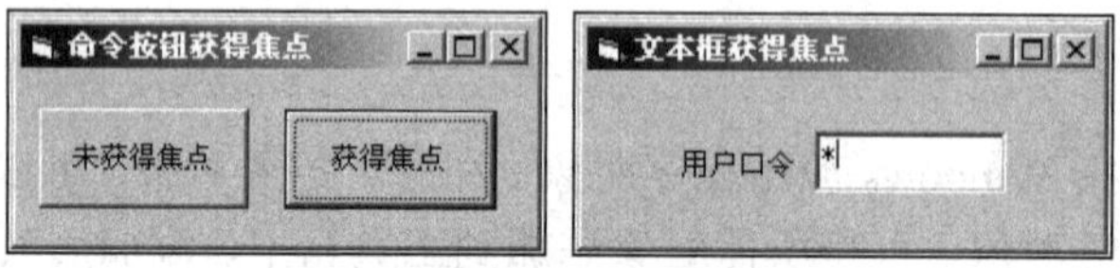

图 6.3　命令按钮及文本框获得焦点状态

说明：

（1）框架（Frame）、标签（Label）、菜单（Menu）、直线（Line）、形状（Shape）、图像框（Image）和时钟（Timer）控件都不能获得焦点。

（2）不能获得焦点的控件，以及无效的（属性 Enabled=False）和不可见的控件（属性 Visible=False）不包含在 Tab 键序中，按 Tab 键时，这些控件将被跳过。

2. Tab 键序

在一组控件对象中，控件如果能立即接收用户输入信息，表明该控件拥有了焦点。在程序运行时，每按一次 Tab 键，可以使焦点从一个控件移动到另一个控件，用户可以通过 Tab 键或其他方法控制某控件焦点的获得与失去。

Tab 键序是指用户按下 Tab 键时，焦点在控件间移动的顺序。

窗体中的每一个对象都有自己的 Tab 键序。默认状态下 Tab 键序与窗体上建立这些对象的顺序相同。

如果想更改窗体中对象的 Tab 键序，可以通过修改 TabIndex 属性实现。控件的 TabIndex 属性决定了它在 Tab 键序中的位置。窗体上第一个建立的对象其 TabIndex 属性值为 0，第二个控件的 TabIndex 属性值为 1，以此类推。当改变一个控件的 Tab 键序位置时，VB 自动为其他控件的 Tab 键序位置重新编号。如果将 TabStop 属性设计为 False，便可将此控件从 Tab 键序中删除。

提示：不能获得焦点的控件，以及无效的和不可见的控件，不包含在 Tab 键序中。按下 Tab 键时，这些控件创建的对象将被跳过。

3. 访问键

访问键通过键盘来访问控件，不仅菜单可具有访问键，命令按钮、复选框和单选按钮都可以创建访问键。

访问键的设置：在控件的 Caption 属性中用&字符加在访问字符的前面。在运行中，这一字符会被自动加上一条下划线，&字符不可见，当按 Alt+访问字符时就和单击该控件一样。

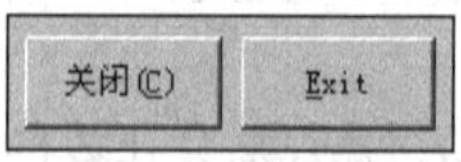

图 6.4　显示访问键

例如，设置两个按钮的属性 Caption 分别为“关闭(&C)”和“&Exit”，运行时可分别按 Alt+C 或 Alt+E 组合键实现与单击这两个按钮相同的作用，如图 6.4 所示。

4. 容器

窗体（Form）、框架（Frame）和图片框（PictureBox）等都可以作为其他控件的容器。移动容器，容器中的控件也随之移动。容器中控件的 Left 和 Top 属性值决定其在容器中的位置，而容器的 Left 和 Top 属性值则决定容器在窗体或在屏幕上的位置。

6.2 图形控件

VB 中的图形控件主要有图片框（PictureBox）、图像框（Image）、形状（Shape）和线条（Line）四种。

窗体、图片框和图像框控件都可以显示来自图形文件的图形或图像。可使用的图形图像文件格式有位图（.bmp、.dib、.cur）、图标（.ico）、图元文件（.wmf）、增强型图元文件（.emf）、JPEG 或 GIF 文件（.jpg 或.gif）。程序开发用户在设计或运行程序时，可以采用不同的途径将图片添加到窗体、图片框或图像框控件中。

6.2.1 图片框控件 PictureBox

图片框控件和图像框控件是显示图形和图像的主要控件。二者相比，图片框比图像框功能更强，但图像框装载和显示图形的速度较快。

图片框控件的主要作用是显示图片和绘制图形，同时，图片框控件是容器类控件，可作为其他控件的容器，同时还支持 Print、Cls、Line 和 Circle 等方法。

1. 图片框的常用属性

1）Picture 属性

Picture 属性是用于设置图片框控件显示图片的文件名属性（包含文件名所在路径），既可以在“属性”窗口静态设置，也可以在代码中动态设置。如不对 Picture 属性值进行设置，则图片框中不会显示任何图形。在设计时，将 Picture 属性设置为含路径及其文件名；在运行时显示或替换图片，可以利用 LoadPicture()函数来设置此属性值。

程序代码中使用 LoadPicture()装载图片的格式如下：

```
Object.Picture=LoadPicture("图片文件名")
```

若要用程序代码删除控件中的图片，只需将 LoadPicture()函数中的图片文件名清空，即

```
Object.Picture=LoadPicture("")
```

说明：

（1）不带参数的 LoadPicture()函数，表示图片框控件不显示任何图像。

（2）“属性”窗口设置的 Picture 属性，会被复制到二进制窗体文件（.frx）中，运行

时不依赖源文件。在程序代码中使用 LoadPicture()调入的图形文件，在运行时须保证函数参数包含图形文件的完整路径和文件名。

提示：清除图片框控件中的图片不能使用 Cls 方法，而应该使用 LoadPicture()函数。

2）AutoSize 属性

AutoSize 属性用于决定图片框控件是否能自动调整大小以显示图片的所有内容。当属性设置为 True 时，图片框控件能自动调整大小与显示的图片匹配；当属性设置为 False 时，图片框控件不能自动改变大小来适应其中的图片。

加载到图片框控件中的图片将保持原始尺寸，这就意味着如果原始图片比控件大，加载的原始图片超出图片框的部分将被裁剪掉。

【例 6.1】 在一个窗体上通过命令改变图片框的 AutoSize 属性值，观察所装载图片的显示效果。

分析：根据题目要求可在窗体上添加一个图片框控件，通过在不同命令按钮的 Click 事件中编程，设置图片框的大小及 AutoSize 属性值，再使用 LoadPicture()函数装载图片文件，就可观察到 AutoSize 属性值对图片显示效果的影响。当 AutoSize 属性值设置为 False 时，若图片的尺寸大于图片框的尺寸，则超出部分应被裁剪；如图片尺寸小于图片框尺寸，则图片应只占据图片框的部分区域。

步骤：

（1）在磁盘上新建名为“例 6.1”的文件夹，将搜索到的图片文件 dingdang.bmp 放入其中。

（2）在 VB 环境下，单击“文件”→“新建工程”命令，在新建的窗体上添加一个图片框控件和四个命令按钮。

（3）设置控件的相关属性，如表 6.2 所示。Picture1 控件的属性取默认值，大小不限。

表 6.2 例 6.1 的控件相关属性设置

控件名	属性名	属性值
Form1	Caption	图片框属性示例
Command1	Caption	AutoSize=True
Command2	Caption	AutoSize=False
Command3	Caption	清空
Command4	Caption	退出

（4）编写相关控件的事件代码，如下所示。

```
Private Sub Command1_Click()
    Picture1.Width = 1500          '设定图片框的宽度
    Picture1.Height = 1500         '设定图片框的高度
    Picture1.AutoSize = True       '设置图片框的 AutoSize 属性
    Picture1.Picture = LoadPicture(App.Path + "\dingdang.bmp")
```

```
                          '使用 LoadPicture 函数装载图片到图片框
End Sub

Private Sub Command2_Click()
   Picture1.Width = 1500
   Picture1.Height = 1500
   Picture1.AutoSize = False
   Picture1.Picture = LoadPicture(App.Path + "\dingdang.bmp")
End Sub

Private Sub Command3_Click()
   Picture1.Picture = LoadPicture("")   '清空图片框
End Sub

Private Sub Command4_Click()
   End
End Sub
```

说明：App.Path 代表系统当前工作目录，即存放工程文件、窗体文件和图片文件等文件的文件夹。

（5）将工程文件和窗体文件保存到“例 6.1”文件夹。

（6）按 F5 键，运行程序。单击“AutoSize=True”按钮，程序运行结果如图 6.5（a）所示；单击“AutoSize=False”按钮，程序运行结果如图 6.5（b）所示；单击“清空”按钮，可清除图片框中的图片。

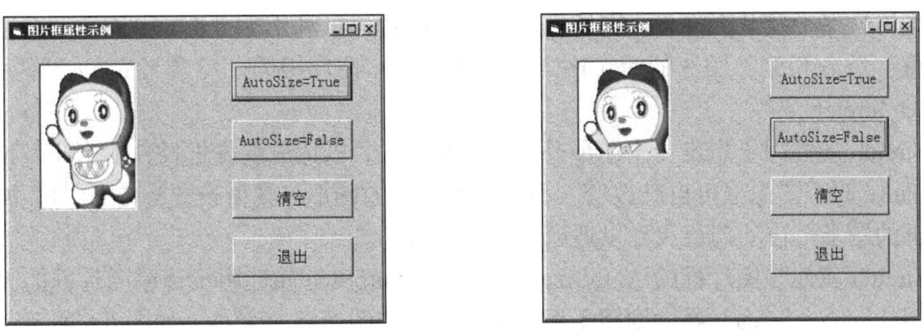

（a）程序运行效果 1　　（b）程序运行效果 2

图 6.5　图片框属性示例

2. 图片框的常用事件和方法

图片框响应的事件较多，有 Click、DblClick 和 Change 等，其中 Change 事件当改变图片框的 Picture 属性时触生。在窗体上，图片框控件与图像框控件的使用方法基本相同，但相比之下图片框比图像框占用的内存更多。使用图片框控件的优点在于它可以作为其他控件的“容器”。

1）Print 方法

Print 方法用于在控件中输出文本和数据。

格式：

```
<对象名>.Print [输出项列表]
```

2）Cls 方法

Cls 方法用于清除在图片框中输出的内容。Cls 只能清除窗体或图片框中由 Print 方法和绘图方法（将在第 9 章介绍）显示的文本信息和图形，不能清除窗体或图片框中的控件（如形状控件等）及利用 Picture 属性加载的图片，清除它们应用 LoadPicture 方法。

格式：

```
<对象名>.Cls
```

6.2.2 图像框控件 Image

图像框控件可以用于显示图片，但不能作为其他控件的容器，也不接受 Print、Cls、Line 和 Circle 等方法。也就是说，不能在图像框上显示文本和绘制图形。与图片框控件相比，图像框控件显示图片时占用的内存更少，显示图片的速度更快。

1. 图像框的常用属性

1）Picture 属性

Picture 属性用于设置图片的文件名属性（包含文件名所在路径）。在设计时，Picture 属性设置含路径及其文件名；在运行时，显示图片可以利用 LoadPicture()函数来设置此属性值。装载和删除图片的命令格式与 PictureBox 控件相同，可参考 6.2.1 节的内容。

2）Stretch 属性

Stretch 属性用于指定一个图形是否要调整大小，以适应图像框控件的大小。其值设置为 False 时，图像框可自动改变大小以适应其中的图形；其值设置为 True 时，加载到图像框的图形可自动调整尺寸以适应图像框的大小。

Stretch 属性与图片框的 AutoSize 属性不同。AutoSize 属性用于调整图片框的大小以适应图片大小，Stretch 属性则用于调整图片以适应图像框的大小，如图 6.6 所示。

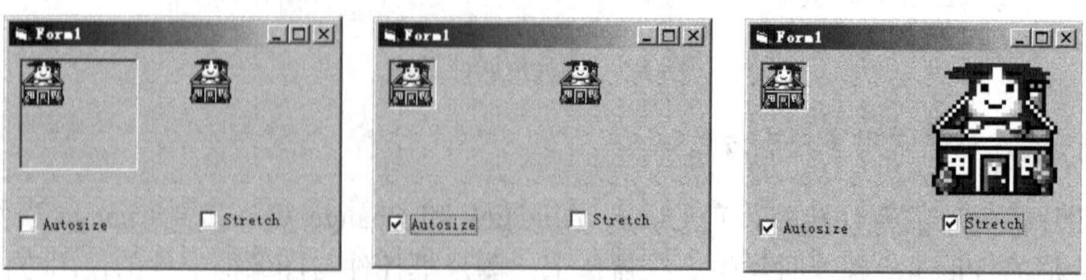

图 6.6　AutoSize 属性和 Stretch 属性的比较

3）BorderStyle 属性

BorderStyle 属性决定了图像框是否有边框。其值为 0 时无边框（默认值），为 1 时有边框。

包括 Name 属性、Left 属性、Top 属性、Width 属性、Height 属性和 Visible 属性在内的图像框控件属性的意义与用法与其他控件相同。

2. 常用事件

图像框可以响应 Click、DblClick 和鼠标等事件，和图片框一样，在实际应用中也很少对其编写事件过程。

6.2.3 图片的加载、删除和保存

图片框控件和图像框控件加载图片、删除图片、保存图片的方法相同，下面进行详细介绍。

1. 加载图片

加载图片的语句格式如下：

```
[对象.]Picture = LoadPicture("包含路径的图形文件名")
```

例如，将 C 盘下的 abc.bmp 图片文件加载到 Picture1 图片框中，语句如下：

```
Picture1.Picture=LoadPicture("C:\abc.bmp")
```

说明： C 盘根目录下已存在图片文件 abc.bmp。

2. 删除图片

删除对象中图片的语句格式如下：

格式 1：

```
[对象.]Picture = LoadPicture()
```

格式 2：

```
[对象.]Picture = LoadPicture(" ")
```

3. 保存图片

可以使用 SavePicture 语句保存图片框和图像框控件中的图片，格式如下：

```
SavePicture [对象.]Picture, FileName
```

其中，参数 FileName 表示包含路径的图形文件名。

例如，将 Picture1 对象中的图片保存到 D 盘下，并将文件名定义为 abc.jpg，可使用

如下语句。

```
SavePicture Picture1. Picture, "D:\abc.jpg"
```

【例 6.2】 设计一个窗体，实现随机抽取三个数字作为中奖号码。

步骤：

（1）创建一个窗体，设置三个图像框、两个命令按钮和一个定时器，如图 6.7 所示。

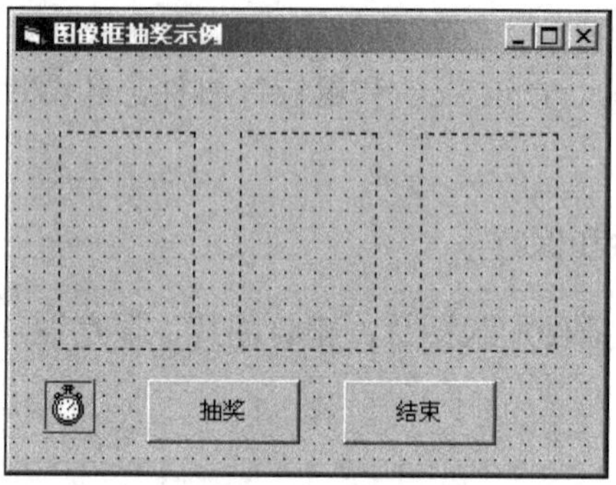

图 6.7　例 6.2 的设计界面

（2）设置控件的属性，如表 6.3 所示。

表 6.3　例 6.2 的控件属性设置

控件名	属性名	属性值
Form1	Caption	图像框抽奖示例
Image1	Picture	Shuzi0.jpg
	Strech	True
Image2	Picture	Shuzi0.jpg
	Strech	True
Image3	Picture	Shuzi0.jpg
	Strech	True
Timer1	Interval	1000
Command1	Caption	抽奖
Command2	Caption	结束

（3）编写程序代码，如下所示。

```
Dim num1 As Integer, num2 As Integer, num3 As Integer
Private Sub Form_Load()
   Timer1.Enabled = False
End Sub
Private Sub Command1_Click()
   Timer1.Enabled = True
```

```
    End Sub
    Private Sub Command2_Click()
        Timer1.Enabled = False
    End Sub
    Private Sub Timer1_Timer()
        Randomize
        num1 = Int(Rnd * 10)
        Image1.Picture = LoadPicture(App.Path & "\" & num1 & ".jpg")
        Randomize
        num2 = Int(Rnd * 10)
        Image2.Picture = LoadPicture(App.Path & "\" & num2 & ".jpg")
        Randomize
        num3 = Int(Rnd * 10)
        Image3.Picture = LoadPicture(App.Path & "\" & num3 & ".jpg")
    End Sub
```

（4）运行程序，单击“抽奖”按钮，图像框中的图像随机抽取；单击“结束”按钮，抽奖结束，显示的数据就是中奖号码。程序运行结果如图 6.8 所示。

图 6.8　例 6.2 的程序运行结果

6.2.4　形状控件 Shape

形状控件可以在窗体、框架或图片框中创建矩形、正方形、椭圆形、圆形、圆角矩形或圆角正方形等图形。形状控件预定义了六种形状，通过其 Shape 属性设置。

形状控件的常用属性如下。

（1）Shape：用于设置控件所显示的几何形状。该属性有 0、1、2、3、4、5 六种取值，分别对应六种形状，如图 6.9 所示。

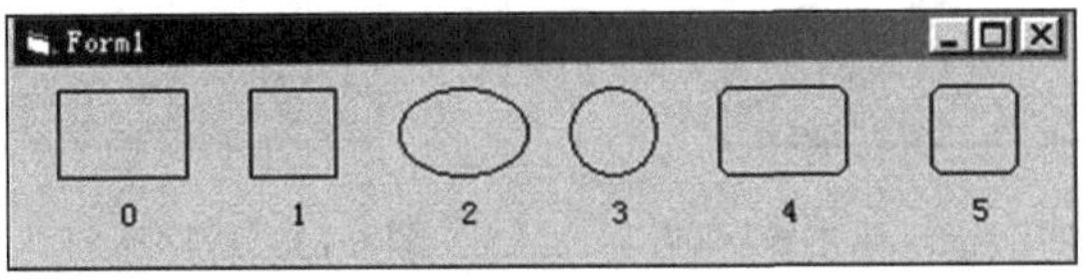

图 6.9　形状控件的 Shape 属性设置

用户也可以在运行时改变 Shape 属性值实现图形绘制，语句格式如下：

```
[对象.]Shape = [{0|1|2|3|4|5}]
```

（2）FillStyle：用于设置形状内部的填充图案样式，有八种取值，如图 6.10 所示。当 FillStyle 值为 0 时，用 FillColor 的颜色填充形状。

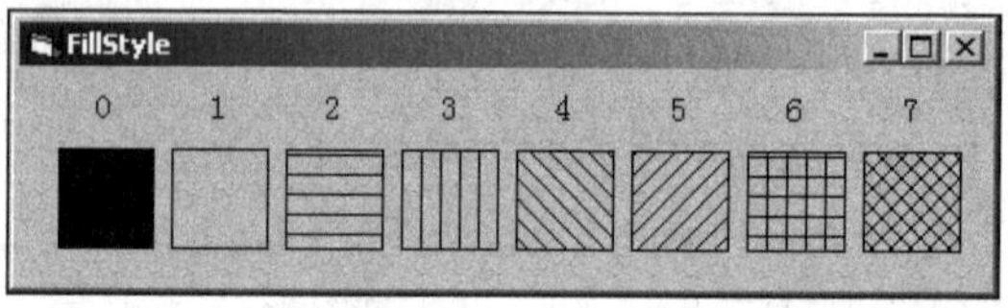

图 6.10　FillStyle 属性决定的内部图案

6.2.5　线条控件 Line

线条控件是 VB 6.0 的标准控件，可以在某些容器控件（例如，Form、Frame、Picture 等）上画出水平、垂直或斜线图形。线条控件的主要属性说明如下。

（1）X1：线段起点的横坐标。

（2）Y1：线段起点的纵坐标。

（3）X2：线段终点的横坐标。

（4）Y2：线段终点的纵坐标。

（5）BorderColor：线段的颜色，有调色板和系统两种设置模式。

（6）DrawMode：包括 16 种不同的画线样式。

（7）BorderStyle：包括七种不同的线形。

（8）BoderWidth：以像素为单位设定线的粗细。

图 6.11 显示了在某些容器控件中采用线条控件所画的线段。

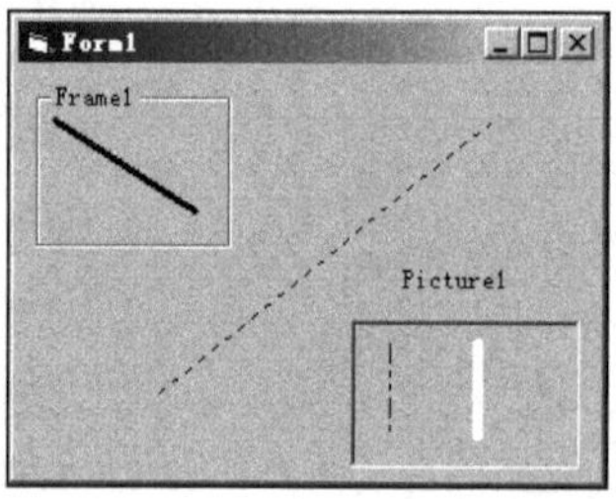

图 6.11　采用线条控件所画线段

【例 6.3】　设计程序，当单击窗体时，显示窗体工作区的对角线。程序运行结果如图 6.12 和图 6.13 所示。

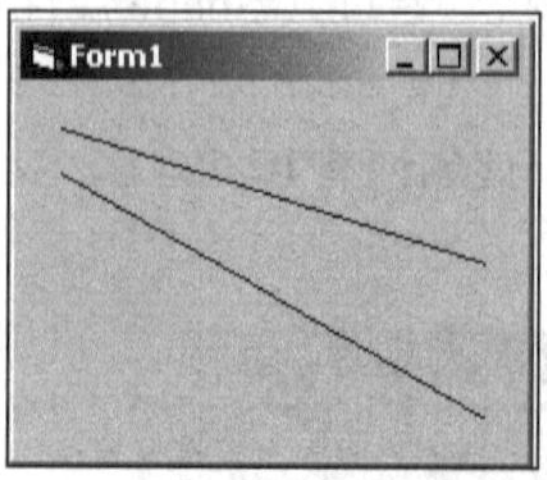

图 6.12　程序运行，单击窗体前

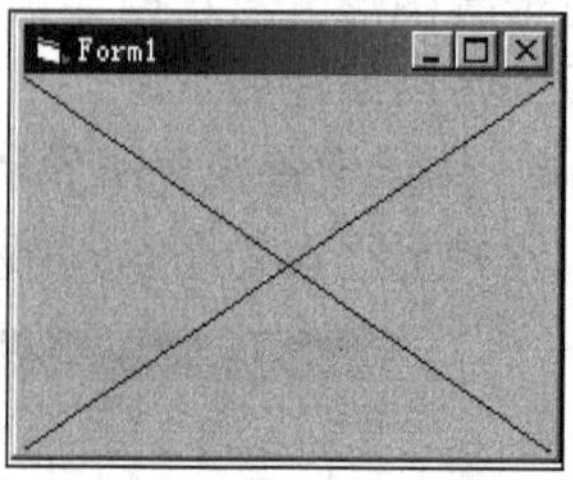

图 6.13　程序运行，单击窗体后

分析：在窗体中添加两个线条控件，名称分别为 Line1 和 Line2。在窗体的单击事件中设置它们的端点坐标，就可以显示窗体工作区的对角线。

程序代码如下。

```
Private Sub Form_Click()
    '显示主对角线
    line1.X1 = 0
    line1.Y1 = 0
    line1.X2 = Form1.ScaleWidth
    line1.Y2 = Form1.ScaleHeight
    '显示副对角线
    line2.X1 = Form1.ScaleWidth
    line2.Y1 = 0
    line2.X2 = 0
    line2.Y2 = Form1.ScaleHeight
End Sub
```

利用线条与形状控件，用户可以迅速地显示简单的线与形状或将之打印输出。与其他大部分控件不同的是，这两种控件不会响应任何事件，它们只用来显示或打印。

6.3　单选按钮、复选框和框架

选择控件包括复选框和单选按钮。它们是从界面上众多备选答案中选择所需要答案的控件，也是 VB 程序设计中应用较多的控件。

6.3.1　单选按钮

单选按钮（OptionButton）也称为选择按钮。一组单选按钮控件可以提供一组彼此相互排斥的选项，任何时刻用户只能从中选择一个选项，实现一种“单项选择”的功能，被选中项目左侧圆圈中会出现一个黑点，其他单选按钮将自动变成未选中。

如果在一个窗体中要建立一个以上的选项组，则需添加框架（Frame）分组，使置于同一框架中的单选按钮组成一组。

1. 单选按钮的常用属性

1）Caption 属性

Caption 属性用于设置单选按钮上显示的标题。

2）Alignment 属性

Alignment 属性用于设置单选按钮标题的对齐方式，可以在设计时设置，也可以在运行期间设置。Alignment 属性取值 0（默认值）表示控件按钮在左边，标题显示在右边；

取值 1 表示控件按钮在右边，标题显示在左边。

3）Value 属性

Value 属性是默认属性，其值为逻辑型，表示单选按钮的状态，可以在设计时设置，也可以在运行期间设置。当其取值 True 时，表示单选钮被选中；取值 False（默认值）时，表示单选按钮未被选中。

4）Style 属性

Style 属性用于指定单选按钮的显示方式，用于改善视觉效果。当其取值 0（默认值）时，表示采用标准显示方式；取值 1 时，表示采用图形显示方式。当该属性取值 1（Graphical）时，可以在 Picture、DownPicture 和 Disabled Picture 中分别设置不同的图标或位图，用三种不同的图形分别表示未选中、选中和禁止选择。

5）Picture 属性

Picture 属性用于返回或设置未选中控件时的图片，可以在设计时设置，也可以在运行期间通过 LoadPicture()函数设置。如果 Caption 属性有值，则同时显示图片和文字。如果图片太大，则自动剪裁图片以适应控件。

6）DownPicture 属性

DownPicture 属性用于返回或设置选中控件时的图片。如果该属性为空，则按钮被按下时，只显示 Picture 属性指定的图片。如果 Picture 属性和 DisabledPicture 属性为空，则只显示文字。

7）DisabledPicture 属性

DisabledPicture 属性用来返回或设置禁止选择时的图片，即控件的 Enabled 属性为 False 时控件的图片。图 6.14 所示为不同状态下的单选按钮。

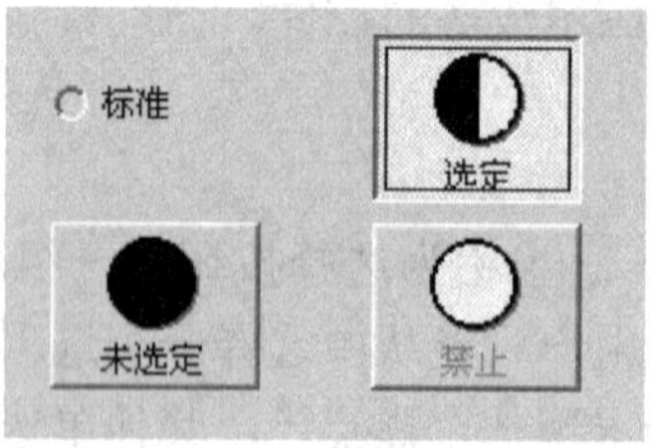

图 6.14　不同状态下的单选按钮

2. 单选按钮的常用事件和方法

单选按钮的常用事件为 Click，当用户在一个单选按钮上单击时触生该事件。单选按钮的方法很少使用。

【例 6.4】　设计一个窗体，模拟单选题测试。

步骤：

（1）创建一个窗体，在窗体上设置四个单选按钮、一个标签和一个命令按钮。

（2）设置控件的属性，如表 6.4 所示。

表 6.4　例 6.4 控件的属性设置

控件名	属性名	属性值
Form1	Caption	单选题
Label1	Caption	下列控件中没有 Caption 属性的是（　　）。
Option1	Caption	A．框架
Option2	Caption	B．列表框
Option3	Caption	C．复选框
Option4	Caption	D．单选按钮
Command1	Caption	查看答案

（3）编写程序代码，如下所示。

```
Private Sub Form_Load()
    Option1.Value = False
    Option2.Value = False
    Option3.Value = False
    Option4.Value = False
End Sub
Private Sub Command1_Click()
    If Option2.Value = True Then
        MsgBox "恭喜，你答对了"
    Else
        MsgBox "真遗憾，你选错了"
    End If
End Sub
```

（4）运行程序，先选择不同的单选按钮，再单击命令按钮，结果如图 6.15 所示。

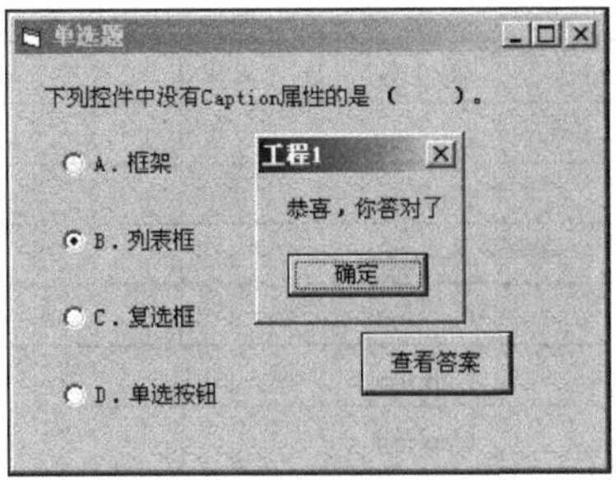

图 6.15　例 6.4 的程序运行结果

6.3.2　复选框

复选框（CheckBox）与单选按钮类似，不同之处在于复选框代表多重选择。在列出的可供用户选择的多个选项中，用户根据需要可选择一项或多项。当某一项被选中后，其左边的□就变成☑。

1. 复选框的常用属性

1）Caption 属性

Caption 属性用于设置复选框上显示的文本。

2）Value 属性

Value 属性是默认属性，其值为整型，表示复选框的状态。其取值 0-vbUnchecked 表示未被选中，是默认值；取值 1-vbChecked 表示被选中；取值 2-vbGrayed 表示灰色，禁止用户选择。

3）Style 属性

Style 属性值为整型，用于设置复选框的显示方式。其取值 0-Standard 表示标准显示方式，是默认值；取值 1-Graphical 表示图形显示方式。

当该属性值为 0-Standard 时，可以显示控件按钮和标题；当该属性值为 1-Graphical 时，复选框外观与命令按钮类似。Style 属性只能在“属性”窗口中进行设置。

2. 复选框的常用事件和方法

与单选按钮一样，复选框也接受 Click 事件。当用户单击后，复选框自动改变状态。复选框的方法很少使用。

【例 6.5】 设计一个窗体，模拟多选题测试。

步骤：

（1）创建一个窗体，在窗体上设置一个标签、四个复选框和一个命令按钮。

（2）设置控件的属性，如表 6.5 所示。

表 6.5　例 6.5 控件的属性设置

控件名	属性名	属性值
Form1	Caption	多选题
Label1	Caption	空白
	Fontsize	12
Check1	Caption	空白
Check 2	Caption	空白
Check 3	Caption	空白
Check 4	Caption	空白
Command1	Caption	查看答案

（3）编写程序代码，如下所示。

```
Private Sub Form_Load()
```

```
    Label1.Caption = "在社会主义中国化的过程中，产生了毛泽东思想"& _
    "和中国特色社会主义理论体系，这两大理论体系一脉相承主要体现在，二者"& _
    具有共同的"
    Check1.Caption = "A 马克思主义的理论基础"
    Check2.Caption = "B 革命和建设的根本任务"
    Check3.Caption = "C 实事求是的理论基础"
    Check4.Caption = "D 和平与发展的时代背景"
End Sub
Private Sub Command1_Click()
    If Check1.Value=1 And Check3.Value = 1 And Check2.Value=0 _
    And Check4.Value=0 Then
        MsgBox "恭喜，你选对了！"
    Else
        MsgBox "很遗憾，你选错了！"
    End If
End Sub
```

（4）运行程序，先选择不同的复选框，再单击命令按钮，结果如图 6.16 所示。

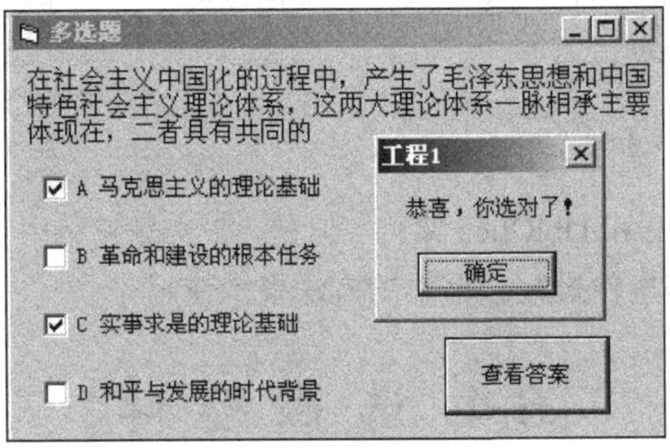

图 6.16　例 6.5 的程序运行结果

6.3.3　框架

框架是一个容器控件，用于将屏幕上的对象分组。框架主要用于为单选按钮分组。

单选按钮的一个特点是当选择其中之一后，其余的单选按钮会自动关闭，而在实际设计中往往需要在同一窗体中建立几组相对独立的单选按钮，并对这些分属于不同组的单选按钮进行划分组合。VB 中的框架控件 Frame 提供了此功能。

此时，使用框架就可以将每一组单选按钮分隔开。这样在一个框架内的单选按钮就自动成为一组，对它们的操作不会影响框架以外的单选按钮。另外，对于其他类型的控件用框架框起来，可提供视觉上的区分和总体的激活或屏蔽特性。

建立框架时需注意以下几点。①在窗体上创建框架及其内部控件时，必须先建立框架，再在建好的框架中建立各种其他控件，如单选按钮等。②创建控件不能使用双击工具箱上工具的自动方式，而应该先单击工具箱上的工具，然后用出现的“+”指针，在框架中适当位置拖出适当大小的控件。③如果要用框架将现有的已存在于窗体中的控件分组，应先选中控件，将它们剪切（可按 Ctrl+X 组合键）到剪贴板，再选中框架并将剪贴板上的控件粘贴（可按 Ctrl+V 组合键）到框架上。

1. 框架的常用属性

（1）Caption 属性。该属性值为字符串型，用于设置框架的标题。框架的标题位于框架的左上角。如果 Caption 属性值为空字符串，则框架为封闭的矩形框。

（2）Enabled 属性。该属性值为逻辑型，用于设置框架是否有效，即框架内的所有控件是否有效。取值 True，表示有效，是默认值；取值 False，表示无效。

该属性只能在程序中用代码进行设置。当该属性设置为 False 时，框架的标题为灰色，框架内的所有对象均被屏蔽，不允许用户对其进行操作。

（3）Visible 属性。该属性值为逻辑型，用于设置框架是否可见。取值 True，表示可见，是默认值；取值 False，表示隐藏。

该属性只能在程序中用代码进行设置，当该属性设置为 False 时，框架及其框架内的所有控件将被隐藏起来。

2. 框架的常用事件和方法

框架可以响应 Click 和 DblClick 事件，但是，在实际应用中往往将框架作为“容器”使用，一般不需要编写事件过程。框架的方法很少使用。

6.4 选择控件

列表框（ListBox）和组合框（ComboBox）是 Windows 应用程序中的常用控件，主要用于提供一些可供选择的项目。

6.4.1 列表框

在列表框中通常有多个项目供选择，用户可以通过单击某一项目进行选择。如果项目太多，超出列表框设计时的长度，VB 会自动给列表框加上垂直滚动条。为了能正确操作，列表框的高度应不少于三行。需要注意的是，列表框只能选择其中的内容，而不能直接修改其中的内容，如图 6.17 所示。

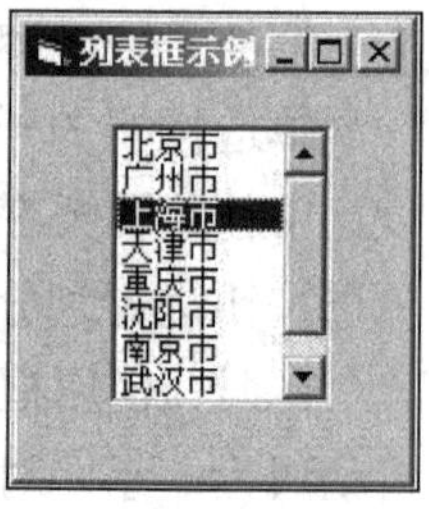

图 6.17 列表框示例

1. 列表框的常用属性

1）List 属性

List 属性是一个字符串数组，用于保存列表框中的各个数据项内容。List 数组的下标从 0 开始。即 List(0)保存表中第一个数据项的内容，List(1)保存第二个数据项的内容，以此类推，List(ListCount-1)保存列表框中的最后一个数据项的内容。其语法格式如下：

```
列表框名.List(索引号)=项目内容
```

例如，可以在设计状态设置中，设置 List 属性。如图 6.18 所示，List1.List(0)的值表示列表框 List1 中 List 属性第一项的项目内容，即“北京”。

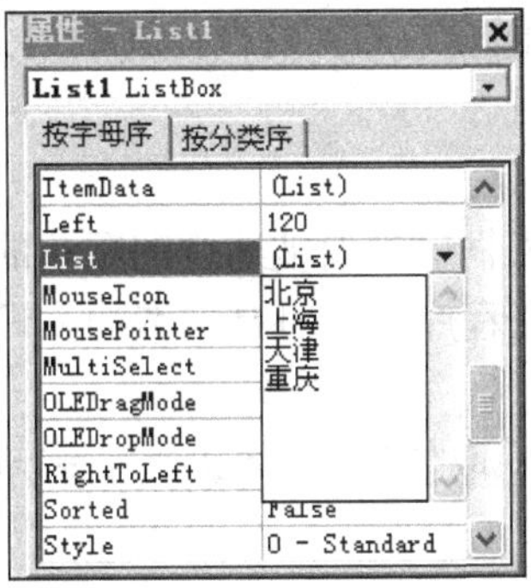

图 6.18　列表框 List 属性

2）ListCount 属性

ListCount 属性表示列表框中有多少列表项。该属性只能在程序中设置或引用。

3）ListIndex 属性

ListIndex 属性返回或设置列表框中当前被选中的项目的序号。序号也是由 0 开始，第 1 个项目的序号为 0，第 2 个项目的序号为 1，以此类推。如果 ListIndex 属性值为-1，则表示没有项目被选中。该属性只能在程序运行时使用。

4）Selected 属性

Selected 属性是一个逻辑数组，用于返回或设置列表框中某一个列表项的选择状态，表示对应的项在程序运行期间是否被选中，只能在运行中设置或引用。

例如，Selected(0)的值为 True 表示第一项被选中，为 False 表示未被选中。

5）Sorted 属性

Sorted 属性设置列表框中各列表项在程序运行期间是否自动按字母顺序排列显示。Sorted 属性只能在设计状态下设置。

如果 Sorted 属性值为 True，则项目按字母顺序排列显示；如果 Sorted 属性值为 False，则项目按加入的先后顺序排列显示。

6）Text 属性

Text 属性是该控件的默认属性，只能在运行状态中设置或引用，其值是被选定项的文本内容，与表达式 List(ListIndex)的返回值相同。

7）MultiSelect 属性

MultiSelect 属性决定列表框是否支持多选。该属性有三种状态。

0–None（默认值）：禁止多项选择，只能选择一个项目。

1–Simple：简单多项选择，用单击或按空格键表示选中或取消选中一个项目。

2–Extended：扩展多项选择，按住 Ctrl 键的同时单击或按空格键，表示选中或取消选中一个项目；按住 Shift 键的同时单击，或者按住 Shift 键的同时移动光标，可以从前一个选中的项目扩展选择到当前项目，即选中多个连续项目。

需要注意的是，对于复选框样式的列表框（Style=1），虽然其 MultiSelect 属性必须为 0，但仍然可以选中多个项目。

8）Selcount 属性

Selcount 属性用于说明列表框中当前被选中的项目的总数。如果没有任何项目被选中，则该属性值为 0。该属性在程序运行时是只读的，设计时不可用。

9）Style 属性

Style 属性决定列表框样式，取值为 0（默认值），表示只显示列表项文本；取值为 1，表示列表项文本前带复选框。

2. 列表框的常用事件和方法

列表框接受 Click 和 DblClick 事件。但有时不用编写 Click 事件过程代码，而是当单击一个命令按钮或发生 DblClick 事件时，直接读取 Text 属性。列表框中的选择项既可以简单地在设计状态下通过 List 属性设置，也可以在程序中用 AddItem 方法来填写，用 RemoveItem 或 Clear 方法删除。

1）AddItem 方法

AddItem 方法可以向列表框中添加新项目。其语法格式如下：

```
List1.AddItem 字符串表达式 [,index]
```

说明：可以使用该方法在窗体的 Load 事件过程中对列表框添加初始项目。字符串表达式是要加入列表框的项目。index 决定新增项目在列表框中的位置。如果 index 省略，则新增项目添加在最后。对于第一个项目，index 为 0。index 不能比现有项目数大，否则会出现错误。

例如，在列表框的第 2 项位置插入一个新列表项，内容为“C 语言程序设计”，代码如下：

```
List1.AddItem "C 语言程序设计", 1
```

2）RemoveItem 方法

RemoveItem 方法可以从列表框中删除一个项目。其语法格式如下：

```
List1.RemoveItem  index
```

说明：index 是被删除项目在列表框或组合框中的位置。对于第一个元素，index 为 0。例如，删除列表框第 2 项的代码如下：

```
List1.RemoveItem 1
```

3）Clear 方法

Clear 方法清除列表框中所有现有项目。其语法格式如下：

```
List1.Clear
```

说明：对象可以是列表框、组合框或剪贴板，即 Clear 方法适用于列表框、组合框和剪贴板。

【例 6.6】　设计一个窗体，实现学生选课。

步骤：

（1）创建一个窗体，在窗体上设置两个标签、两个列表框和四个命令按钮。左边列表框中显示所有课程，右边列表框中显示已经选择的课程。其中，“>”按钮表示把左边列表框中选中的课程移动到右边列表框中，“>>”按钮表示把左边列表框中的所有项目移动到右边列表框中，“<”按钮表示把右边列表框中选中的课程移动到左边列表框中，“<<”按钮表示把右边列表框中的所有项目移动到左边列表框中。

（2）设置控件的属性，如表 6.6 所示。

表 6.6　例 6.6 控件的属性设置

控件名	属性名	属性值
Form1	Caption	学生选课
Label1	Caption	本学期开设课程
Label2	Caption	已经选择的课程
Commond1	Caption	>
Commond2	Caption	>>
Commond3	Caption	<
Commond4	Caption	<<
List1	Style	1-Checked
List2	MultiSelect	1-Simple

（3）编写程序代码，如下所示。

```
Private Sub Form_Load()
    List1.AddItem "C 语言程序设计"
    List1.AddItem "C++程序设计"
```

```
    List1.AddItem "数据结构"
    List1.AddItem "数据库原理"
    List1.AddItem "操作系统"
    List1.AddItem "网络工程"
    List1.AddItem "Java 语言"
    List1.AddItem "离散数学"
    List1.AddItem "人工智能"
    List1.AddItem "软件工程"
    List1.AddItem "Visual Basic 程序设计"
    List1.AddItem "计算机组成原理"
    List1.AddItem "汇编语言"
    List1.AddItem "编译原理"
End Sub
Private Sub Command1_Click()
    Dim i As Integer
    For i = List1.ListCount - 1 To 0 Step -1
        If List1.Selected(i) = True Then
            List2.AddItem List1.List(i)
            List1.RemoveItem i
        End If
    Next i
End Sub
Private Sub Command2_Click()
    Dim i As Integer
    For i = 0 To List1.ListCount - 1
        List2.AddItem List1.List(i)
    Next i
    List1.Clear
End Sub
Private Sub Command3_Click()
    Dim i As Integer
    For i = List2.ListCount - 1 To 0 Step -1
        If List2.Selected(i) = True Then
            List1.AddItem List2.List(i)
            List2.RemoveItem i
        End If
    Next i
End Sub
Private Sub Command4_Click()
    Dim i As Integer
```

```
    For i = 0 To List2.ListCount - 1
        List1.AddItem List2.List(i)
    Next i
    List2.Clear
End Sub
```

（4）运行程序，单击“>”按钮，把左边列表框中前边有“ √ ”的项目移动到右边列表框中，同时还可以在右边列表框中选择多个项目移动到左边列表框中，结果如图 6.19 所示。

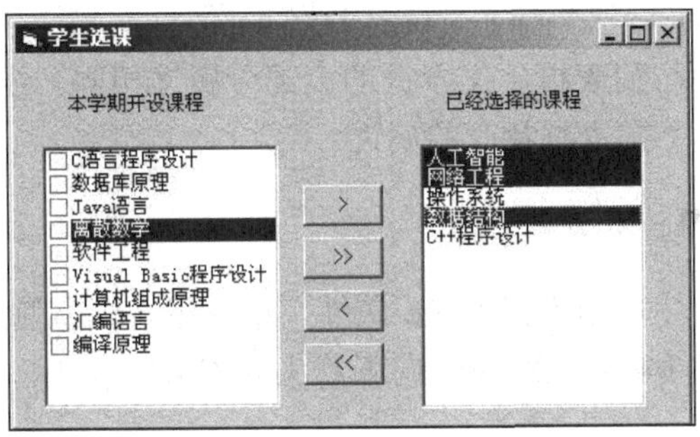

图 6.19　例 6.6 的程序运行结果

6.4.2　组合框

组合框是一种组合了列表框和文本框特性的控件。它可以像列表框一样，让用户通过鼠标选择所需要的项目；也可以像文本框一样，用输入的方式选择项目。

1. 组合框的常用属性

组合框的属性、方法和事件与列表框基本相同，下面介绍两个与列表框不同的属性。

1）Style 属性

Style 属性是组合框的一个重要属性，其取值为 0、1、2。它决定了组合框三种不同的风格，分别为下拉式组合框、简单组合框和下拉式列表框，如图 6.20 所示。

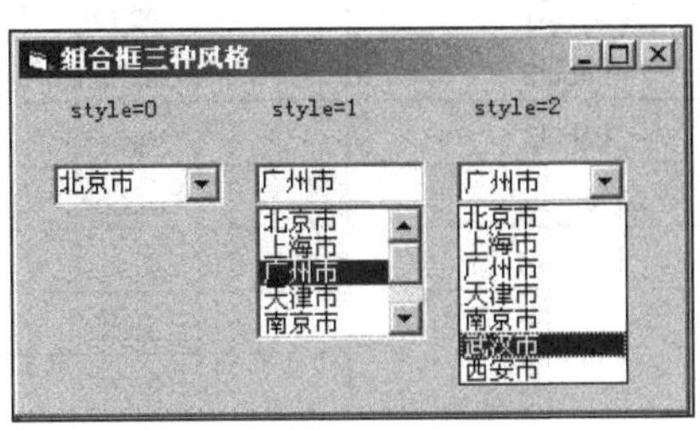

图 6.20　组合框的三种风格

（1）当 Style 属性取值为 0（默认值）时，表现为下拉式组合框，即显示在屏幕上的仅是文本编辑框和一个下拉箭头。

（2）当 Style 属性取值为 1 时，表现为简单组合框，它列出所有项目供用户选择，右侧没有下拉箭头按钮，所列项目不能收起，与文本编辑框一起显示在屏幕上。用户可以在文本框中输入列表框中没有的选项。

（3）Style 属性取值为 2 时，表现为下拉式列表框，其功能类似于下拉式组合框，但不能输入不在列表框中的内容。

2）Text 属性

Text 属性用于获取当前选中项目的值。组合框在运行时，其 Text 属性值与最后文本框中显示的文本相对应。

组合框的其他属性与列表框、文本框的大部分属性相同。组合框也有 SelLength、SelStart 和 SelText 这三个文本框特有的属性。

2. 组合框的常用事件和方法

组合框所响应的事件依赖于其 Style 属性。单击组合框右侧下拉箭头按钮，将触发 DropDown 事件，该事件实际上对应于向下箭头的 Click 事件。一般不针对组合框的事件进行单独编程。

组合框支持的方法与列表框相同，用法也一样，请参考列表框部分的内容介绍。

【例 6.7】 设计一个窗体，使用文本框显示学生所在学院、所学专业和所在班级。

步骤：

（1）创建一个窗体，在窗体上设置三个标签、一个文本框、三个组合框和一个命令按钮。组合框 1 中显示学院信息，组合框 2 中显示根据不同学院所开设的专业，组合框 3 中显示班级。

（2）设置控件对象的属性，如表 6.7 所示。

表 6.7 例 6.7 控件对象的属性设置

对象类型	对象名	属性名	属性值
窗体	Form1	Caption	学生部门
标签	Label1	Caption	所在学院
标签	Label2	Caption	所学专业
标签	Label3	Caption	所在班级
命令按钮	Commond1	Caption	显示
组合框	Combo1	Text	空白
组合框	Combo2	Text	空白
		Style	1-SimpleCombo
组合框	Combo3	Style	2-DropdownList
文本框	Text1	Text	张三是
		MultiLine	True

（3）编写程序代码，如下所示。

```
Private Sub Form_Load()
    Combo1.AddItem "计算机科学与技术"
    Combo1.AddItem "信息科学与技术"
    Combo1.AddItem "化学工程与技术"
    Combo1.AddItem "环境生物工程与技术"
    Combo3.AddItem "1201"
    Combo3.AddItem "1202"
    Combo3.AddItem "1203"
    Combo3.AddItem "1204"
    Combo3.AddItem "1205"
End Sub

Private Sub Combo1_Click()
    Combo2.Clear
    Select Case Combo1.Text
        Case "计算机科学与技术"
            Combo2.AddItem "计算机科学"
            Combo2.AddItem "网络工程"
            Combo2.AddItem "软件工程"
            Combo2.AddItem "计算机组成"
        Case "信息科学与技术"
            Combo2.AddItem "测控技术与仪器"
            Combo2.AddItem "自动化与仪表"
            Combo2.AddItem "电气工程及其自动化"
        Case "化学工程与技术"
            Combo2.AddItem "化学工程"
            Combo2.AddItem "安全工程"
            Combo2.AddItem "制药工程"
        Case "环境生物工程与技术"
            Combo2.AddItem "生物工程"
            Combo2.AddItem "环境工程"
    End Select
End Sub

Private Sub Command1_Click()
Text1.Text = Text1.Text & Combo1.Text & "学院" & Combo2.Text & _
"专业" & Combo3.Text & "班学生"
End Sub
```

（4）运行程序，单击“显示”按钮，根据不同组合框中所选的信息在文本框中显示相关学生信息，结果如图 6.21 所示。

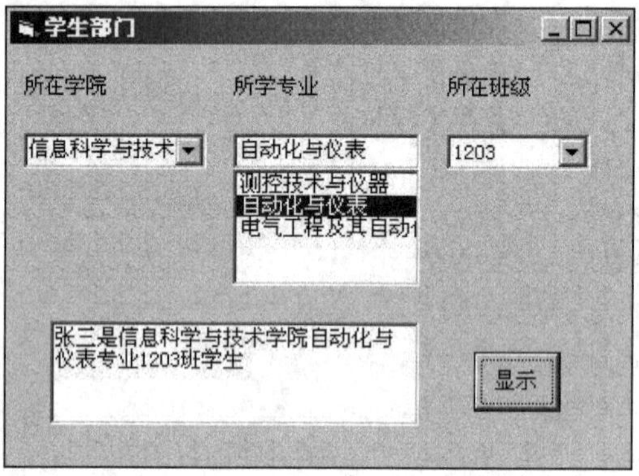

图 6.21　例 6.7 的程序运行结果

6.5　时钟控件

时钟控件 Timer 又称计时器、定时器控件，能够有规律地以一定的时间间隔触发计时器事件（Timer 事件）。一个窗体可以使用多个时钟控件，它们的时间间隔相互独立。适合编写不需要与用户进行交互就可直接执行的代码，如计时、倒计时、动画等。

在程序运行阶段，时钟控件不可见。

1. 时钟的常用属性

1）Interval 属性

Interval 属性决定了两个 Timer 事件之间的时间间隔。Interval 属性取值 0～64767（包括这两个数值），单位为毫秒（1 毫秒=0.001 秒）。两个 Timer 事件之间最大的时间间隔约为 65 秒。若将 Interval 属性设置为 0 或负数，则时钟停止工作。

2）Enabled 属性

Enabled 属性用于决定时钟是否生效。无论何时，只要时钟控件的 Enabled 属性被设置为 True，且 Interval 属性值大于 0，计时器便开始工作（以 Interval 属性值为时间间隔，触发 Timer 事件）。Enabled 属性设置为 False 可使时钟控件无效，即计时器停止工作。

2. 时钟的常用事件和方法

Timer 事件是时钟唯一的事件，定时执行的代码都放在该事件过程中。Timer 事件是周期性事件，间隔多长时间产生一次，由控件的 Interval 属性指定。当规定的时间间隔达到时，就会触发该事件。

如果希望每隔 1 秒执行一次某事件，则须将 Interval 属性设置为 1000。

【例 6.8】 设计一个窗体，实现闹钟的功能。

步骤：

（1）创建一个窗体，添加五个标签、一个定时器、两个文本框和三个命令按钮。

（2）设置相关控件的属性，如表 6.8 所示。

表 6.8　例 6.8 相关控件的属性设置

对象名	属性名	属性值
Form1	Caption	闹钟
Label1	Caption	现在时间
Label2	Caption	空白
Label3	Caption	定时时间
Label4	Caption	时
Label5	Caption	分
Timer1	Interval	1000
Text1	Text	空白
Text2	Text	空白
Command1	Caption	定时
Command2	Caption	停止
Command3	Caption	结束

（3）编写程序代码，如下所示。

```
Dim hour, minute
Sub Timer1_Timer()
    Dim i As Integer
    Label3.Caption = Time$()
    If Mid$(Time$, 1, 5) = hour + ":" + minute Then
        For i = 1 To 100
            Beep
        Next i
    End If
End Sub
Sub Command1_Click()
    hour = Format(Text1.Text, "00")
    minute = Format(Text2.Text, "00")
End Sub
Sub Command2_Click()
    hour = "00"
    minute = "00"
End Sub
```

```
    Sub Command3_Click()
        End
    End Sub
```

（4）运行程序，在两个文本框中输入定时的小时数和分钟数，然后单击“定时”按钮启动时钟，时钟以 1 秒间隔显示系统时间。“停止”按钮用于制止铃响，“结束”按钮用于终止程序运行。程序运行结果如图 6.22 所示。

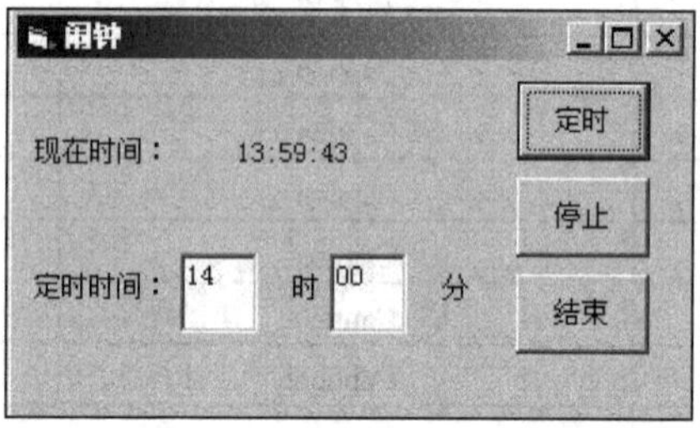

图 6.22　例 6.8 的程序运行结果

6.6 滚　动　条

滚动条（ScrollBar）在窗体上通常用于协助观察数据或确定位置，或者作为数据输入的工具，被广泛应用于 Windows 应用程序。

VB 提供的滚动条有水平滚动条（HScrollBar）和垂直滚动条（VScrollBar）两种。除方向不一样外，水平滚动条和垂直滚动条的结构和操作是相同的。滚动条的两端各有一个箭头按钮，在箭头按钮之间有一个滑块，如图 6.23 所示。

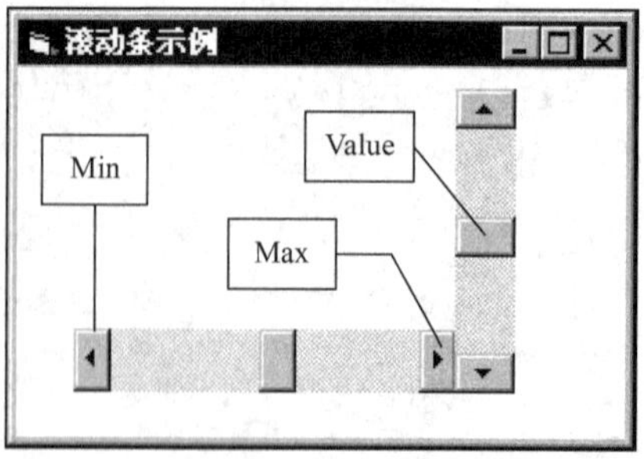

图 6.23　滚动条示例

1．滚动条的常用属性

1）Min 和 Max 属性

滚动条的坐标系与它当前的尺寸大小无关。可以把每个滚动条看作有数字刻度的直线，从一个整数到另一个整数。这条直线的最小值和最大值分别在该直线的左、右端点或上、下端点，其值分别赋给属性 Min 和 Max。

Min 属性设置或返回滑块位于水平滚动条最左侧或者垂直滚动条最高端时的值。其默认值是 0，表示当滑块处于滚动条最小位置时所代表的值。

Max 属性设置或返回滑块位于水平滚动条最右侧或者垂直滚动条最低端时的值。其默认值是 32767，表示当滑块处于滚动条最大位置时所代表的值。

2）Value 属性

Value 属性用于设置或返回滚动条当前代表的值。滚动条的值均以整数表示，取值 -32768～32767。滑块的位置可以大体反映这个值。无论单击箭头按钮、单击滚动框空白区域还是拖动滑块，都会改变该属性值。对应于滑块在滚动条中的位置，其值总在 Min 和 Max 之间。

3）LargeChange 和 SmallChange 属性

LargeChange 属性是指当用户在滚动框的空白区域单击时，滚动条值的改变量。

SmallChange 属性是指当用户单击滚动条两端的箭头按钮时，滚动条值的改变量，通常 SmallChange=1。

2. 滚动条的常用事件和方法

滚动条不支持 Click 和 DblClick 事件。与滚动条有关的事件主要是 Change 和 Scroll 事件。

1）Change 事件

Change 事件是滚动条控件中的常用事件，在释放滚动块或通过代码改变其 Value 属性值时触生。单击滚动条两端的箭头按钮或滚动框的空白区域也会触发 Change 事件。

2）Scroll 事件

用鼠标拖动滚动条上的滑块时会触发 Scroll 事件。无论单击滚动条两端的箭头还是单击滚动条空白区域，均不会触发该事件。

注意：Scroll 事件与 Change 事件有所区别。

用鼠标在滚动条内拖动滚动框时会触发 Scroll 事件。无论单击滚动条两端的箭头按钮还是单击滚动框空白区域均不会触发该事件。

当滚动条滑块滚动时，Scroll 事件一直触生，可用于跟踪滚动条中的动态变化；而 Change 事件只是在滚动结束之后才触生一次，可用于得到滚动滑块所在的位置值。

【例 6.9】 在一个窗体上建立一个水平滚动条和垂直滚动条的使用示例，用两个文本框分别显示两个滚动条的值，移动滑块或单击滚动箭头，观察值的变化。

分析：在滚动条的 Change 事件中编码，将滚动条的 Value 属性值传递到文本框中显示。

步骤：

（1）在 VB 环境下，单击“文件”→“新建工程”命令，在新建的窗体上添加两个标签、两个文本框、一个水平滚动条和一个垂直滚动条。

（2）设置相关控件的属性，如表 6.9 所示。

表 6.9　例 6.9 相关控件的属性设置

控件名	属性名	属性值	说明
Form1	Caption	滚动条使用示例	其他控件属性值都选择默认值，对程序运行所需的初始值可在窗体的 Load 事件中编写代码
Label1	Caption	水平滑轨的数值	
Label2	Caption	垂直滑轨的数值	
HScroll1	Max	100	
	Min	0	
	LargeChange	5	
	SmallChange	1	
VScroll1	Max	100	
	Min	0	
	LargeChange	5	
	SmallChange	1	

（3）编写相关控件的事件代码，如下所示。

```
Private Sub Form_Load()
    Text1.Text = 0         '赋初值为 0
    Text2.Text = 0         '赋初值为 0
End Sub
Private Sub HScroll1_Change()
    Text1.Text = HScroll1.Value
        '将水平滚动条的 Value 属性值赋给 Text1 文本框
End Sub
Private Sub VScroll1_Change()
    Text2.Text = VScroll1.Value
        '将垂直滚动条的 Value 属性值赋给 Text2 文本框
End Sub
```

（4）按 F5 键，运行程序。单击滚动条两端的箭头按钮，拖动滚动滑块，观察文本框中的数值变化。程序运行结果如图 6.24 所示。

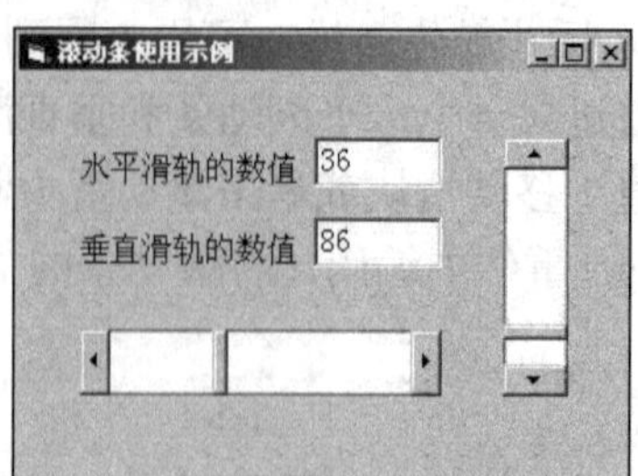

图 6.24　例 6.9 的程序运行结果

【例 6.10】 用三个滚动条作为三种基本颜色的输入工具，设计一个调色板的应用程序，合成的颜色显示在右侧颜色区，分别以不同的合成颜色设置文本框中文字的前景色和背景色。

分析：设计一个文本框作为三种基本色合成后的颜色区域，用文本框的 BackColor 属性显示合成的颜色，再设计两个命令按钮，用命令按钮的 Click 事件分别将三基色合成后的颜色赋给文本框中文字的前景色和背景色。

步骤：

（1）在 VB 环境下，单击“文件”→“新建工程”命令，在新建的窗体上添加三个标签、三个滚动条、两个文本框和三个命令按钮。

（2）设置相关控件的属性，如表 6.10 所示。

表 6.10 例 6.10 相关控件的属性设置

控件名	属性名	属性值	说明
Form1	Caption	调色板	
Label1	Caption	红	
Label2	Caption	绿	
Label3	Caption	蓝	
Scroll1	Max	255	基色最亮度
	Min	0	基色最暗度
	LargeChange	10	大幅变化值
	SmallChange	1	微调值
Scroll2	Max	255	基色最亮度
	Min	0	基色最暗度
	LargeChange	10	大幅变化值
	SmallChange	1	微调值
Scroll3	Max	255	基色最亮度
	Min	0	基色最暗度
	LargeChange	10	大幅变化值
	SmallChange	1	微调值
Command1	Caption	设置前景色	
Command2	Caption	设置背景色	
Command3	Caption	退出	

（3）编写程序代码，如下所示。

```
Dim red%, green%, blue%       '设置分别代表三种颜色数值的整型变量
'给部分控件的属性赋初始值
Private Sub Form_Load()
    Text1.Text = ""
    Text2.Text = "使用调色板选定颜色设置文本框中字体的前景色和背景色"
```

```
    HScroll1.Value = 0
    HScroll2.Value = 0
    HScroll3.Value = 0
    red = HScroll1.Value     '将滚动条 HScroll1 的 Value 属性值赋给变量 red
    Label4.Caption = HScroll1.Value
                  '将滚动条 HScroll1 的 Value 属性值通过标签 Label4 显示
    green = HScroll2.Value
    Label5.Caption = HScroll2.Value
    blue = HScroll3.Value
    Label6.Caption = HScroll3.Value
    Text1.BackColor = RGB(red, green, blue)
        '通过 RGB 函数获取三个变量合成的颜色，并赋给 Text1 的 BackColor 属性
End Sub
Private Sub Command1_Click()
    Text2.ForeColor=Text1.BackColor '将 Text1 的背景色赋给 Text2 的前景色
End Sub
Private Sub Command2_Click()
    Text2.BackColor = Text1.BackColor
End Sub
Private Sub Command3_Click()
    End
End Sub
Private Sub HScroll1_Change()
    red = HScroll1.Value
    Label4.Caption = HScroll1.Value
    Text1.BackColor = RGB(red, green, blue)
End Sub
Private Sub HScroll2_Change()
    green = HScroll2.Value
    Label5.Caption = HScroll2.Value
    Text1.BackColor = RGB(red, green, blue)
End Sub
Private Sub HScroll3_Change()
    blue = HScroll3.Value
    Label6.Caption = HScroll3.Value
    Text1.BackColor = RGB(red, green, blue)
End Sub
```

（4）按 F5 键，运行程序。程序运行结果如图 6.25 所示。

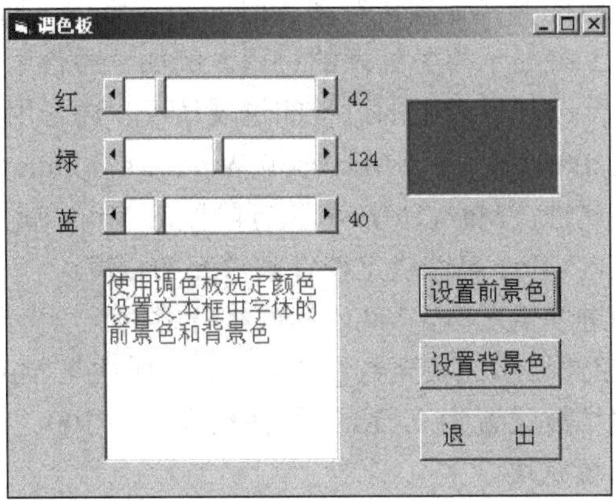

图 6.25　例 6.10 的程序运行结果

6.7　ActiveX 控件

VB 除了标准控件以外，在应用程序中还可以使用 ActiveX 控件。ActiveX 控件是一种特定的控件，使用方法与系统内部控件完全一样，是用户自己设计的或者选购的商品化控件，是系统内部控件的扩展。

VB 的许多强大功能可以依靠 ActiveX 控件获得。程序开发用户可以使用 VB 自身提供的 ActiveX 控件及第三方开发商提供的 ActiveX 部件。另外，用户也可以自己动手制作部件。

目前，在 Internet 上有大量的 ActiveX 部件供用户下载使用，大大方便了程序开发。与集成在 VB 系统内部的标准控件不同，ActiveX 控件是以扩展名为.ocx 的文件格式存储，通常存放在 Windows 的系统文件夹下，需要时可以方便地将其添加到工具箱中，像使用标准控件那样在工程中使用。

ActiveX 控件是一种可视化控件，用户在使用 ActiveX 控件之前需要先将其加载到工具箱中。下面简单介绍一下其加载方法。

（1）在 VB 集成开发环境下，选择“工程”→“部件”命令，弹出 ActiveX 控件对话框。该对话框包含了本机上全部登记注册的 ActiveX 控件。

（2）选中所需的 ActiveX 控件右侧的复选框。例如，添加 CommonDialog 控件、DataGrid 控件等，需要在 ActiveX 控件中进行选择。

（3）单击“确定”按钮，在工具箱中就添加了选择的 ActiveX 控件，之后用户就可以在程序开发过程中正常使用它了。

6.7.1　ProgressBar 控件

在 Windows 及其应用程序中，当执行一个耗时较长的操作时，为提供给用户可视的反馈信息，表明这个耗时的操作还要进行多长时间才能完成，通常会用 ProgressBar 控件（也称为进度条控件）来显示事务处理的进程。例如，通告用户通过网络进行文件传输的进展情况；反映要持续几秒以上的过程的进展情况；通告用户正在运行的复杂算法的进展情况等。ProgressBar 控件位于 Microsoft Windows Common Controls 6.0 部件中。

该控件有三个重要属性：Max、Min 和执行阶段的 Value 属性。Max 和 Min 属性用于设置控件的起止界限，Value 属性决定控件被填充的程度。

在显示某个操作的进展情况时，Value 属性将持续增长，直至达到了由 Max 属性定义的最大值。这样，该控件显示的填充数目总是 Value 属性与 Min 和 Max 属性范围的比值。例如，如果 Min 属性被设置为 0，Max 属性被设置为 100，Value 属性被设置为 60，则该控件将显示 60%的填充块。

在对 ProgressBar 控件编程时，应先确定 Value 属性上升的最大值。例如，批量复制文件，可将 Max 属性设置为批量复制文件的总数，在复制过程中，应用程序必须能够确定有多少文件已被复制，并将 Value 属性设置为已被复制的文件数。

【例 6.11】 利用进度条控件实现烧开水 5 分钟定时器功能。

分析：根据题目要求，可在窗体上添加一个时钟控件、一个 ProgressBar 控件、两个命令按钮和一个标签。通过命令按钮启动时钟控件工作，并用变量记下此刻时间。在时钟控件的 Timer 事件中编程检测系统时间和保存在变量中的时间之差是否达到 5 分钟，并把这个差值与 5 分钟的百分比作为 ProgressBar 控件的值填充。当没有达到 5 分钟时，用标签控件显示“请耐心等待，正在进行中……”；当达到 5 分钟时，将 PregressBar 控件值置于最大值（100）。最后，停止时钟控件工作，并将标签控件显示改为“水已经烧好了！”。

步骤：

（1）在 VB 环境下，选择“文件”→“新建工程”命令，在新建的窗体上添加一个 ProgressBar 控件、两个命令按钮、一个时钟控件和一个标签，设计程序界面如图 6.26 所示。

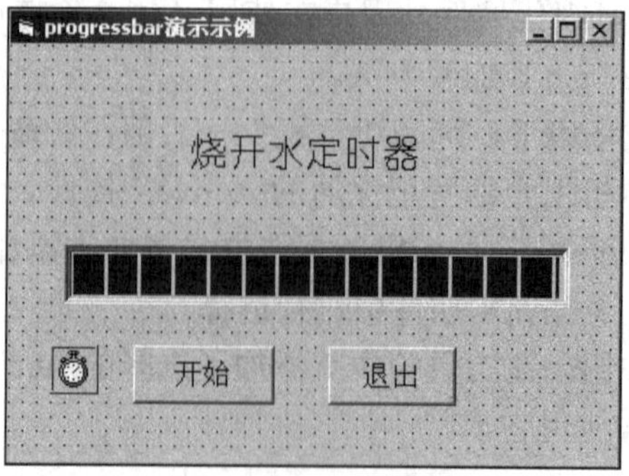

图 6.26　例 6.11 的程序界面效果

（2）设置相关控件的属性，如表 6.11 所示。

表 6.11　例 6.11 相关控件的属性设置

对象名	属性名	属性值
Form1	Caption	Progressbar 演示示例
Timer1	Interval	100
Label1	Caption	烧开水定时器
Command1	Caption	开始
Command2	Caption	退出

（3）编写程序代码，如下所示。

```
Dim mftime As Single                                  '定义时间变量
Private Sub Command1_Click()
    ProgressBar1.Value = 0                            '进度条控件赋初值
    mftime = Timer                                    '保存起动时间
    Timer1.Enabled = True                             '启动时钟控件
    Command1.Enabled = False                          '置"开始"按钮失效
End Sub
Private Sub Command2_Click()
    Unload Me                                         '卸载窗体
End Sub
Private Sub Timer1_Timer()
    Dim percent                                       '定义进程变量
    percent = 100 * (Timer - mftime) / 300            '计算进程
    If percent < 100 Then                             '判断进程是否已满
       ProgressBar1.Value = percent                   '设置进度条填充量
       Label1.Caption="请耐心等待，正在进行中……"      '设置标签提示
    Else
       ProgressBar1.Value = 100                       '设定进度条值为最高值
       Label1.Caption = "水已经烧好了！"              '设置标签提示
       Beep                                           '响铃
       Timer1.Enabled = False                         '关闭时钟控件
       Command1.Enabled = True                        '置"开始"按钮有效
    End If
End Sub
```

（4）按 F5 键，运行程序。程序运行中和运行结束时的界面如图 6.27 所示。

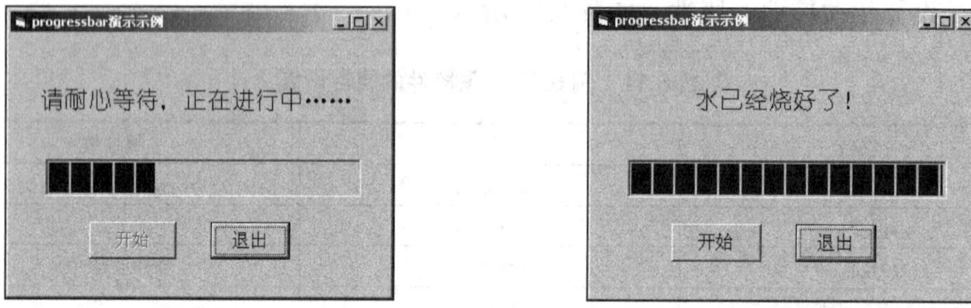

（a）运行中　　　　（b）结束时

图 6.27　程序运行中和结束时的界面

6.7.2　UpDown 控件

UpDown 控件也是 Windows 应用程序中的一种常用控件，位于 Microsoft Windows Common Controls -2 6.0 部件中。它往往与其他控件“捆绑”在一起使用，方便用户设置与其关联的伙伴控件。图 6.28 所示为与一个文本框关联的 UpDown 控件，当用户单击向上或向下的箭头按钮时，文本框中的值会相应地增加或减少。

图 6.28　UpDown 控件示例

UpDown 控件主要有以下几个基本属性，如表 6.12 所示。

表 6.12　UpDown 控件的基本属性

属性名	属性值	描述
Max	数值	为 UpDown 控件设置或返回变化范围的最大值
Min	数值	为 UpDown 控件设置或返回变化范围的最小值
Increment	数值	设置或返回一个值，它决定控件的 Value 属性在 UpDown 控件的按钮被单击时改变的量，即被“捆绑”控件关联的属性值变化的幅度

UpDown 控件的属性值既可以在“属性”窗口中设置，也可以在该控件的“属性页”对话框的“滚动”选项卡中设置。

UpDown 控件能响应 UpClick 和 DownClick 事件，它们分别在单击向上和向下箭头按钮时触生，一般不需要编写它们的事件代码，因为与 UpDown“捆绑”的控件相关联的属性值会自动发生改变。

使用 UpDown 控件，通常应先将其与其他控件“捆绑”关联。下面以要求 UpDown 控件与文本框 Text1 控件关联为例，完成“捆绑”操作如下。

（1）若窗体上已添加 UpDown 控件，右击该控件，在弹出的快捷菜单中选择“属性”命令，弹出 UpDown 控件的“属性页”对话框，选择“合作者”选项卡，如图 6.29 所示。

（2）在“合作者控件”编辑框中输入欲捆绑关联的控件名称 Text1，如窗体上只有一个文本框控件，也可选中“自动合作者”复选框，此时系统会自动选定 Text1。

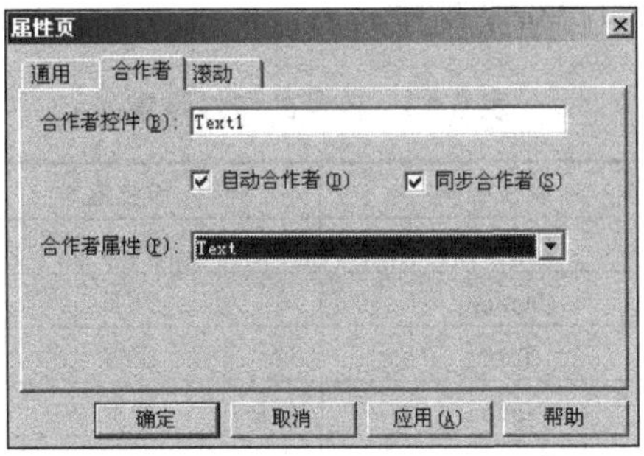

图 6.29　UpDown 控件的“属性页”对话框“合作者”选项卡

（3）在“合作者属性”下拉列表框中选定要与 UpDown 控件关联的 Text1 属性名 Text，这样 Text1 的 Text 属性将与 UpDown 控件的 Value 属性保持同步。单击“确定”按钮，完成关联控件的捆绑。

上 机 练 习

设计一个窗体，用于显示个人信息。

要求：设计一个窗体，用三组框架设置显示学生个人信息。

分析：本窗体设计的目的是方便用户进行数据采集，提供数据输入和选择功能，用户可以通过文本框输入姓名，在三个框架内分别选择符合自身情况的选项，其中包括单选项和多选项。在完成本程序时，需注意框架和框架内部控件的放置顺序，以及单选按钮和复选按钮在被设置时的属性区别，即单选按钮 Option1.Value 属性值为 True 或 False；而复选框 Check1.Value 属性值为 1 或 0。

步骤：

（1）创建一个窗体，在窗体上设置一个命令按钮、一个标签、一个文本框和三组框架。框架 1 中包含两个单选按钮，框架 2 中包含两个单选按钮，并采用图形显示方式，框架 3 中包含六个复选框，如图 6.30 所示。

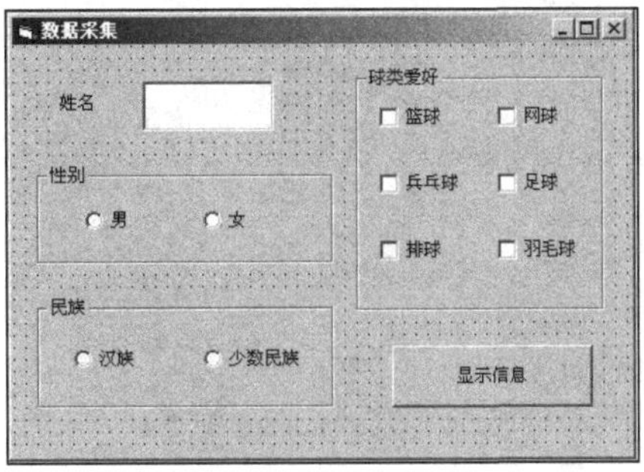

图 6.30　设计界面

（2）设置控件的属性如表 6.13 所示。

表 6.13　控件的属性设置

控件名	属性名	属性值	说明
Form1	Caption	数据采集	
Label1	Caption	姓名	
Text1	Text	空白	
Frame1	Caption	性别	
Option1	Caption	男	
Option2	Caption	女	
Frame2	Caption	民族	
Option3	Caption	汉族	
	Style	1-Graphical	图形样式
Option4	Caption	少数民族	
	Style	1-Graphical	图形样式
Frame3	Caption	球类爱好	
Check1	Caption	篮球	
Check2	Caption	网球	
Check3	Caption	乒乓球	
Check4	Caption	足球	
Check5	Caption	排球	
Check6	Caption	羽毛球	
Command1	Caption	显示信息	

（3）编写程序代码，如下所示。

```
Private Sub Form_Load()
    Option1.Value = False
    Option2.Value = False
End Sub
Private Sub Command1_Click()
    Dim str As String
    str = Text1.Text & ","
    If Option1.Value = True Then
        str = str & Option1.Caption & ","
    Else
        str = str & Option2.Caption & ","
    End If
    If Option3.Value = True Then
        str = str & Option3.Caption & ","
    Else
        str = str & Option4.Caption & ","
```

```
        End If
        str = str & vbCrLf & Frame3.Caption & ":"
        If Check1.Value = 1 Then str = str & Check1.Caption & "  "
        If Check2.Value = 1 Then str = str & Check2.Caption & "  "
        If Check3.Value = 1 Then str = str & Check3.Caption & "  "
        If Check4.Value = 1 Then str = str & Check4.Caption & "  "
        If Check5.Value = 1 Then str = str & Check5.Caption & "  "
        If Check6.Value = 1 Then str = str & Check6.Caption & "  "
        MsgBox str, , "学生个人信息"
    End Sub
```

（4）运行程序，先输入姓名、选择性别、民族和球类爱好，设计运行界面如图 6.31 所示；单击“显示信息”按钮，结果如图 6.32 所示。

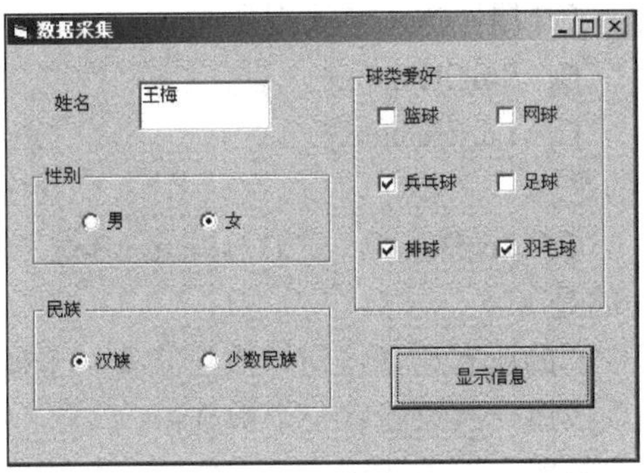

图 6.31　运行界面设计

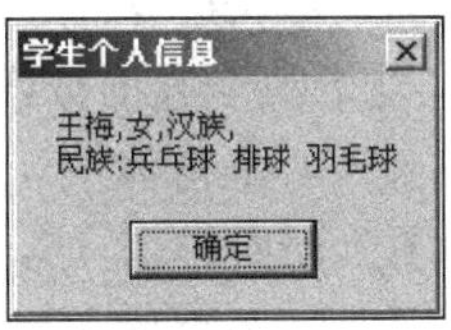

图 6.32　显示的学生个人信息

课 后 习 题

一、选择题

1．以下说法中，正确的是（　　）。

A．图像框控件除了可以显示图形外，还可以作为控件的容器

B．图像框控件不能延伸任何类型的图形的大小以适应控件的大小

C．图片框控件可以延伸任何类型的图形的大小以适应控件的大小

D．图片框控件除了可以显示图形外，还可以作为控件的容器

2．在窗体上画一个名称为 Timer 的时钟控件，要求每隔 0.5 秒触生一次计时事件，则以下属性设置语句中，正确的是（　　）。

A．Timer.Interval=50　　　　B．Timer.Interval=0.5

C．Timer.Interval=500　　　　D．Timer.Interval=5

3．如果列表框 List1 中没有选定的项目，则执行 List1.RemoveItem List1.ListIndex 语句的结果是（　　）。

A．移去最后加入列表中的一项　　B．移去第一项
C．移去最后一项　　D．以上都不对

4．要使单击滚动条滑块与两端箭头之间的空白区域时变化值为 20，应设置属性（　　）。

A．LargeChange　B．Min　C．Max　D．SmallChange

5．设窗体上有一个列表框控件 List1，且其中有若干列表项，则以下能表示当前被选定列表项内容的是（　　）。

A．List1.Listindex　　B．List1.Text
C．List1.list　　D．List1.Index

6．滚动条触发 Change 事件是因为改变了其属性值，该属性是（　　）。

A．Value　　B．SmallChange
C．Max　　D．LargeChange

7．下面控件中，不支持 Change 事件的是（　　）。

A．Label　B．TextBox　C．ListBox　D．PictureBox

8．以下关于选项按钮的说法中，正确的是（　　）。

A．一个窗体上（不包括其他容器中）的所有选项按钮一次只能有一个被选中
B．所有容器（多于一个）中的选项按钮一次只能有一个被选中
C．一个窗体上（包括其他容器中）的所有选项按钮一次只能有一个被选中
D．在一个容器中的所有选项按钮可以同时有多个被选中

9．以下关于定时器的说法中，错误的是（　　）。

A．如果定时器的 Interval 属性值为 0，则定时器失效
B．可以设置定时器的 Visible 属性，使其在窗体上可见
C．运行时定时器在窗体上不可见
D．定时器只有一个 Timer 事件

10．下列说法中，正确的是（　　）。

A．框架也有 Click 和 DblClick 事件
B．通过适当的设置，可以在程序运行期间，让时钟控件显示在窗体上
C．在列表框中能够将项目按字母从大到小排序
D．在列表框中不能进行多项选择

11．一个窗体中带图片框控件（已装入图像）的 VB 应用程序从文件上看，至少应包括的文件有（　　）。

A．窗体文件（.frm）、项目文件（.vbp/vbw）和窗体的二进制文件（.frx）
B．窗体文件（.frm）、项目文件（.vbp/vbw）和代码文件（.bas）
C．窗体文件（.frm）、项目文件（.vbp/vbw）和模块文件（.bas）

D. 窗体文件（.frm）和项目文件（.vbp/vbw）

12. 若要清除列表框的所有内容，可采用方法（　　）。

A. Erase　　B. Clear　　C. RemoveItem　D. Cls

13. 下列关于“控件”属性的说法中，正确的是（　　）。

A. 控件的属性只能在设计时设置，不能在运行时修改

B. 单击窗体中的某控件，在“属性”窗口中的属性列表框中找到要设置的属性，即可设置其属性值

C. 不同控件的默认属性是相同的

D. 所有对象都具有同样的属性

14. 下列控件中，没有 Caption 属性的是（　　）。

A. 单选按钮　　B. 列表框　　C. 框架　　D. 复选框

二. 思考练习题

如何实现一个在窗体上四处乱窜的小球。

提示：小球用一个图像框控件显示，随机产生两个数字 X 和 Y（如 X=Rnd × 100），分别用于控制图像框控件在水平和垂直方向上移动的位移量（如 Image1.Move Image1.Left + X, Image1.Top + Y），当小球走到窗体的任一边界后重新生成新的 X 和 Y（当超出左边界时，X 和 Y 可以是正数，反之则为负数），这样小球的移动是不可预料的。时钟控件的事件过程控制小球的移动，通过其 Interval 属性设定移动速度。

课后习题答案

一、选择题

1	2	3	4	5	6	7	8	9	10
D	C	D	A	B	A	C	A	B	A
11	12	13	14						
A	B	B	B						

二、思考练习题

略。

第7章

过　　程

本章要点

- 子过程的定义及调用。
- 函数过程的定义及调用。
- 参数传递。
- 变量和过程的作用域。

模块化程序设计(modular programming)是一种将程序分解为独立模块的编程方法，每个模块具有清晰的功能和接口。在用 VB 语言设计应用程序解决问题时，有时问题比较复杂，按照结构化程序设计的原则，可以把某个复杂的任务按功能分解为小的模块，再根据作用细分为小的程序单元，构成这些程序单元的程序称为“过程”。模块化程序设计体现了“分而治之”的思想。通过功能分解实现模块化程序设计，功能分解就是一个自顶向下、逐步求精的过程，即一步一步地把大功能分解为小功能，从上到下，逐步求精，各个击破，直到完成最终的程序。由于模块间是相互独立的，因此每个模块可以独立地理解、编写、测试、排错和修改，这就使程序变得容易设计、理解和阅读。

因为 VB 应用程序是由过程构成的，所以用 VB 设计应用程序时，除了定义常量和变量外，全部工作就是编写过程。一个过程仍然由顺序、选择及循环 3 种结构组成，但它有自己的特点，主要体现在主程序与子程序之间的数据输入、输出，即主程序与子程序之间的数据传递。

在 VB 中，过程分为两类：事件过程和自定义过程。

前面我们已经多次接触事件过程，这样的过程是当触生某个事件（如 Click、Load、Change 等）时，对该事件做出响应的程序段。这类事件过程构成了 VB 应用程序的主体。

窗体事件过程的语法格式如下：

```
[Public|Private] Sub Form_事件名([参数列表])
    语句块
[Exit Sub]
    语句块
End Sub
```

控件事件过程的语法格式如下：

```
[Public|Private] Sub 控件名_事件名([参数列表])
    语句块
[Exit Sub]
    语句块
End Sub
```

其中事件名只能是 VB 为该对象提供的众多事件（如 Click、Load、Change 等）之一，而不是由用户命名的。

但是，如果同一个事件过程内出现相似或完全相同的重复程序段，或者多个事件过程需要一段相同的程序代码，可以把这样的程序段独立出来作为一个过程，称为“自定义过程”。自定义过程可以单独创建，供事件过程或其他通用过程调用。通过自定义过程，我们可以获得以下优势。

1）代码重用

通用过程使得人们能够将具有相同功能的代码抽象为一个过程，从而实现代码的重用。当人们需要执行相同的操作时，只需调用过程，而不必重复编写相同的代码。这大大减少了代码冗余，提高了开发效率。

2）模块化设计

过程将程序功能划分为小的模块，使得程序更易于理解和维护。通过将代码分解为过程，人们可以将复杂的问题分解为更小的、可管理的部分。每个过程负责完成一个清晰的任务，使代码更具可读性和可维护性。

3）逻辑封装

过程将一系列操作封装在一个代码块中，提高了代码的逻辑性和可理解性。通过命名过程和提供清晰的过程接口，人们可以更好地理解代码的功能。这样，即使是复杂的代码逻辑，也可以通过过程的封装变得更易于理解和调试。

7.1 子过程的定义和调用

在 VB 中，如果只是为了完成某种功能处理，而不是为了获得某个数值，则可以通过定义并调用子过程来实现。子过程没有返回值。

【例 7.1】 调用子过程输出“欢迎学习 VB”。

定义子过程的名称为 Zprint，代码如下。

```
Public Sub Zprint()  '定义子过程 Zprint
   Print "欢迎学习 VB"
End Sub
```

在窗体的单击事件过程中调用子过程进行输出，代码如下。

```
Private Sub Form_Click()
   Call Zprint
End Sub
```

运行程序，单击窗体时，运行结果如图 7.1 所示。

图 7.1 例 7.1 的程序运行结果

7.1.1 子过程的定义

1. 子过程的定义格式

子过程的定义格式如下：

```
[Static|Private|Public] Sub 子过程名([参数列表])
```

```
        局部变量或常数定义 ⎫
        语句块             ⎪
        [Exit Sub]         ⎬过程体
        语句块             ⎪
    End Sub                ⎭
```

说明：

（1）子过程：又称为Sub过程，以Sub开头，以End Sub结束，在两者之间是描述过程操作的语句块，即“过程体”。

（2）子过程名：子过程命名规则与变量命名规则相同。不能与VB中的关键字重名，也不能与Windows API函数重名，还不能与同一级别的变量重名。

（3）参数列表：列出了调用子过程时传递的变量，多个参数之间用英文逗号隔开。其语法格式如下：

```
[ByVal|ByRef] 变量名 [As 数据类型]
```

其中，ByVal和ByRef用于指定参数传递的方式，两者的区别将在7.3节介绍。“As 数据类型”用于指定参数的数据类型，默认为变体类型。子过程可以无参数，即使无参数，定义时子过程名后面的括号也不能省略。

（4）[Exit Sub]：表示退出子过程，往往与选择结构（If 或 Select Case 语句）联用，即当满足一定条件时，终止子程序并退出子过程。

（5）[Static|Public|Private]：全局（Public）过程可以被应用程序中的任一过程调用，而私有（Private）过程只能被同一模块中的过程调用，默认为全局过程。Static表示过程中的局部变量为“静态”变量。

（6）End Sub：标志着子过程的结束。为了能正确运行，每个子过程必须有一个End Sub子句。当程序执行到End Sub时，将退出该过程，并立即返回到调用位置。此外，在函数体内可以用一个或多个Exit Sub语句从过程中退出。

2. 自定义子过程的方法

自定义子过程有以下两种方法。

方法1：利用“工具”菜单中的“添加过程”命令定义。具体操作步骤如下。

（1）打开窗体或标准模块的代码窗口。

（2）选择“工具”→“添加过程”命令，弹出“添加过程”对话框，如图7.2所示。

（3）在“名称”文本框中输入子过程名（过程名中不允许存在空格）。

（4）在“类型”选项组中选中“子程序”单选按钮，定义子过程。

（5）在“范围”选项组中选中“公有的”单选按钮，则定义一个公共级的全局过程；选中“私有的”单选按钮，则定义一个标准模块级或窗体级的局部过程。

这时，VB创建了一个子过程的模板，如图7.3所示，就可以在其中编写代码了。

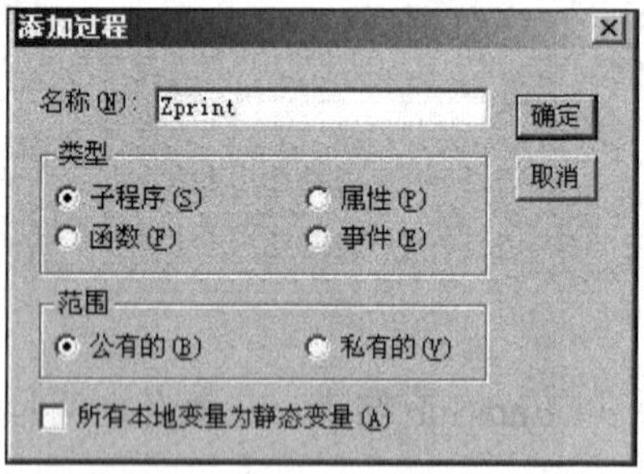

图 7.2 “添加过程”对话框

图 7.3 名为 Zprint 的子过程模板

方法 2：利用代码编辑窗口直接定义。

在窗体或标准模块的代码编辑窗口中，把插入点放在所有现有过程之外，直接输入子过程。

7.1.2 子过程的调用

子过程定义完成后，要使用这些子过程就必须调用它们。在 VB 中，子过程的调用是一个独立的调用语句，有如下两种形式。

格式 1：

```
Call 子过程名[(实参列表)]
```

格式 2：

```
子过程名 [实参列表]
```

说明：

（1）格式 1 使用 Call 语句调用时，如果有实参，则实参必须用小括号括起来；如果没有实参，则小括号可以省略。

（2）格式 2 无 Call，用子过程名调用时，小括号必须省略。

（3）调用时，实参的个数、类型、顺序应与形参保持一致（VB 中允许形参与实参的个数不同）。

（4）有多个实参时，各参数之间用英文逗号分隔，实参可以是与形参同类型的常量、变量、表达式、数组、数组元素和对象。

（5）当参数是数组时，形参在参数声明时应省略其维数，但形参数组的括号不能省略。

注意：若参数传递采用引用（传址）方式，则实参只能是变量或数组，不能是常量、表达式，也不能是对象名。

【例 7.2】 输入两个数值，并按由大到小的顺序进行输出。

分析：输入两个数值后，比较其大小，如果顺序不对则交换，利用子过程实现两个变量数值的交换。子过程命名为 Swap。

程序代码如下。

```
Public Sub Swap(x As Integer, y As Integer) '定义子过程
    Dim t  As Integer
    t = x
    x = y
    y = t
End Sub
```

在窗体的单击事件中调用子过程 Swap，调用过程的代码如下。

```
Private Sub Form_Click()
    Dim a As Integer, b As Integer
    a = InputBox("请输入变量 a 的数值")
    b = InputBox("请输入变量 b 的数值")
    If a < b Then
        Swap a, b  '调用子过程
    End If
    Print "a="; a, "b="; b
End Sub
```

程序运行时，依次输入 a、b 的值，工程会按照由大到小的顺序进行输出。

例 7.2 的子过程执行步骤如图 7.4 所示。

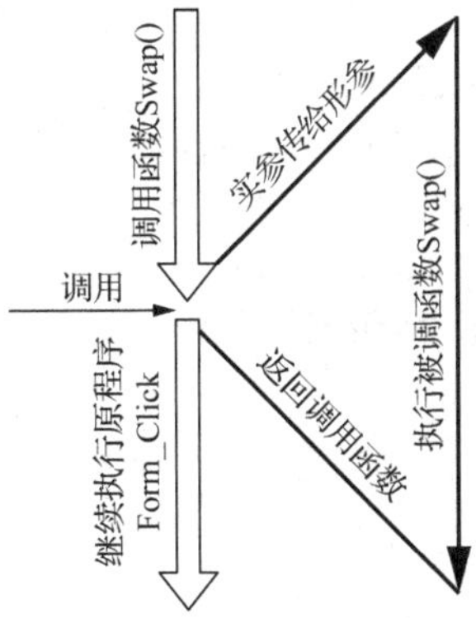

图 7.4　例 7.2 的子过程执行步骤

用户自定义过程的调用步骤如下。

（1）主调过程调用被调过程，实参传递给形参。多个参数传递时，是按照顺序传递的，与参数名无关。例 7.2 的参数传递如图 7.5 所示。

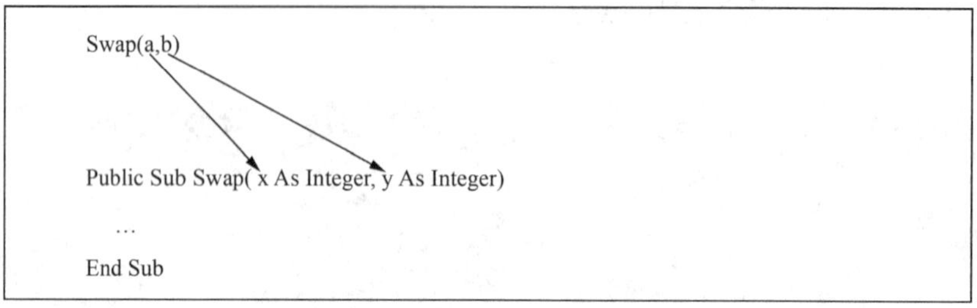

图 7.5　例 7.2 的参数传递

（2）启动被调过程，执行其中语句，此时主调过程被中断，等待被调过程完成。

（3）被调过程完成后，返回主调过程，继续执行主调过程。

【例 7.3】　求两个数组的和并输出。

分析：工程中会多次用到数组的输入和输出，所以将数组的输入和输出代码独立出来分别用子过程 Sinput 和 Soutput 实现。

程序代码如下。

```
'定义子过程 Sinput，实现数组的输入
Private Sub Sinput(a() As Integer)
    Dim i%
    For i = LBound(a) To UBound(a)
        a(i) = InputBox("请输入第" & i & "个元素的值")
    Next
End Sub
'定义子过程 Soutput，实现数组的输出
Private Sub Soutput(a() As Integer)
    Dim i%
    For i = LBound(a) To UBound(a)
        Print "第"; i; "个元素值为："; a(i),
    Next
    Print
    Print
End Sub
Private Sub Form_Click()
    Dim a%(1 To 5), b%(1 To 5), c%(1 To 5)
    Call Sinput(a)    '调用子过程 Sinput
    Call Sinput(b)    '调用子过程 Sinput
    For i = 1 To 5
        c(i) = a(i) + b(i)
    Next
    Print "数组 a 中各元素的值为："
```

```
    Soutput a      '调用子过程 Soutput
    Print "数组 b 中各元素的值为："
    Soutput b      '调用子过程 Soutput
    Print "数组 a 和数组 b 中各元素的和为："
    Soutput c      '调用子过程 Soutput
End Sub
```

运行程序，调用两次 Sinput()函数，分别输入数组 a、b 中各元素的值（可输入任意整数值），求和后，三次调用 Soutput()函数，分别输出数组 a、b 各元素的值及数组 a 和数组 b 中各元素的和。程序运行结果如图 7.6 所示。

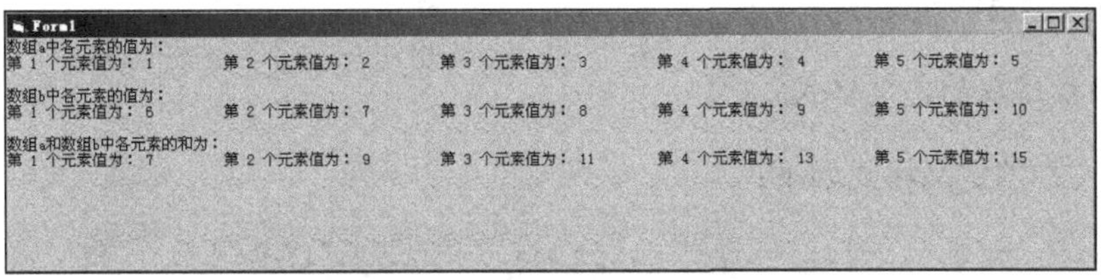

图 7.6　例 7.3 的程序运行结果

7.2　函数过程的定义和调用

在 VB 中，函数分为内部函数和外部函数两种。其中，内部函数是系统预先编好的、能完成特定功能的一段程序，如 Sqr()、Len()等；外部函数是用户根据需要用 Function 关键字定义的函数过程，调用函数时会得到一个函数返回值。

【例 7.4】　求任意半径的圆的面积。

分析：首先定义一个求圆面积的函数过程，然后调用并求得圆面积。每次调用时，由主调过程通过参数传递将半径传递给函数。

程序代码如下。

```
Public Function area(r!) as single
    Dim s#
    s = 3.14 * r ^ 2
    area = s
End Function

Private Sub Form_Click()
    Dim r!
    r = InputBox("请输入圆半径：", "输入")
    Print "area=", area(r);
End Sub
```

运行程序，根据提示输入半径 2，屏幕上将显示计算后的圆面积，如图 7.7 所示。

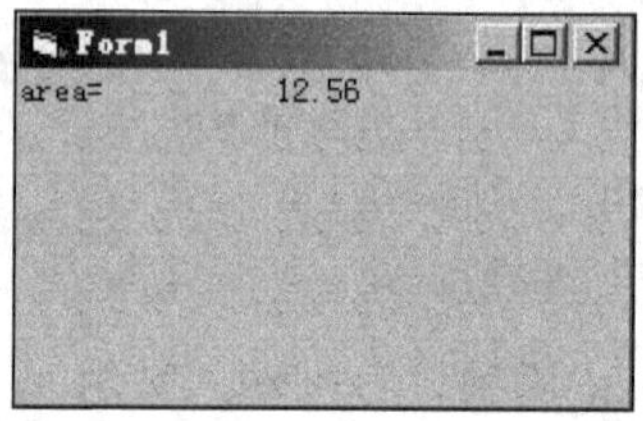

图 7.7　例 7.4 的程序运行结果

7.2.1　函数过程的定义

1. 函数过程的定义格式

函数过程的定义格式如下：

```
[Static|Public|Private] Function 函数过程名([参数列表]) [As 类型]
    局部变量或常数定义
    语句块
    函数名=返回值
    [Exit Function]          函数体
    语句块
    函数名=返回值
End Function
```

说明：

（1）函数过程：以 Function 开头，以 End Function 结束，两者之间是描述过程操作的语句块，即“函数体”。

（2）函数过程名：函数过程命名规则与变量命名规则相同。不能与 VB 中的关键字重名，也不能与 Windows API 函数重名，还不能与同一级别的变量重名。

（3）As 类型：指定函数返回值的类型，若省略类型声明，则函数返回变体型值。

（4）参数列表：列出了调用函数过程时传递的变量，多个参数之间用英文逗号隔开。其语法格式如下：

```
[ByVal|ByRef] 变量名 [As 数据类型]
```

其中，ByVal 和 ByRef 用于指定参数传递的方式，其区别将在 7.3 节介绍。“As 数据类型”用于指定参数的数据类型，默认为变体型。函数过程可以无参数，但定义函数过程时即使无参数，函数名后面的()也不能省略，()是函数的标志。

（5）函数的返回值是通过对函数名的赋值语句来实现的，在函数体内至少应对函数名赋值一次。如果没有“函数名=返回值”这条语句，该函数会返回一个系统默认值。数值型函数的默认返回值为 0，字符型函数的默认返回值为空串（""），可变型函数的默认返回值为空值（Null）。

（6）[Exit Function]：表示退出函数过程，往往与选择结构（If 或 Select Case 语句）联用，即当满足一定条件时，退出函数过程。

（7）[Static|Public|Private]：同子过程。

（8）End Function：标志着函数过程的结束。为了能正确运行，每个函数过程必须有一个 End Function 子句。当程序执行到 End Function 时，将退出该过程，并立即返回到调用位置。此外，在函数体内可以用一个或多个 Exit Function 语句从过程中退出。

2. 自定义函数过程的方法

自定义函数过程有以下两种方法。

方法 1：利用“工具”菜单中的“添加过程”命令定义。具体操作步骤如下。

（1）打开窗体或标准模块的代码编辑窗口。

（2）选择“工具”→“添加过程”命令，弹出“添加过程”对话框，如图 7.8 所示。

（3）在“名称”文本框中输入函数名（过程名中不允许存在空格）。

（4）在“类型”选项组中选中“函数”单选按钮，定义函数。

（5）在“范围”选项组中选中“公有的”单选按钮，则定义一个公共级的全局函数；选中“私有的”单选按钮，则定义一个标准模块级或窗体级的局部函数。

这时，VB 创建了一个函数的模板，如图 7.9 所示，可以在其中编写代码了。

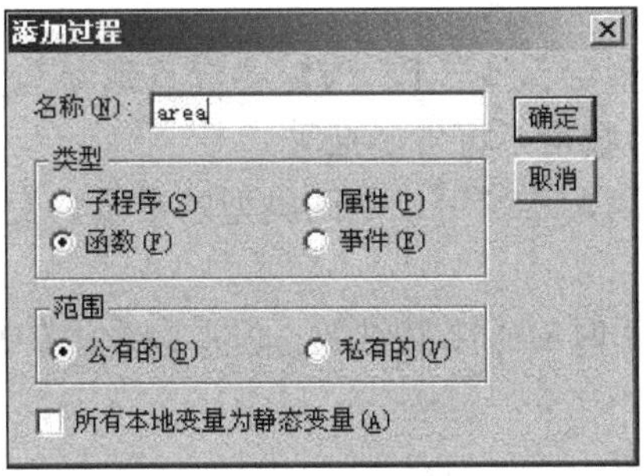

图 7.8 “添加过程”对话框

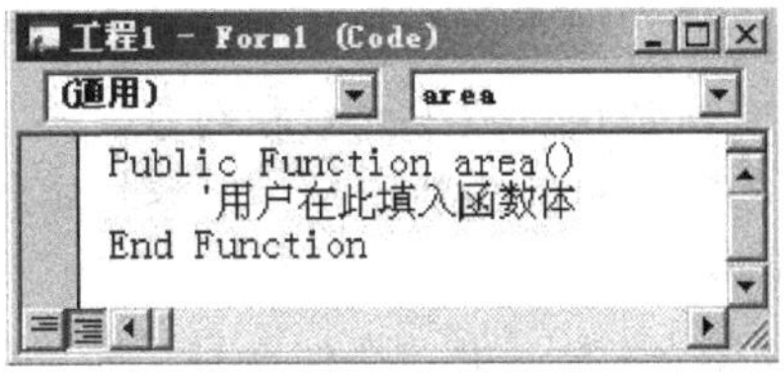

图 7.9 名为 area 的函数模板

方法 2：利用代码编辑窗口直接定义。

在窗体或标准模块的代码编辑窗口中，把插入点放在所有现有过程之外，直接输入函数过程。

子过程与函数过程的区别及注意事项如下。

（1）函数过程有返回值，有返回值类型；在函数过程体内需对函数过程名赋值以设定函数的返回值。子过程名没有返回值，不能在子过程体内对子过程名赋值。

（2）仅仅为了实现某个操作，不需要返回结果，用子过程实现。

（3）只有一个返回值时，习惯用函数过程实现。

（4）有多个返回值时，既可用子过程也可用函数过程实现，但必须结合全局变量或者传地址（引用）方式。

（5）形参个数的确定。形参是过程与主调程序交互的接口，利用参数可以从主调程序获得初值，或将计算结果返回给主调程序。

（6）形参没有具体的值，只代表了参数的个数、位置及类型。

7.2.2 函数过程的调用

函数过程定义完成后，就可以像内部函数那样调用了。只有调用函数才能使函数过程启动，才能获得函数值。其语法格式如下：

```
函数过程名([参数列表])
```

由于函数过程能返回一个值，故函数过程不能作为单独语句加以调用，必须作为表达式或表达式中的一部分。

最简单的情况是在赋值语句中调用函数过程，将函数返回值赋给变量，格式如下：

```
变量名=函数过程名([参数列表])
```

也可以将函数的返回值作为另一个函数调用的参数。例如：

```
Print 函数过程名([参数列表])
```

说明：

（1）调用时，实参的个数、类型、顺序应与形参保持一致（VB 中允许形参与实参的个数不同），必须给参数加上括号，即使没有参数也不可省略括号。

（2）有多个实参时，参数之间用英文逗号分隔，实参可以是同类型的常量、变量、表达式、数组、数组元素和对象。

（3）当参数是数组时，形参与实参在参数声明时应省略其维数，但形参数组的括号不能省略。

【例 7.5】 求三个任意长、宽的矩形的面积和。

分析：计算三个矩形面积，使用的公式相同，不同的仅仅是长和宽，因此首先定义一个求矩形面积的函数过程，然后像调用标准函数那样多次调用它。

程序代码如下。

```
'定义计算矩形面积的函数过程
Private Function area(ch As Single, k As Single) As Double
   area = ch * k
End Function

'在事件过程中输入数据，调用计算矩形面积的函数过程，显示总面积
Private Sub form_Click()
```

```
    Dim i%, ch!, k!, sum#
    sum = 0
    For i = 1 To 3
        ch = InputBox("请输入矩形的长", "输入")
        k = InputBox("请输入矩形的宽", "输入")
        sum = sum + area(ch, k)
    Next i
    Print "矩形面积和为："; sum
End Sub
```

具体步骤如下。

（1）在 Form_Click 中执行到 area(ch,k)时，事件过程中断，系统记住返回地址，实参和形参结合，如图 7.10 所示。

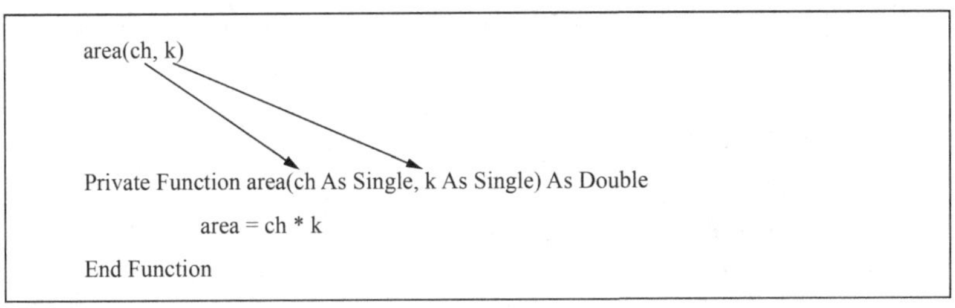

图 7.10 例 7.5 的参数传递

（2）执行 area()函数过程体，当执行到 End Function 语句时，函数名带着值返回到主调程序 Form1_Click 中断处，继续执行 sum = sum + area(ch, k)，将函数的返回值与 sum 相加后，重新给 sum 赋值。

（3）继续执行余下的语句，遇到下一次调用，重复步骤（1）和步骤（2），直到出现 End Sub 为止。

【例 7.6】 编写程序求任意三个数中的最大数。

分析：编写求两个数较大数的函数，多次调用求三个数中的最大数。

程序代码如下。

```
Private Sub Form_Click()
    Dim i%, a%(1 To 3), max3%
    For i = 1 To 3
        a(i) = InputBox("请输入第" & i & "个数")
    Next
    max3 = max(a(1), a(2))   '调用 max()函数
    max3 = max(max3, a(3))   '再次调用 max()函数
    Print a(1), a(2), a(3), "中的最大数为："; max3
```

```
End Sub
'定义求两个数较大值的函数 max()
Private Function max(x%, y%)
    If x > y Then
        max = x
    Else
        max = y
    End If
End Function
```

【例 7.7】 编写求任意两个正整数最大公约数的函数过程 gcd。

分析：求最大公约数可以使用“辗转相除法”，即以大数 m 作为被除数，小数 n 作为除数，相除后余数为 r。若 r 不为零，则把 n 的值赋给 m，把 r 的值赋给 n，继续相除得到新的 r；若 r 仍不为零，则重复此过程，直到 r=0。最后的 n 就是最大公约数。

程序代码如下。

```
Function gcd(byval m%, byval n%) As Integer
    Dim r%, t%
    If m < n Then
        t = m
        m = n
        n = t
    End If
    r = m Mod n
    Do While r <> 0
        m = n
        n = r
        r = m Mod n
    Loop
    gcd = n
End Function
Private Sub form_Click()
    Dim m%, n%
    m = InputBox("请输入 m 的值", "输入")
    n = InputBox("请输入 n 的值", "输入")
    '在输出语句中调用函数 gcd
    Print m; "和"; n; "的最大公约数为："; gcd(m, n)
End Sub
```

7.3 参　数

在本章前面的学习中，可以了解到在调用过程中，过程（被调过程、子程序）和调用它的程序（主调过程、主程序）之间一般都存在数据传递，主调过程需向被调过程传递一些必要的数据，以便被调过程可以执行以得到正确结果。在 VB 中，不同模块（过程）之间数据传递的方式有以下两种。

（1）使用参数传递。

（2）使用全局变量。

当调用子过程或函数过程时，调用语句中的实参就与定义过程语句中的形参在个数位置上一一对应起来，并以某种方式传递数据，这个过程称为参数传递。本节主要讲解如何通过参数传递实现数据传递。

7.3.1 形参与实参

1. 形参

形参是指在定义子过程和函数过程时出现在形参表中的变量名、数组名。过程被调用前，形参没有被分配内存，用以说明自变量的类型及其在过程中的作用和扮演的角色。形参可以是如下参数。

（1）合法变量名，不可以是定长字符串变量。

（2）数组名，后面需跟()。

2. 实参

实参是在调用子过程和函数过程时，传递给相应过程的变量名、数组名、常数或表达式。在过程调用中，参数的传递方式是形参与实参是按位置结合（除非显式地指出与形参结合的实参，即把形参用“:=”与实参连接起来），形参表和实参表中对应的变量名可以不相同，但位置必须一一对应起来。

3. 形参与实参的关系

形参如同公式中的符号，实参就是符号具体的值；调用过程即实现形参与实参的结合，也就是把值代入公式进行计算。

VB 提供了实参与形参结合的两种方式，即传值（ByVal）和传址（ByRef）。

7.3.2 传值

传值（定义时带关键字 ByVal）是指按值传递参数（passed by value）时，将实参变量的值复制一个到临时内存单元中，如果在调用过程中改变了形参的值，不会影响实参变量本身，即实参变量保持调用前的值不变。按值传递是单向的，被调过程的操作是在形参临时内存单元中进行的，当过程调用结束时，这些形参所占用的临时内存单元也同时被释放。

【例 7.8】 传值示例。

程序代码如下。

```
Public Sub chzh(ByVal x As Integer)
    x = x + 1
    Print "形参 x="; x
End Sub

Private Sub Form_Click()
    Dim a%
    a = 5
    Print "调用前实参 a="; a
    Call chzh(a)
    Print "调用后实参 a="; a
End Sub
```

程序运行结果如图 7.11 所示，可以发现实参并未受形参变化的影响，仍保留调用前的值。

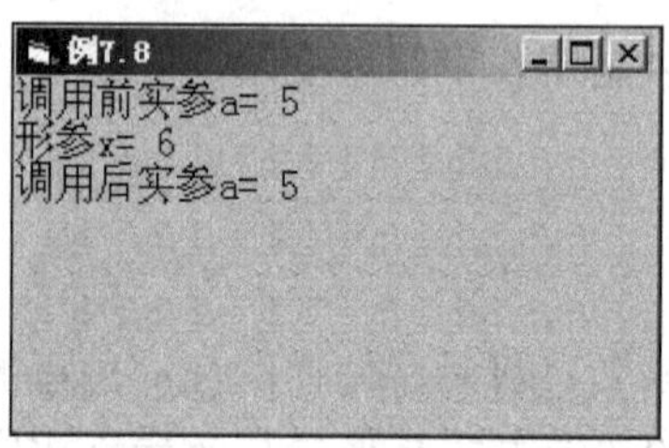

图 7.11　例 7.8 的程序运行结果

7.3.3 传址

传址（定义时没有关键字或带关键字 ByRef）是指按地址传递参数时，把实参变量的地址传递给被调用过程，形参和实参共用同一个内存单元。在被调用过程中，形参的值一旦改变，相应实参的值也随之改变。因此按址传递是双向的，在被调过程体中对形参的任何操作都变成了对相应实参的操作。

注意：如果实参是一个常数或表达式，VB 会自动按传值方式来处理。

【例 7.9】 传址示例，将例 7.8 中的参数改为传址方式，并查看程序运行结果。

程序代码如下。

```
Public Sub chzh(x As Integer)
```

```
    x = x + 1
    Print "形参 x="; x
End Sub
Private Sub Form_Click()
    Dim a%
    a = 5
    Print "调用前实参 a="; a
    Call chzh(a)
    Print "调用后实参 a="; a
End Sub
```

程序运行结果如图 7.12 所示，会发现实参随形参的变化而变化。

说明：

（1）如果未指定形参变量的数据类型，默认为变体型，形参数据类型由对应的实参数据类型来确定，这样程序的执行效率低，且容易出错。

（2）如果是传址方式，实参与形参的数据类型必须相同。如果是传值方式，实参数据类型与形参数据类型应赋值兼容，系统自动将实参的数据类型转换为形参的数据类型，然后再传递（赋值）给形参；如果实参的数据类型不能转换，则会出错。

（3）在调用子过程或函数过程时，如果实参是常量或表达式，无论在定义时使用传值还是传址方式，此时都是按传值方式将常量或表达式计算的值传递给形参。如果形参是按传址方式传递，但调用时想使实参变量按传值方式传递，可以给实参变量两侧加上小括号，将其转换为表达式。

（4）如果形参变量是字符串，则只能是变长字符串，不能是定长字符串，但定长字符串可以作为实参传递给过程。

思考：思考下面程序的运行结果，如图 7.13 所示，注意参数的传递方式的区别。

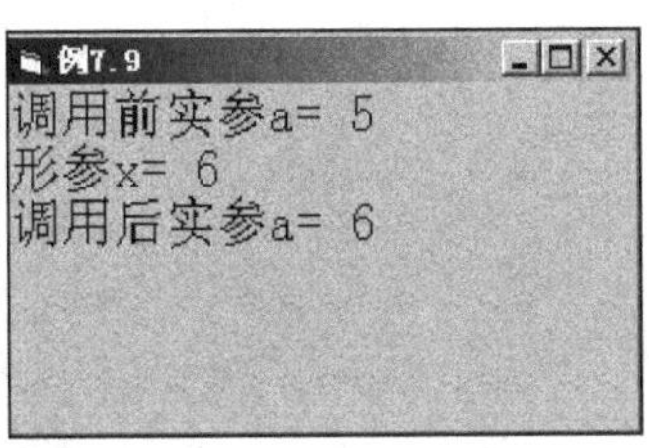

图 7.12 例 7.9 的程序运行结果

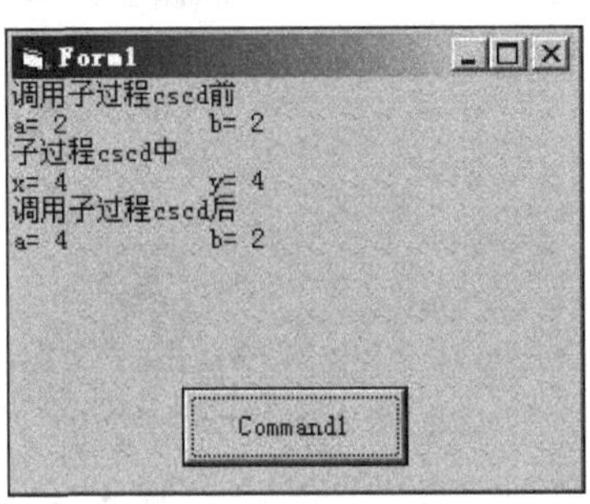

图 7.13 例 7.9 思考题的程序运行结果

```
Private Sub Command1_Click()
    Dim a%, b%
    a = 2
```

```
    b = 2
    Print "调用子过程 cscd 前"
    Print "a="; a, "b="; b
    Call cscd(a, b)
    Print "调用子过程 cscd 后"
    Print "a="; a, "b="; b
End Sub
Private Sub cscd(x%, ByVal y%)
    x = x + 2
    y = y + 2
    Print "子过程 cscd 中"
    Print "x="; x, "y="; y
End Sub
```

【例 7.10】 在例 7.2 中已经编写了交换两个数的过程（与 Swap2 相同），为了搞清传址、传值的区别，此处再次进行比较。若 Swap1 采用传值方式传递，Swap2 采用传址方式传递，请读者思考哪个过程能真正实现两个数的交换？为什么？两条 Print 语句的输出结果分别是什么？

程序代码如下。

```
Public Sub Swap1(ByVal x As Integer, ByVal y As Integer)
    Dim t As Integer
    t = x
    x = y
    y = t
End Sub
Public Sub Swap2(x As Integer, y As Integer)
    Dim t As Integer
    t = x
    x = y
    y = t
End Sub
Private Sub Command1_Click()
    Dim a As Integer, b As Integer
    a = 10
    b = 20
    Swap1 a, b
    Print "A1="; a, "B1="; b
    a = 10
    b = 20
    Swap2 a, b
```

```
    Print "A2="; a, "B2="; b
End Sub
```

从两种参数传递方式的特点可以总结出：当需要保护实际参数时，应采取传值方式，以防止实际参数被过程改变；当需要获取过程中的操作结果时，应该使用传址方式。

【例 7.11】 调用子过程求三个任意半径的圆的面积和。

程序代码如下。

```
Private Sub area(r1!, s1#)
    s1 = 3.14 * r1 ^ 2
End Sub
Private Sub form_Click()
    Dim i%, r!, s#, sum#
    s = 0
    For i = 1 To 3
        r = InputBox("Input r=", "area:")
        area r, s
        sum = sum + s
    Next i
    Print "area="; sum
End Sub
```

7.4 变量和过程的作用域

一个 VB 工程可以包括三种模块，即窗体模块、标准模块和类模块。这些模块一般保存在窗体文件（.frm）、标准模块文件（.bas）和类模块文件（.cls）中。本书主要介绍窗体模块和标准模块。窗体模块包括声明部分、事件过程和通用过程；标准模块包括声明部分和通用过程。VB 应用程序的构成如图 7.14 所示。

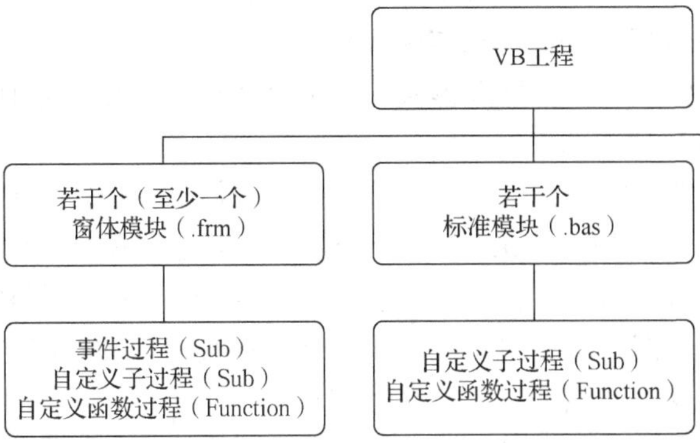

图 7.14 VB 应用程序的构成

1. 窗体模块

窗体模块是 VB 应用程序的基础，一个应用程序可以有多个窗体。窗体模块包括处理事件的过程、通用过程及变量、常量、类型和外部过程的声明。

2. 标准模块

当一个工程中的几个窗体中有需要执行的公共代码，又不希望在多个窗体中重复编写相同代码时，就需要创建一个独立模块（默认时应用程序中不包含独立模块），它包含实现公共代码的过程，这个独立模块就是标准模块。该模块中包含变量、常量、通用过程的声明。

注意：标准模块中没有事件过程。

在工程中添加标准模块的步骤如下。

（1）选择“工程”→“添加模块”命令，弹出“添加模块”对话框，选择“新建”选项卡，如图 7.15 所示。

（2）在该对话框中双击“模块”图标，或选中“模块”图标后单击“打开”按钮，将打开一个新建标准模块的窗口，如图 7.16 所示。

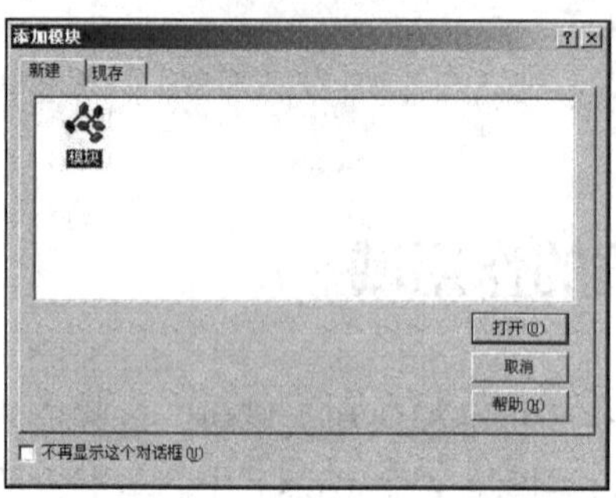

图 7.15 “添加模块”对话框

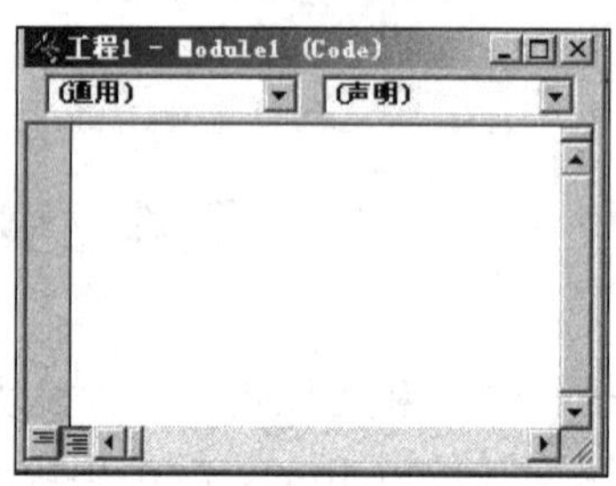

图 7.16 新建标准模块的窗口

（3）新添加的第一个标准模块的名称为 Module1，可以通过“属性”窗口为标准模块命名。之后就可以在其代码编辑窗口中编写标准模块程序。

按上面的步骤，可以向工程中添加多个标准模块，也可以选择“现存”选项卡，将存储器中现存的标准模块（*.bas）添加到工程中。

一个过程既可以定义在一个窗体模块中，也可以定义在一个标准模块中，定义时还可以使用不同关键字（Static、Public 和 Private）；一个变量既可以定义在过程内部，也可以定义在通用过程部分，定义时还可以使用不同关键字（Dim、Static、Private 和 Public）。一个变量（或过程）定义的位置不同、所使用的关键字不同，可被访问的范围也不同。变量或过程可被访问的范围称为变量（或过程）的作用域。

在 VB 中，按作用范围的不同将变量分为三类：局部变量、模块变量和全局变量。

变量的作用域决定了哪些子过程和函数过程可访问该变量。

7.4.1　变量作用域

1. *局部变量*

在事件过程或通用过程中，用关键字 Dim 或 Static 声明的变量，或隐式声明的变量，称为局部变量。局部变量的作用范围是所定义的过程内部。

【例 7.12】　局部变量举例。

程序代码如下。

```
Option Explicit   '强制显式声明变量
Private Sub Command1_Click()
    Dim x As Integer
    Print x + y
End Sub
Private Sub Form_Load()
    Dim y As Integer
End Sub
```

在 Command1_Click 和 Form_Load 事件过程中分别声明的两个变量 x、y 都是局部变量，每个变量只在相应过程内部有效，若在 Command1_Click 中使用变量 y，则系统提示出错，如图 7.17 所示。

图 7.17　例 7.12 的程序运行结果

注意：*VB 允许变量未声明就使用，系统默认为隐式声明方式。例 7.12 为研究变量作用域需在程序中强制显式声明变量，方法是在窗体模块或标准模块的通用声明段中加入 Option Explicit。*

通过 Dim 声明或直接使用的局部变量随过程的调用而被分配到临时内存单元中，并进行变量的初始化，在该过程体内进行数据的存取，一旦该过程运行结束，变量的内容将自动消失，占用的临时内存单元会被释放。如果工程运行时，多次调用该过程，则每一次调用时，该过程中用 Dim 声明的局部变量就会被分配内存单元、初始化和释放。

【例 7.13】　有如下一段程序，想应用变量 n 记录单击窗体的次数。

程序代码如下。

```
Private Sub Form_Click()
    Dim n As Integer
    n = n + 1
    Print "已单击次数: "; n; "次"
End Sub
```

程序运行多次后单击窗体的输出如图 7.18 所示，结果总是“已单击次数：1 次”，

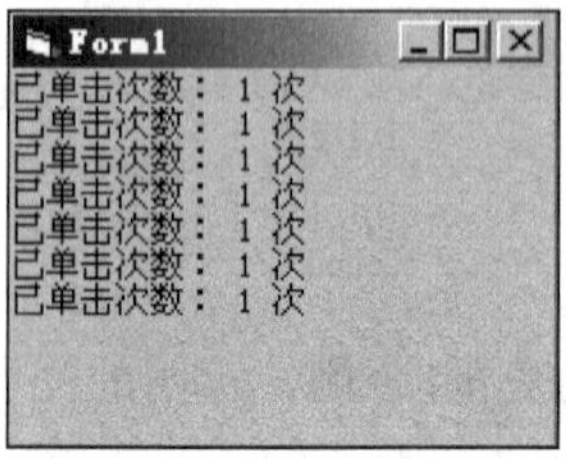

图 7.18　例 7.13 的程序运行结果

因为变量 n 由 Dim 声明为动态局部变量，每次单击窗体时变量 n 都重新初始化为 0，因此输出结果总是“1 次”。若想实现统计单击窗体次数，可以在通用部分用关键字 Dim 或 Private 声明变量 n，这样 n 就是模块级变量，其作用范围是所在模块的所有过程。

2. 模块变量

在窗体模块或标准模块的通用声明段中，用关键字 Dim 或 Private 声明的变量就是模块变量。模块变量的作用范围是所在模块的所有过程。

尽管 Dim 与 Private 没有区别，但最好使用 Private，以便于区分局部变量，从而提高代码的可读性。

【例 7.14】　将例 7.13 中的 n 改为模块级变量。

程序代码如下。

```
Dim n As Integer  '在窗体的通用声明部分定义
Private Sub Form_Click()
    n = n + 1
    Print "已单击次数："; n; "次"
End Sub
```

程序运行结果如图 7.19 所示。

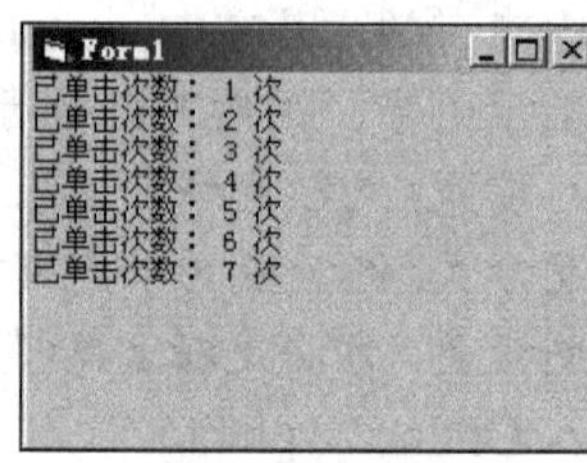

图 7.19　例 7.14 的程序运行结果

定义了模块变量后，该变量就可以被该模块中的所有过程使用，每个过程都可以访问或改变变量的值。

注意：对于模块级变量，直到该模块运行完毕，变量的值才被释放。

【例 7.15】　模块变量举例，注意观察模块变量 a 的变化。

程序代码如下：

```
Option Explicit
Dim a As Integer
Private Sub Command1_Click()
    a = a + 3
    Print "单击了 Command1,a="; a
End Sub
Private Sub Command2_Click()
    a = a + 2
    Print "单击了 Command2, a="; a
End Sub
```

运行程序，单击 Command1 按钮后单击 Command2 按钮，然后再次单击 Command1 按钮后单击 Command2 按钮。程序运行结果如图 7.20 所示。

在窗体模块 Form1 的通用声明段中声明的变量 a 是模块变量，对下面两个 Command 单击事件过程都有效，每次运行事件过程都会更新变量的值，直到该模块运行完毕，变量 a 的值才被释放。

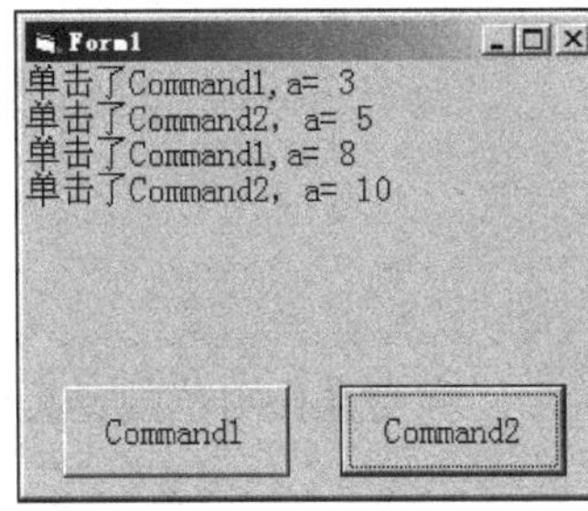

图 7.20 例 7.15 的程序运行结果

3. 全局变量

在标准模块的通用声明段中，用关键字 Public 或 Global 声明的变量，或在窗体通用声明段中用关键字 Public 声明的变量，就是全局变量。全局变量的作用范围是整个工程的所有过程。全局变量的值在整个应用程序中始终不会消失或重新初始化，只有当整个应用程序执行结束时，才会消失。

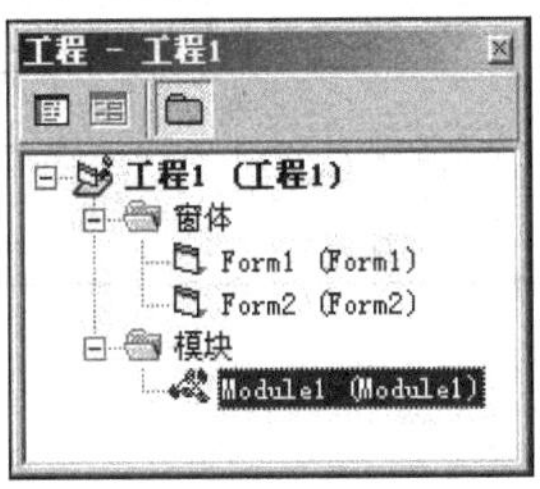

图 7.21 “工程资源管理器”窗口

【例 7.16】 全局变量实例。在工程中添加一个窗体模块、一个标准模块，“工程资源管理器”窗口如图 7.21 所示。

各模块的代码如图 7.22～图 7.24 所示。

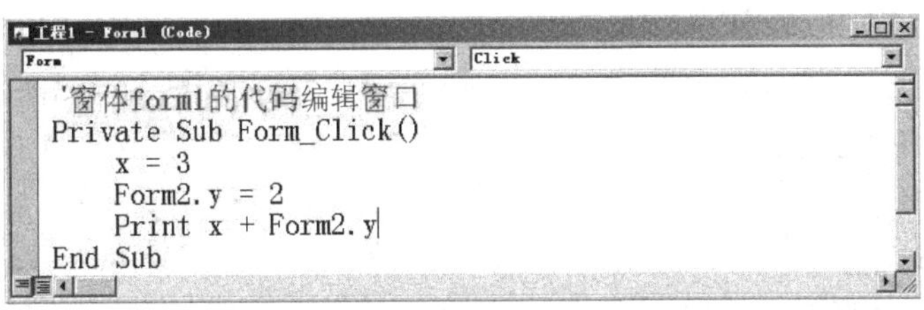

图 7.22 窗体 Form1 的代码编辑窗口

图 7.23 窗体 Form2 的代码编辑窗口

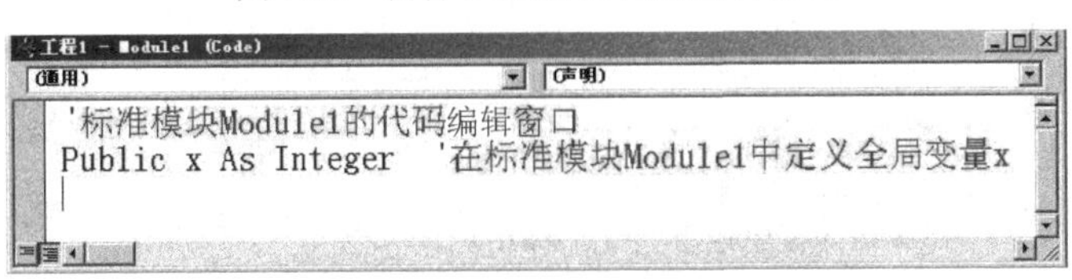

图 7.24 标准模块 Module1 的代码窗口

运行程序，单击窗体 Form1，运行结果如图 7.25 所示。

图 7.25　例 7.16 的程序运行结果

三种变量作用范围及其使用规则如表 7.1 所示。

表 7.1　三种变量的作用范围及其使用规则

作用范围	局部变量	窗体/模块级变量	全局变量	
			窗体	标准模块
声明方式	Dim、Static	Dim、Private	Public	
声明位置	在过程中	窗体/模块的“通用声明”段	窗体/模块的“通用声明”段	
能否被本模块的其他过程存取	不能	能	能	
能否被其他模块存取	不能	不能	能，但需在变量名前加窗体名	能

定义变量的作用范围简单归纳如下。

在标准模块 Module1 中定义的语句：

```
Public x As integer              '全局变量 x 可以在每个模块、每个过程中使用
```

在窗体模块 Form1 中定义的语句：

```
Dim y As string                  '模块变量 y 在以下两个过程中都可以使用
Sub Form_Click()
  Dim a%, b!                     '局部变量 a，b 只能在窗体单击过程中使用
End Sub
Sub Command1_Click()
  Static m%, n#                  '局部变量 m，n 只能在按钮单击过程中使用
End Sub
```

注意：一般来说，在同一模块中定义了不同级别但同名的变量时，系统优先访问作用域小的变量。

【例 7.17】　不同级别变量同名实例。

程序代码如下。

```
Dim x%
Private Sub Command1_Click()
   Dim x%         '有局部变量 x，使用局部变量 x
   x = 5
   Print "x="; x
End Sub
```

```
    Private Sub Command2_Click()
        x = x + 1       '没有局部变量x，使用模块级变量x
        Print "x="; x
    End Sub
```

程序运行后，单击 Command1 按钮后单击 Command2 按钮，运行结果如图 7.26 所示。

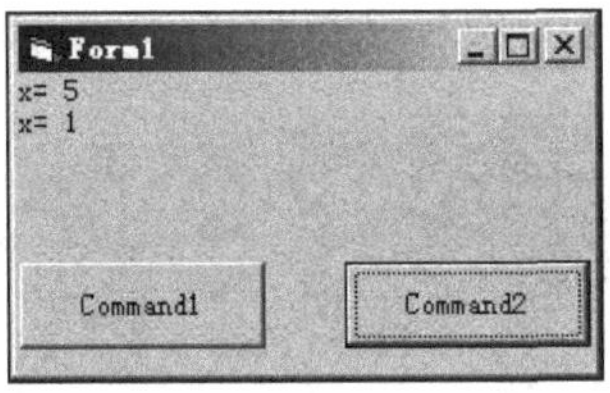

图 7.26　例 7.17 的程序运行结果

4. 符号常量作用范围

符号常量定义以后，在程序中就可以用常量名代替常量的值了。例如，可以用 PI 代替 3.1415926，但是这种替代是有范围的。有效范围由常量定义语句的位置决定，有以下三种情况。

（1）如果在一个过程内部声明一个符号常量，则该符号常量只在本过程中有效。

（2）如果在一个模块的声明段中声明一个符号常量，则该符号常量仅在该模块的所有过程中有效。

（3）如果在标准模块的声明段中声明一个符号常量，并在 Const 前面加上 Public 关键字，则该符号常量在整个工程中都有效。

5. 静态变量

全局变量、窗体/模块变量、局部变量是变量基于作用范围（即空间范围）的划分。

变量的值还有一个存活期的问题，即在时间上的划分。全局变量的值的存活期，为整个程序；窗体/模块变量的值的存活期为本模块；Dim 声明局部变量的值的存活期为本过程；而用 Static 声明的变量是静态变量，在空间上属于局部变量，但在时间上它在本工程运行过程中为可保留变量的值。也就是说，用 Static 声明的变量，每次调用过程时保持原来的值；而用 Dim 声明的变量，每次调用过程时重新初始化。

静态变量声明格式如下：

```
    Static 变量名 [As 类型]
```

【例 7.18】 将例 7.13 中的局部变量 n 定义为静态变量，查看变量 n 能否记录单击窗体的次数。

程序代码如下。

```
Private Sub Form_Click()
    Static n As Integer
    n = n + 1
    Print "已单击次数："; n; "次"
End Sub
```

程序运行后，单击三次窗体，运行结果如图 7.27 所示。

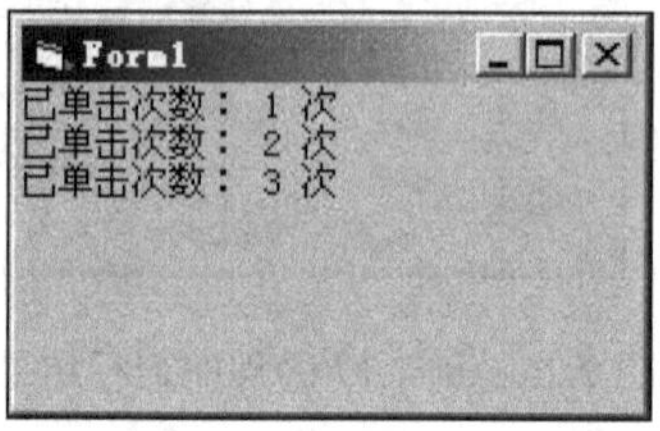

图 7.27　例 7.18 的程序运行结果

【例 7.19】　测试 Dim 与 Static 的区别。

程序代码如下。

```
Private Sub Command1_Click()
    Dim x As Integer
    Static y As Single
    x = x + 2
    y = y + 2
    Print "x=";x,"y=";y
End Sub
```

每单击一次命令按钮，x 的值都是初始值 0 加 2，而 y 的值却是上一次运行结果加 2，如图 7.28 所示。这就是 Dim 和 Static 的区别，应按其各自的特点在不同情况下选用。

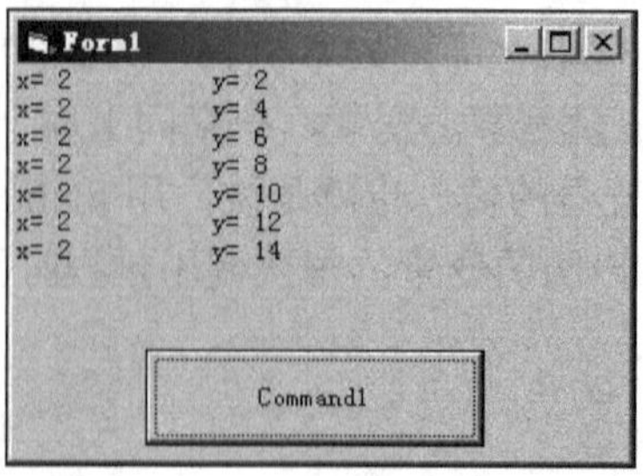

图 7.28　例 7.19 的程序运行结果

7.4.2 过程作用域

根据过程作用域的不同，过程可分为窗体/模块级过程和全局级过程。定义过程时使用关键字 Private，则过程是窗体/模块级过程；使用关键字 Public 或省略关键字，则过程是全局级过程。

1. 窗体/模块级过程

窗体/模块级过程是指在窗体或标准模块中通过 Private 关键字定义的过程。该过程只能被模块中的过程调用。

【例 7.20】 调用窗体/模块级函数过程求 1～n 的和。

程序代码如下。

```
'定义模块级函数过程 qh
Private Function qh(n%) As Single
    Dim i%
    For i = 1 To n
        qh = qh + i
    Next i
End Function
Private Sub Command1_Click()
    Dim n%, sum!
    n = InputBox("n=")
    sum = qh(n)
    Print "1+2+…+n="; sum
End Sub
Private Sub Command2_Click()
    Call Command1_Click    '事件过程中可以调用别的事件过程
End Sub
```

2. 全局级过程

全局级过程是指在窗体或标准模块中通过 Public 关键字定义的过程或者省略类型关键字的过程。全局级过程可供该应用程序的所有窗体和所有标准模块中的过程调用，但根据全局级过程所处的位置不同，其调用方式有所区别。

1）在窗体内定义全局过程

如果该过程名是唯一的，则在本窗体模块中可以直接调用，不必加该过程所处的窗体名；其他的模块要调用时，必须在该过程名前加该过程所处的窗体名。

【例 7.21】 在窗体内定义全局过程示例。

工程中有两个窗体模块，其代码分别如图 7.29 和图 7.30 所示。

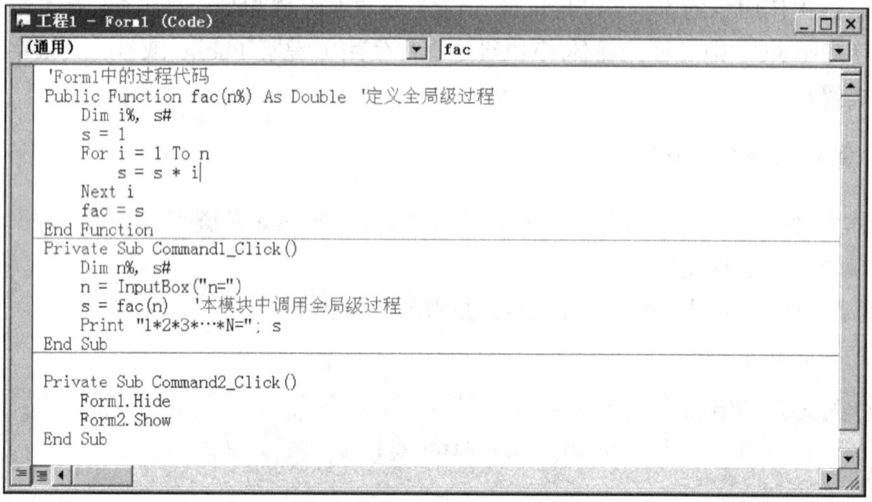

图 7.29 Form1 窗体模块的代码

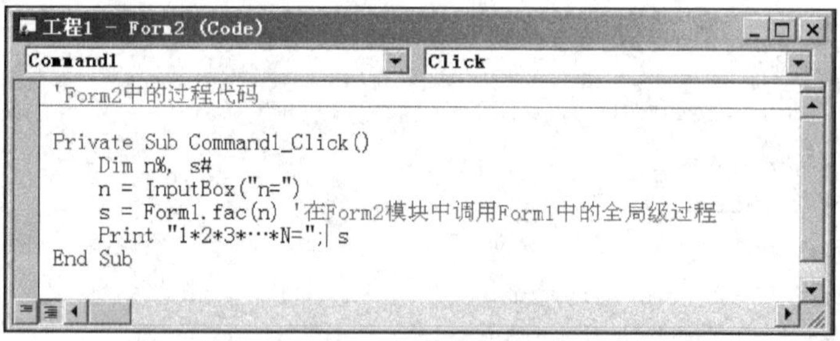

图 7.30 Form2 窗体模块的代码

运行工程，显示 Form1，单击 Command1 按钮，在输入框中输入 5，显示 1*2*…*N=120；单击 Command2 按钮后再单击 Form2 的 Command1 按钮，在输入框中输入 5，也会显示 1*2*…*N=120。

2）在标准模块内定义全局过程

如果该过程名是唯一的，则在所有模块中可以直接调用，如果全局级过程与其他全局级过程重名，则其他的模块要调用时，必须在该过程名前加该过程所处的模块。

【例 7.22】 在标准模块中定义全局过程示例。

工程中有一个窗体模块、一个标准模块，其代码分别如图 7.31 和图 7.32 所示。

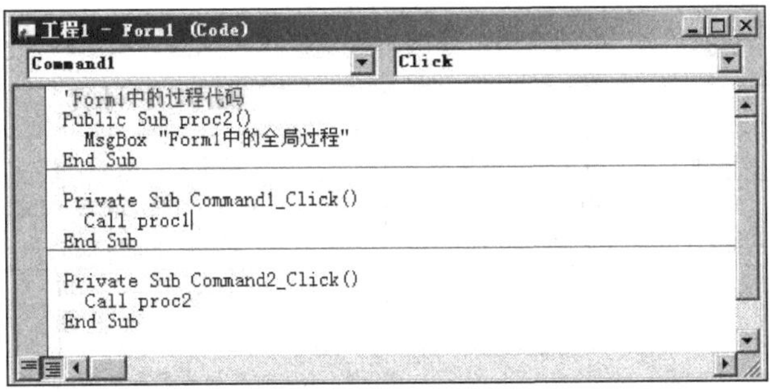

图 7.31　Form1 窗体模块的代码

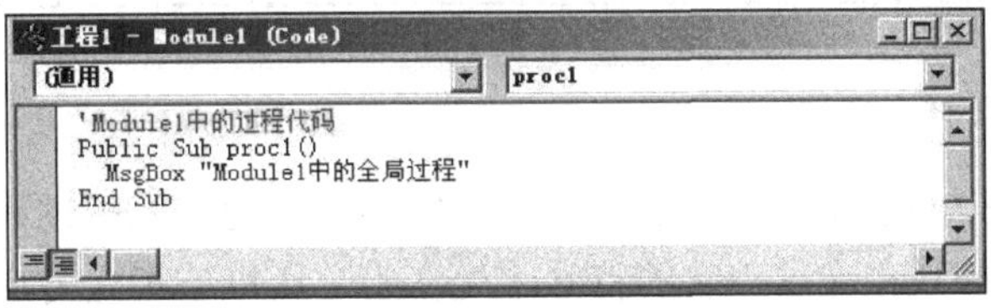

图 7.32　Module1 窗体模块的代码

运行程序，单击 Command1 按钮，弹出如图 7.33 所示信息框，单击 Command2 按钮，弹出如图 7.34 所示信息框。

图 7.33　单击 Command1 按钮时的信息框

图 7.34　单击 Command2 按钮时的信息框

注意：

① 不论全局过程是在窗体模块还是在标准模块中定义，也不论多个窗体模块或多个标准模块中的全局过程是否出现同名，为了避免出现错误，最好指出要调用全局过程的具体位置，即在调用的全局过程前加上该全局过程所处的模块名。

② 如果是包含多个窗体的应用程序，一般把子过程和函数过程放在标准模块中，并用 Public 关键字定义，这样定义的过程可被本应用程序的所有过程访问。VB 应用程序中可以直接添加已经存储的标准模块，通过这个功能，可以实现不同应用程序间代码的共享。

不同作用范围的两种过程定义及其调用规则如表 7.2 所示。

表 7.2　不同作用范围的两种过程定义及其调用规则

作用范围	模块级		全局级	
	窗体	标准模块	窗体	标准模块
定义方式	过程名前加 Private 例如：Private Sub Mysubl(形参表)		过程名前加 Public 或默认 例如：[Public] Sub Mysub2(形参表)	
能否被本模块其他过程调用	能	能	能	能
能否被本应用程序其他模块调用	不能	不能	能，但必须在过程名前加窗体名。例如：Call 窗体名.Mysub2(实参表)	能，但过程名必须唯一，否则要加标准模块名。例如：Call 标准模块名.Mysub2(实参表)

3. Sub Main 过程

在 VB 中，Sub Main 是一个特殊的过程，定义方式同其他子过程，但必须是唯一的全局过程且在标准模块中定义。它的特殊之处在于它可以被指定为启动对象。在默认情况下，VB 工程中添加的第一个窗体会被指定为启动窗体。程序运行的表现也是启动窗体被显示出来，如果在显示之前进行一些操作或者程序根本就不需要窗体，可以通过设置 Sub Main 子过程为启动对象来实现。

（1）选择“工程”→“工程属性”命令，弹出“工程 1-工程属性”对话框，选择“通用”选项卡，如图 7.35 所示。

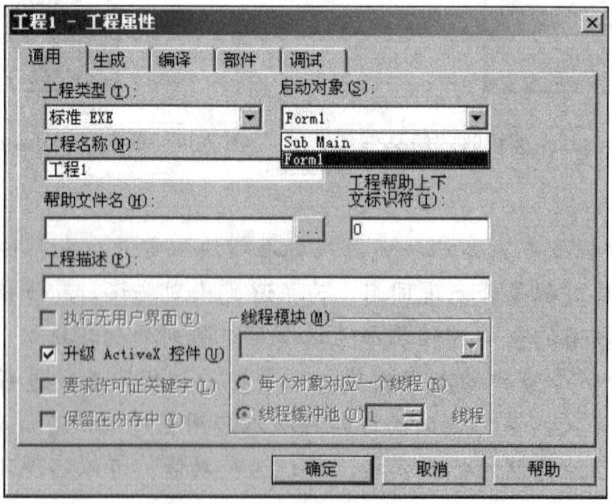

图 7.35　“工程 1-工程属性”对话框

（2）在“启动对象”下拉列表中选择 Sub Main 作为启动对象。如果希望使用当前工程中的其他窗体作为启动窗体，同样在这里进行选择。

【例 7.23】　Sub Main 过程示例。

程序代码如下。

```
'Module1 中的代码
Sub Main()
    Dim r%
    r = InputBox("欢迎选择窗体" & vbNewLine & "请输入要显示的窗体序号:")
    Select Case r
        Case 1
          Form1.Show
        Case 2
          Form2.Show
        Case 3
          Form3.Show
        Case Else
          End
    End Select
End Sub
```

将启动对象设为 Sub Main 过程，运行时先弹出输入框，如图 7.36 所示。输入 1～3 中任意数后，工程会显示相应窗体。

图 7.36　例 7.23 的输入框

注意：Main 子过程是一个全局过程，只有创建在标准模块中才能被指定为启动过程，其名称是唯一的；其他过程不能使用这个名称，也不能使用其作为启动过程。

4. 静态过程

如果在声明一个通用过程时使用 Static 关键字，那么该过程就是一个静态过程。在这个过程中所有变量的使用空间，在程序运行期间都将被保留。也就是说，在这个过程中声明的所有变量都可以视为静态变量。

静态过程的定义格式如下：

```
Static Function 函数名([参数列表])[As 类型]
Static Sub 过程名[(参数列表)]
```

【例 7.24】 静态过程示例。

在事件过程Command1_Click前加上关键字Static使其成为静态过程，程序代码如下。

```
Private Static Sub Command1_Click()
    Dim a%
    Static b%
    a = a + 1
    b = b + 1
    Print "a="; a; "b="; b
End Sub
```

运行程序，多次单击 Command1 按钮，运行结果如图 7.37 所示。

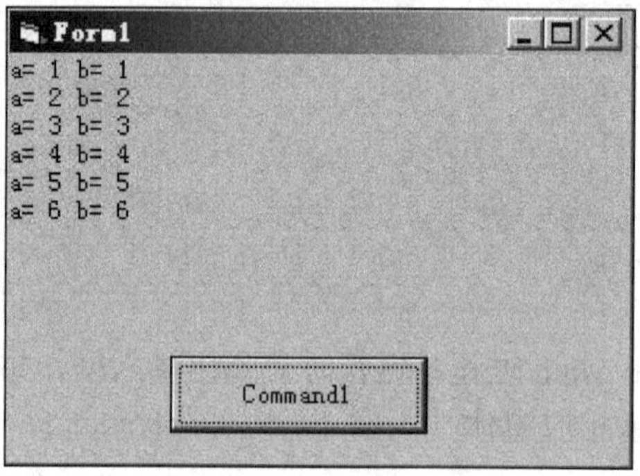

图 7.37 例 7.24 的程序运行结果

由结果可见，由于过程是静态过程，因此无论是用 Dim 定义的局部变量 a，还是用 Static 定义的变量 b 都成为了静态变量。

7.5 递 归

在 VB 中，过程定义都是互相平行和互相独立的，不允许嵌套定义。也就是说，在定义过程时，一个过程的定义中不能包含另一个过程的定义。虽然 VB 中不能嵌套定义过程，但可以嵌套调用过程，即在主程序可以调用子程序，子程序中还可以调用另外的子程序，这种程序结构称为过程嵌套。其中，有一种形式称为“递归”。

7.5.1 递归的概念

通俗地讲，用自身的结构来描述自身就称为“递归”。

递归分为两种类型：直接递归和间接递归。其中，直接递归就是在过程中直接调用过程自身；间接递归是指在某个过程中调用了另一个过程，而被调用的过程又调用本过程。递归是推理和问题求解的一种重要方法。

递归分成“递推”和“回归”两个过程，由于计算机的内存空间有限，递归必须具备两个要素：结束条件和递归表达式。结束条件的目的是避免递归过程溢出；递归表达式要描述出递归的表达形式，并且这种表述向终止条件变化，在有限的步骤内达到终止条件。最典型的例子是对阶乘运算做如下定义。

```
n!=n*(n-1)!
(n-1)!=(n-1)*(n-2)!
```

7.5.2 递归子过程和递归函数

在 VB 中，允许一个自定义子过程（或函数过程）在过程体（或函数体）的内部调用自己，这样的子过程（或函数）称为递归子过程（或函数过程）。在许多问题中具有递归的特性，用递归调用描述就非常方便。

【例 7.25】 编写 fac(n)=n!的递归函数。

$$fac(n)=\begin{cases} 1 & (n=1) \\ n*fac(n-1) & (n>1) \end{cases}$$

程序代码如下。

```
Public Function fac(n As Integer) As Double
   If n = 1 Then                    '结束条件
      fac = 1
   Else
      fac = n * fac(n - 1)          '递归表达式
   End If
End Function
Private Sub Command1_Click()        '调用递归函数，显示 fac(4)=24
   Print "fac(4)="; fac(4)
End Sub
```

在函数 fac(n)的定义中，当 n>1 时，连续调用 fac()自身共 n−1 次，直到 n=1 结束。假设 n=4，给出 fac(4)的执行过程，如图 7.38 所示。

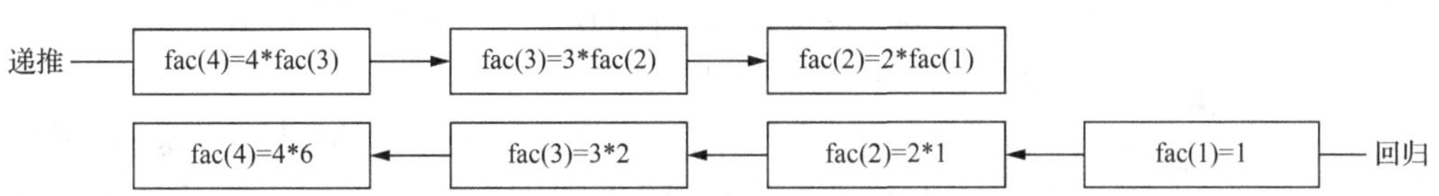

图 7.38　fac(4)的执行过程

（1）递推过程：每调用一次自身，把当前参数（形参、局部变量、返回地址等）压入栈，直到达到递归结束条件。

（2）回归过程：不断从栈中弹出当前的参数，直到栈为空。递归算法设计简单，解决同一问题，使用递归算法消耗的时间和占据的内存空间比非递归算法多。

【例 7.26】 用递归和非递归函数实现求最大公约数。

$$\gcd(m,n)=\begin{cases} n & (m \operatorname{Mod} n = 0) \\ \gcd(n, m \operatorname{Mod} n) & (m \operatorname{Mod} n \neq 0) \end{cases}$$

程序代码如下。

```
Function gcd(m%, n%) As Integer
    If (m Mod n) = 0 Then
        gcd = n
    Else
        gcd = gcd(n, m Mod n)
    End If
End Function

Private Sub Command1_Click()
    Dim x%, y%
    x = InputBox("请输入一个正整数")
    y = InputBox("请输入一个正整数")
    Print x; y; "的最大公约数为："; gcd(x, y)
End Sub
```

上 机 练 习

1．编写函数过程求表达式 1+2+3+…+n 的值。

要求：编写 VB 程序，在文本框中输入 n 的数值后，单击“计算”按钮；程序计算并显示 1+2+3+…+n 的值；单击“退出”按钮，程序结束运行。

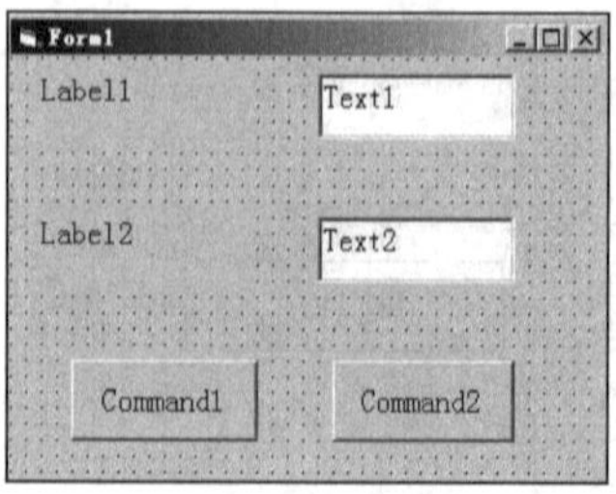

图 7.39 窗体初始界面

步骤：

（1）建立一个新的工程。启动 VB 6.0，选择新建一个工程，此时进入 VB 6.0 集成开发环境，屏幕上出现一个默认的 Form1 窗体。

（2）设计界面，在名称为 Form1 的窗体上添加两个标签 Label1 和 Label2，两个文本框 Text1 和 Text2，两个命令按钮 Command1 和 Command2。窗体初始界面如图 7.39 所示。

（3）设置控件相关属性，如表 7.3 所示。

表 7.3　上机练习 1 的控件属性设置

控件名	属性名	属性值
Label1	Caption	请输入 n:
Label2	Caption	1+2+…+n 的值:
Command1	Caption	计算
Command2	Caption	退出
Text1	Text	空
Text2	Text	空
Form1	Caption	Function 过程练习

设置属性后的窗体界面如图 7.40 所示。

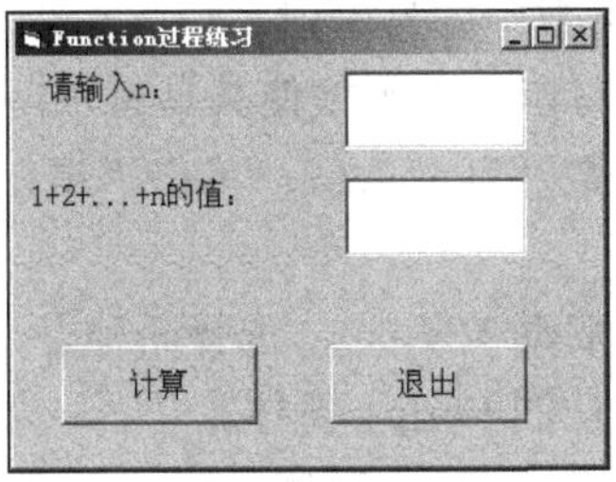

图 7.40　设置属性后的窗体界面

（4）编写程序代码，如下所示。

```
Function sum(n As Integer) As Double
    Dim i As Integer
    sum = 0
    For i = 1 To n
        sum = sum + i
    Next
End Function
Private Sub Command1_Click()
    Dim n As Integer
    n = Val(Text1.Text)
    Text2.Text = sum(n)
End Sub
Private Sub Command2_Click()
    End
End Sub
```

（5）运行程序，单击工具栏上的“启动”按钮 ▸ 或选择“运行”→“启动”命令，程序运行结果如图 7.41 所示。

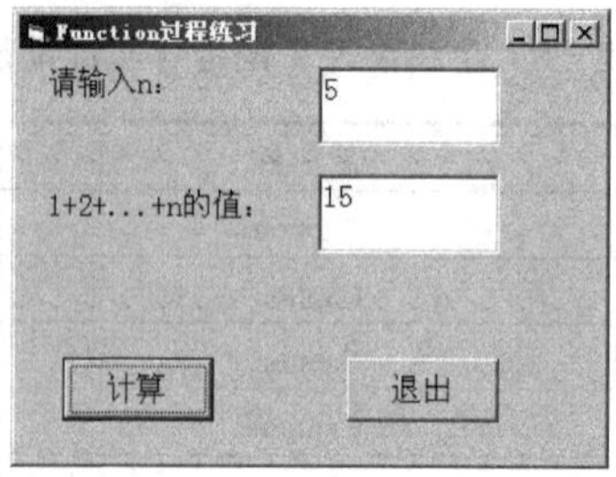

图 7.41　上机练习 1 的程序运行结果

（6）保存工程。选择“文件”→“保存工程”命令，或单击工具栏上的“保存工程”按钮。

2．利用函数过程求三个整数中的最大值。

要求：编写 VB 程序，编写自定义函数使其具有求两个整数中较大值的功能。单击窗体，则在窗体上显示三个整数及其最大值；单击“退出”按钮，程序结束运行。

步骤：

（1）建立一个新的工程。启动 VB 6.0，选择新建一个工程，此时进入 VB 6.0 集成开发环境，屏幕上出现一个默认的 Form1 窗体。

（2）设计界面，在名称为 Form1 的窗体上添加一个命令按钮 Command1，标题为“退出”。

（3）设置控件相关属性，如表 7.4 所示。

表 7.4　上机练习 2 的控件属性设置

控件名	属性名	属性值
Command1	Caption	退出
Form1	Caption	Function 过程练习

（4）编写程序代码，如下所示。

```
Private Function max(x As Integer, y As Integer) As Integer
   max = IIf(x > y, x, y)
End Function
Private Sub Form_Click()
   Dim a As Integer, b As Integer, c As Integer, m As Integer
   a = Val(InputBox("输入整数 A"))
   b = Val(InputBox("输入整数 B"))
   c = Val(InputBox("输入整数 C"))
   Print a; b; c
   m = max(max(a, b), c)
   Print " MAX  = "; m
End Sub
```

（5）运行程序，单击工具栏上的“启动”按钮 ▸ 或选择“运行”→“启动”命令。程序运行结果如图 7.42 所示。

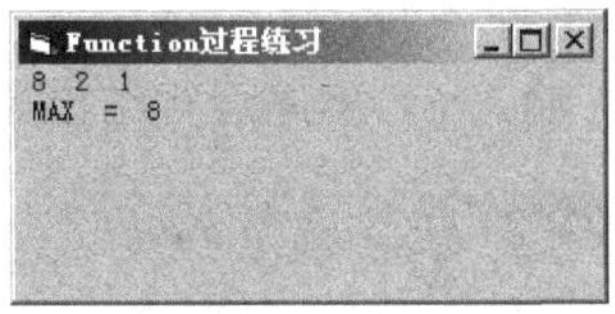

图 7.42　上机练习 2 的程序运行结果

（6）保存工程。选择“文件”→“保存工程”命令，或单击工具栏上的“保存工程”按钮。

3．自定义求阶乘的函数 fac()，并利用其求 1!+2!+…+n!。

要求：编写 VB 程序，编写自定义函数使其具有求阶乘的功能。单击窗体输入 n 的值，则在窗体上显示运算结果；单击“退出”按钮，程序结束运行。

步骤：

（1）建立一个新的工程。启动 VB 6.0，选择新建一个工程，此时进入 VB 6.0 集成开发环境，屏幕上出现一个默认的 Form1 窗体。

（2）设计界面，在名称为 Form1 的窗体上添加一个命令按钮 Command1，标题为“退出”。

（3）设置控件相关属性，如表 7.5 所示。

表 7.5　上机练习 3 的控件属性设置

控件名	属性名	属性值
Command1	Caption	退出
Form1	Caption	Function 过程练习

（4）编写程序代码，如下所示。

```
Private Function fac(n As Double) As double
    Dim i As Integer
    fac = 1
    For i = 2 To n
       fac = fac * i
    Next i
End Function
Private Sub Form_Click()
    Dim n As Integer, s As Double, j As Integer
    n = InputBox("请输入 n 的值: ")
    For j = 1 To n
        s = s + fac(j)
```

```
    Next j
    Print "1!+2!+…+"; n; "!="; s
End Sub
```

（5）运行程序，单击窗体，输入 6，程序运行结果如图 7.43 所示。

图 7.43　上机练习 3 的程序运行结果

（6）保存工程。选择“文件”→“保存工程”命令，或单击工具栏上的“保存工程”按钮。

4．利用子过程，求变量 n 的阶乘。

要求：编写 VB 程序，利用子过程求变量 n 的阶乘，并利用传址参数带回子过程的运行结果。

步骤：

（1）建立一个新的工程。启动 VB 6.0，选择新建一个工程，此时进入 VB 6.0 集成开发环境，屏幕上出现一个默认的 Form1 窗体。

（2）设计界面，在名称为 Form1 的窗体上添加两个标签、两个文本框和两个命令按钮。

（3）设置控件相关属性，如表 7.6 所示。

表 7.6　上机练习 4 的控件属性设置

控件名	属性名	属性值
Label1	Caption	请输入 n:
Label2	Caption	n 的阶乘为:
Command1	Caption	计算
Command2	Caption	退出
Text1	Text	空
Text2	Text	空
Form1	Caption	参数传递练习

（4）编写程序代码，如下所示。

```
Sub Fac(ByVal n As Integer, t As Single)
    Dim i As Integer
    t = 1
    For i = 1 To n
        t = t * i
```

```
    Next
End Sub
Private Sub Command1_Click()
    Dim n As Integer, m As Single
    n = Val(Text1.Text)
    Call Fac(n, m)
    Text2.Text = m
End Sub
Private Sub Command2_Click()
    End
End Sub
```

（5）运行程序，输入一个值，程序运行结果如图 7.44 所示。

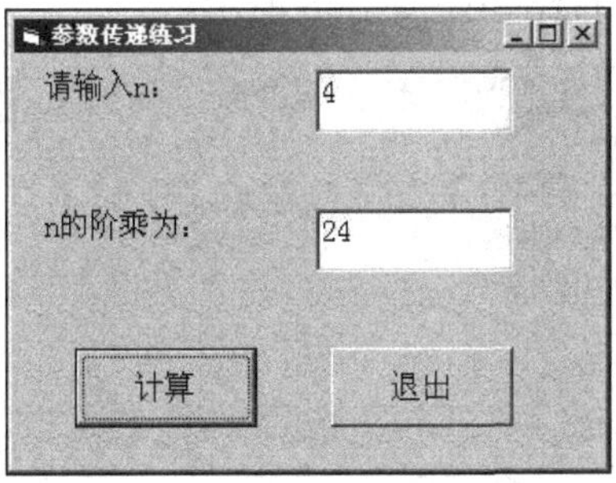

图 7.44　上机练习 4 的程序运行结果

（6）保存工程。选择“文件”→“保存工程”命令，或单击工具栏上的“保存工程”按钮。

5．运行下面的程序，观察运行结果，并总结按地址传递参数和按值传递参数的区别及用处。

要求：编写 VB 程序，添加命令按钮 Command1，运行程序并查看运行结果。

步骤：

（1）建立一个新的工程。启动 VB 6.0，选择新建一个工程，此时进入 VB 6.0 集成开发环境，屏幕上出现一个默认的 Form1 窗体。在窗体 Form1 上添加命令按钮 Command1。

（2）编写程序代码，如下所示。

```
Private Sub Command1_Click()
    Dim a As Integer, b As Integer, c As Integer
    a = 5
    b = 10
    c = 20
    Print "过程调用前 a="; a; " b = "; b; " c = "; c
```

```
    Print
    Call test(3, b, c)
    Print "过程调用后 a ="; a; " b ="; b; " c = "; c
End Sub
Private Sub test(ByVal x As Integer, ByRef y As Integer, z As Integer)
    Print "传递的参数值 x ="; x; " y ="; y; " z = "; z
    Print
    y = 6
    z = x * y
    Print "过程执行时 x ="; x; " y ="; y; " z = "; z
    Print
End Sub
```

（3）运行程序，程序运行结果如图 7.45 所示。

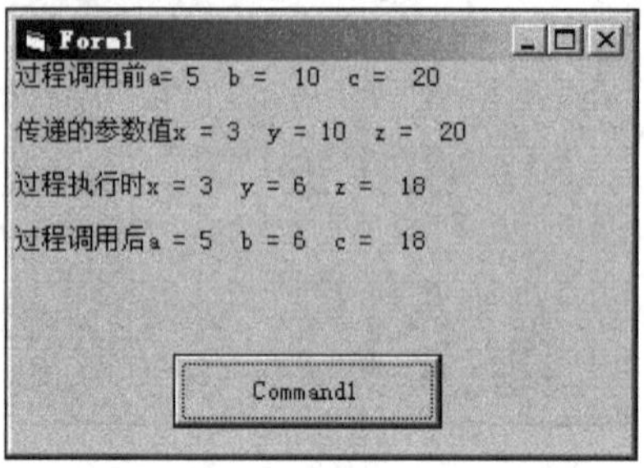

图 7.45　上机练习 5 的程序运行结果

（4）保存工程。选择“文件”→“保存工程”命令，或单击工具栏上的“保存工程”按钮。

课 后 习 题

一、选择题

1．编写如下事件过程。程序运行后，单击窗体，窗体上显示的值是（　　）。

```
Private Sub Form_Click()
    Dim a As Integer, b As Integer
    a = 10: b = 20
    Call p(a, b)
    Print "a = "; a; "b = "; b
End Sub
Private Sub p(ByVal x As Integer, y As Integer)
```

```
    x = 5
    y = x + y
End Sub
```

A. a = 10 b =25　　B. a = 10 b =5

C. a = 10 b =20　　D. a = 25 b =10

2. 单击命令按钮后，下列程序的运行结果是（　　）。

```
Private Sub Command1_Click()
    s=P(4) + P(3) + P(2) + P(1)
    Print s
End Sub
Public Function P(N As Integer)
    Static Sum
    For i=1 To N
        Sum=Sum + i
    Next i
    P=Sum
End Function
```

A. 65　　B. 55　　C. 45　　D. 35

3. 单击窗体后，下列程序的运行结果是（　　）。

```
Private Sub Form_Click()
    Test 1
End Sub
Private Sub Test(x As Integer)
    x=x*2+1
    If x<6 Then
        Call Test(x)
    End If
     x=x*2+1
    Print x;
End Sub
```

A. 7 15　　B. 15 31　　C. 31　　D. 15

4. 下列叙述中正确的是（　　）。

A. 函数的最后一条语句是 End Function，因此函数一定要执行到该语句才能结束

B. 如果在定义函数时没有说明函数的类型，则该函数是无类型的

C. Exit Function 和 End Function 都可以结束函数过程

D. 一个函数中最多只有一条 Exit Function 语句

5．在 VB 中，函数过程和子程序过程（　　）。

A．只能放在窗体模块中

B．函数过程只能放在窗体模块中，而子程序过程只能放在标准模块中

C．既可以放在标准模块中，又可以放在窗体模块中

D．只能放在标准模块中

6．下列过程语句说明中，正确的是（　　）。

A．Sub f1(x() As Integer)　　B．Function f1%(f1%)

C．Sub f1(n%) As Integer　　D．Sub f1(ByVal n%())

7．子过程的定义（　　）。

A．一定要指明是全局过程还是私有过程

B．一定要指定其类型

C．一定要有形参

D．一定要有过程的名称

8．子过程与函数过程最根本的区别是（　　）。

A．子过程的过程名不能有返回值，而函数过程能通过过程名得到返回值

B．子过程名与函数过程名的格式不统一

C．函数过程可以有参数，子过程不能有参数

D．两种过程参数的传递方式不同

9．下列关于子过程的叙述中，正确的是（　　）。

A．可以用 GoTo 语句退出子过程

B．在子过程中可以定义一个函数过程

C．一个子过程必须有一个 Exit Sub 语句

D．一个子过程必须有一个 End Sub 语句

10．在参数传递过程中，可以使用关键字来修饰参数，使之按值传递，此关键字是（　　）。

A．ByRef　　B．ByVal　　C．Value　　D．Reference

11．在过程中定义的变量，若希望在离开该过程后，还能保存过程中局部变量的值，则应使用关键字在过程中定义局部变量，此关键字是（　　）。

A．Dim　　B．Public　　C．Private　　D．Static

12．单击命令按钮时，下列程序代码的运行结果是（　　）。

```
Public Sub Procl(ByVal n As Integer,ByRef m As Integer)
    n=n Mod 10
    m=m Mod 10
End Sub
Private Sub Command1_Click()
    Dim x As Integer,y As Integer
```

```
    x=12:y=34
    Call Procl(x,y)
    Print x;y
End Sub
```

A. 12　4　　　B. 2　34　　　C. 2　3　　　D. 12　34

13. 在窗体上画一个名称为Command1的命令按钮，然后编写以下程序。程序运行时，三次单击命令按钮Command1后，窗体上显示的结果是（　　）。

```
Private Sub Command1_Click()
    Static X As Integer
    Static Y As Integer
    cls
    Y=1
    Y=Y+5
    X=5+X
    Print X,Y
End Sub
```

A. 15　15　　　B. 15　16　　　C. 15　6　　　D. 5　6

14. 在程序代码中有三个变量：全局变量Name在标准模块中定义，值为"Wang"；窗体变量Name的值为"Zhang"；局部变量Name在Command1_Click的事件过程中定义，值为"Zhao"。在Command1_Click事件过程中用Name变量给其他变量赋值时，其值应为（　　）。

A. "Zhang"　　　B. 以上值都不是，是其他值

C. "Zhao"　　　D. "Wang"

15. 在VB应用程序中，说法正确的是（　　）。

A. 过程的定义和调用均不能嵌套

B. 过程的定义可以嵌套，但过程的调用不能嵌套

C. 过程的定义和调用均可以嵌套

D. 过程的定义不可以嵌套，但过程的调用可以嵌套

16. 若已编写了一个sort子过程，在该工程中有多个窗体，为了方便地调用sort子过程，应该将过程放在（　　）。

A. 工程中　　　B. 类模块中　　　C. 标准模块中　　　D. 窗体模块中

17. 传地址的条件是（　　）。

A. 形参前不能加保留字 ByVal，但可以加保留字 ByRef，且实参采用变量的形式

B. 形参前可以加保留字 ByVal，但不能加保留字 ByRef，且实参采用变量的形式

C．形参前既不能加保留字 ByVal，也不能加 ByRef，且实参要采用变量的形式

D．形参前既可以加保留字 ByVal，也可以加保留字 ByRef，实参可采用任意形式

18．使用过程主要为了（　　）。

A．使程序易于阅读　　B．便于系统的编译

C．提高程序运行速度　　D．使程序模块化

19．下列定义为 abc 的过程定义语句中，正确的是（　　）。

A．Sub abc(x%, y%) As Integer　　B．Dim Sub abc(x%, y%)

C．Private Sub abc(x%, y%)　　D．Public abc(x%, y%)

20．下列叙述中，不正确的是（　　）。

A．在一个函数内定义的变量只在本函数范围内有效

B．当一个函数内的局部变量与全局变量同名时，起作用的是全局变量

C．在不同的函数中可以使用相同名称的变量

D．函数中的形参是局部变量

二、思考练习题

1．编写输入一个数字 0～6，显示汉英对照输出星期的函数过程。

2．利用子过程求三角形的面积。

3．编写判断奇偶函数的函数过程。输入一个数，判断其奇偶性。

4．利用过程计算：1!+2!+3!+…+10!。

5．利用函数过程求大于 1500 的第一个素数。

6．编写求两数中较大数的函数过程，求多个数的最大数。

课后习题答案

一、选择题

1	2	3	4	5	6	7	8	9	10
A	A	B	C	C	A	D	A	D	B
11	12	13	14	15	16	17	18	19	20
D	A	C	C	D	C	A	D	C	B

二、思考练习题

略。

第 8 章

用户界面设计

本章要点

- 通用对话框。
- 菜单设计。
- 多重窗体。

8.1 通用对话框

对话框（DialogBox）是一种特殊类型的窗体，主要通过向用户显示信息和获取用户提交的信息与用户进行交流，实现用户与系统“对话”的操作，是用户与计算机交互的主要手段，是应用程序界面的重要组成部分。

在 VB 6.0 应用程序中，对话框分为三种类型：预定义对话框、自定义对话框和通用对话框。其中，预定义对话框由系统提供，包括输入框和输出框（也称消息框）。调用系统函数 InputBox()可以建立输入框，调用系统函数 MsgBox()则可以建立输出框。预定义对话框在各种应用程序中的应用非常普遍。自定义对话框是由用户根据任务要求自主设计的对话框。通常在一个窗体上添加一些输入、输出控件，然后编写相应的过程代码，就构成了自定义对话框。

以下主要介绍通用对话框。

8.1.1 通用对话框概述

通用对话框（CommonDialog）是一种控件，用于创建一组基于 Windows 的标准对话框界面。在 VB 中，能够实现六种不同类型的通用对话框功能，即打开（Open）、另存为（Save As）、颜色（Color）、字体（Font）、打印（Print）和帮助（Help）对话框。

需要注意的是，这些对话框仅用于应用程序与用户之间进行信息交互，返回用户输入、选择或确认的信息，却不能真正实现打开文件、存储文件及设置颜色、字体，以及打印等操作功能，若需要真正实现以上操作，则必须编写相应的代码。

8.1.2 通用对话框的使用

通用对话框控件不是标准的控件，而是一种特殊的 ActiveX 控件，位于 C:\Windows\System\Comdlg32.ocx 文件中，名称为 Microsoft Common Dialog Control 6.0。默认情况下，在标准工具箱中找不到该控件，使用时必须先将该控件手动添加到工具箱中。

1. 添加通用对话框控件的方法

（1）选择“工程”→“部件”命令，或者右击工具箱，在弹出的菜单中选择“部件”命令，都可弹出“部件”对话框。

（2）在“部件”对话框中选择“控件”选项卡，然后在控件列表中选中 Microsoft Common Dialog Control 6.0 选项（使前面的复选框处于选中状态“√”）。

（3）单击“确定”按钮，通用对话框即被添加到工具箱中。

在窗体上添加通用对话框控件的方法和添加其他控件一样，添加的通用对话框以图标的形式显示在窗体上。在窗体设计阶段，窗体上的通用对话框能够显示，但不能修改大小。在程序运行时，该控件本身被隐藏不可见，因此无须调整其在窗体上的位置。

2. 通用对话框的基本属性

通用对话框可以显示为“打开”、“另存为”、“颜色”、“字体”、“打印”和“帮助”6 种不同类型的对话框；每一种对话框都有自己特有的属性，这些属性可以在“属性”窗口中设置，也可以在程序中用代码设置。

以下是通用对话框的基本属性。

1）Action 属性

Action 属性用于设置通用对话框显示的类型，其值为数值型。表 8.1 列出了 Action 属性的取值及其功能。

表 8.1　Action 属性取值及其功能

属性值	功能
0-vbNone	无对话框显示
1-vbOpen	显示“打开”对话框
2-vbSaveAs	显示“另存为”对话框
3-vbColor	显示“颜色”对话框
4-vbFont	显示“字体”对话框
5-vbPrint	显示“打印”对话框
6-vbHelp	显示“帮助”对话框

该属性不能在“属性”窗口中设置，只能在程序中赋值，用于调出相应的对话框。例如：

```
CommonDialog1.Action=2
```

执行此语句将打开“另存为”对话框，其中 CommonDialog1 为通用对话框的名称。

2）DialogTitle 属性

DialogTitle 属性用于设置对话框标题，其值为字符串型。不同类型的对话框有自己的默认标题，例如，“打开”对话框的默认标题是“打开”，“另存为”对话框的默认标题是“另存为”。如果需要改变标题，可以在“属性”窗口更改 DialogTitle 属性的值，或者在程序中使用代码设置。例如：

```
CommonDialog1.DialogTitle = "打开文件"
```

执行此语句可以把对话框的标题更改为“打开文件”。另外，此语句需要写在给 Action 属性赋值的语句之前。

3）FileName 属性

FileName 属性值为字符串型，用于设置或返回要打开文件的路径及文件名。当在“打开”对话框中选中一个文件并单击“打开”按钮时，选中的文件名即作为 FileName 属性值返回。

注意：此返回值是一个包含路径名和文件名的字符串。

4）FileTitle 属性

FileTitle 属性值为字符串型，用于返回或设置用户选中的文件名。当用户在对话框中选中所要打开的文件时，该属性就立即得到该文件的文件名。

FileTitle 属性与 FileName 属性的区别在于，FileTitle 属性所代表的只有选中文件的文件名，不包含路径名；FileName 属性不仅返回文件名，还包含所选中文件的路径。

例如，当在“打开”对话框中选择路径“C:\Program Files\Adobe\Photoshop CS3”下的文件“Photoshop.exe”时，FileName 属性值为“C:\Program Files\Adobe\Photoshop CS3\Photoshop.exe”，而 FileTitle 属性值为文件名“Photoshop.exe”。

除了上面的基本属性外，每种对话框还有自己的特殊属性。这些属性可以在“属性”窗口或代码中设置，也可以在通用对话框控件的“属性页”对话框中设置。

右击通用对话框图标，在弹出的快捷菜单中选择“属性”命令，打开“属性页”对话框，如图 8.1 所示。

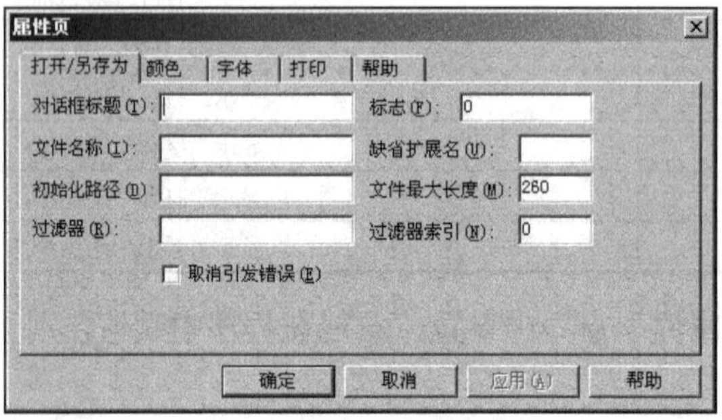

图 8.1　“属性页”对话框

“属性页”对话框中有五个选项卡，分别是“打开/另存为”、“颜色”、“字体”、“打印”和“帮助”，用户可以分别对不同类型的对话框设置属性。例如，要对“打开”或“另存为”对话框设置属性，就选择“打开/另存为”选项卡，设置对应的属性值即可。

3. 通用对话框的基本设置方法

除了使用 Action 属性来设置通用对话框的显示类型外，VB 还提供了一组方法来设置其显示类型。

ShowOpen 方法：通用对话框显示为“打开”对话框。

ShowSave 方法：通用对话框显示为“另存为”对话框。

ShowColor 方法：通用对话框显示为“颜色”对话框。

ShowFont 方法：通用对话框显示为“字体”对话框。

ShowPrinter 方法：通用对话框显示为“打印”对话框。

ShowHelp 方法：通用对话框显示为“帮助”对话框。

例如：

```
CommonDialog1. ShowColor
```

执行此语句将显示“颜色”对话框。

下面详细讨论如何用通用对话框控件创建每一种类型的对话框。

1）“打开”对话框

显示“打开”对话框的方法有两种：调用通用对话框的 ShowOpen 方法，或者将通用对话框的 Action 属性值设为 1。

例如，通用对话框的名称为 CommonDialog1，则可以使用如下代码：

```
CommonDialog1.ShowOpen
```

或者

```
CommonDialog1.Action=1
```

执行以上任意一条语句均可打开“打开”对话框，如图 8.2 所示。

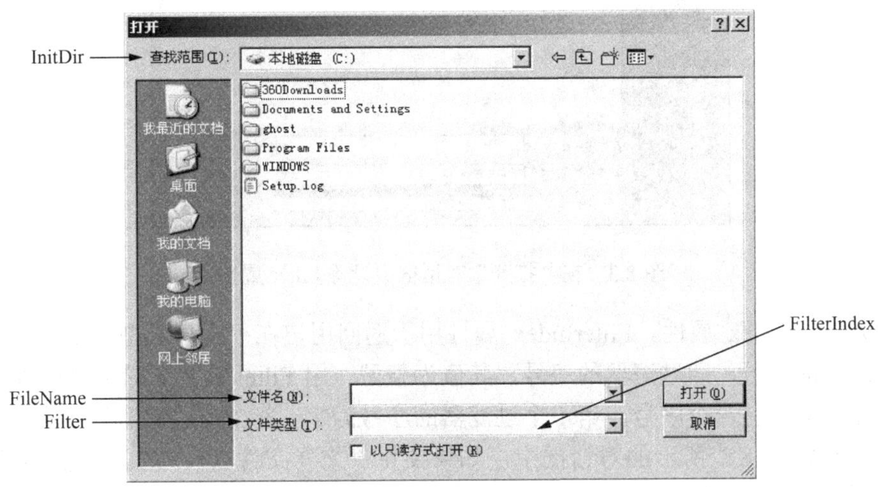

图 8.2　“打开”对话框

利用“打开”对话框，在应用程序中可以实现选择路径及打开文件的操作。需要注意的是，“打开”对话框并不能真正打开一个文件，它仅仅提供一个打开文件的用户界面，供用户选择所要打开的文件，打开文件的具体工作需要编程实现。

“打开”对话框的常用属性如下。

（1）Filter 属性。Filter 属性用于设置在对话框中显示的文件类型。通过该属性可以设置多个文件类型，供用户在对话框的“文件类型”下拉列表框中选择。属性值由一对或多对文本字符串“描述符|过滤符”组成，每对字符串用“|”隔开，其格式如下：

```
描述符 1|过滤符 1|描述符 2|过滤符 2|…
```

其中，“|”前面的部分称为“描述符”，是对文件类型的说明，供用户查看，将按描述符的原样显示出来；后面的部分称为“过滤符”，每个过滤符指定一种在对话框中显示的文件类型。过滤符有严格规定，一般由通配符和文件扩展名组成，如“*.*”表示选全部文件，“*.txt”表示选文本文件。

“描述符|过滤符”是成对出现的，缺一不可。例如：

```
CommonDialog1.Filter = "所有文件(*.*)|*.*|文本文件(*.TXT)|*.txt"
```

此语句表示在“打开”对话框中可以显示的文件类型有两种：所有文件和文本文件，这两种文件类型将显示在“文件类型”下拉列表框中，如图 8.3 所示。

图 8.3　在“打开”对话框中设置 Filter 属性

（2）FilterIndex 属性。FilterIndex 属性用于返回用户在“文件类型”下拉列表框中选中的选项的序号，即过滤器的序号，其值为整型。用 Filter 属性设置多个过滤器后，每个过滤器都会有一个序号，第 1 个过滤器的序号为 1，第 2 个过滤器的序号为 2，以此类推。在如图 8.3 所示的对话框中，如果要将“文本文件（*.TXT）”设为默认文件类型，则 FilterIndex 的属性值应该设置为 2。

（3）InitDir 属性。InitDir 属性值为字符串型，用于指定“打开”对话框中的初始路径。若没有设置该属性，则显示当前路径。用户选中的目录也放在此属性中，即用它能设置和返回选中的目录名。

该属性可以在“属性”窗口设置，也可以在程序中使用代码设置，使用代码设置时应写在对话框显示语句之前。

（4）Flags 属性。Flags 属性用于设置对话框的外观和状态。其语法格式如下：

```
对象.Flags [=值]
```

其中，对象为通用对话框的名称；“值”是一个整数，可以使用三种形式：常数、十六进制值及十进制值。

（5）DefaultExt 属性。DefaultExt 属性用于显示文件在对话框中的默认扩展名（即指定默认的文件类型）。如果用户输入的文件名不带扩展名，则自动将此默认扩展名作为其扩展名，其值是由 1～3 个字符组成的字符串。

关于“打开”对话框的属性设置，还可以通过“属性页”对话框完成。

【例 8.1】　设计一个简单的应用程序，用于打开各种类型的图形文件。

分析：在窗体上放置一个图像框（Image1）用于显示图片，三个命令按钮控件用于打开图形文件（Command1）、清除图像（Command2）和退出应用程序（Command3），两个标签控件用于分别显示图片的 FileTitle 属性值（Label1）和 FileName 属性值（Label2），一个通用对话框控件（CommonDialog1），在程序运行时设置“打开文件”对话框的属性。

步骤：

（1）在窗体上设置一个图像框、三个命令按钮、两个标签和一个通用对话框控件。

（2）设置相关控件的属性，如表 8.2 所示。

表 8.2　例 8.1 相关控件的属性设置

控件名	属性名	属性值	说明
Image1	Picture	默认	图形来源
	Stretch	True	图形充满方框
Command1	Caption	打开	按钮的标题
Command2	Caption	清除	按钮的标题
Command3	Caption	退出	按钮的标题
Label1、Label2	BorderStyle	Fixed Single	单线边框
Label1、Label2	Caption		清空
CommonDialog1			默认设置

（3）编写程序代码，如下所示。

```
Private Sub Command1_Click()
    CommonDialog1.InitDir = "D:\temp\chapter8"
    CommonDialog1.DialogTitle = "打开文件"
    CommonDialog1.Filter="All Files(*.*)|*.*|frm文件|*.frm|vbp文件|*.vbp|"
    CommonDialog1.FilterIndex = 2
    CommonDialog1.Flags = 1
    CommonDialog1.Action = 1
    Image1.Picture = LoadPicture(Me.CommonDialog1.FileName)'加载图片
    Label1.Caption = CommonDialog1.FileTitle      '不显示路径的文件名
    Label2.Caption = CommonDialog1.FileName       '显示路径的文件名
End Sub
Private Sub Command2_Click()
```

```
        Image1.Picture = LoadPicture()
        Label1.Caption = ""
        Label2.Caption = ""
    End Sub
    Private Sub Command3_Click()
    End
    End Sub
```

（4）运行程序。

（5）单击“打开”按钮，即打开“打开”对话框。在对话框中打开任意图片，即可在图像框中显示相应的图片，在 Label1 和 Label2 中分别显示文件的标题（不包含路径）和文件名（包含路径），如图 8.4 所示。

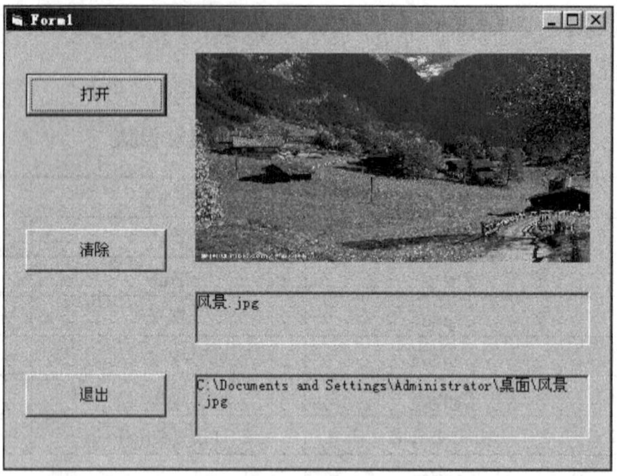

图 8.4　例 8.1 的程序运行结果

2）“另存为”对话框

显示“另存为”对话框的方法有两种：调用通用对话框的 ShowSave 方法，或者将通用对话框的 Action 属性值设为 2。例如：

```
CommonDialog1.ShowSave
```

或者

```
CommonDialog1.Action=2
```

执行以上任意一条语句均可弹出“另存为”对话框，如图 8.5 所示。

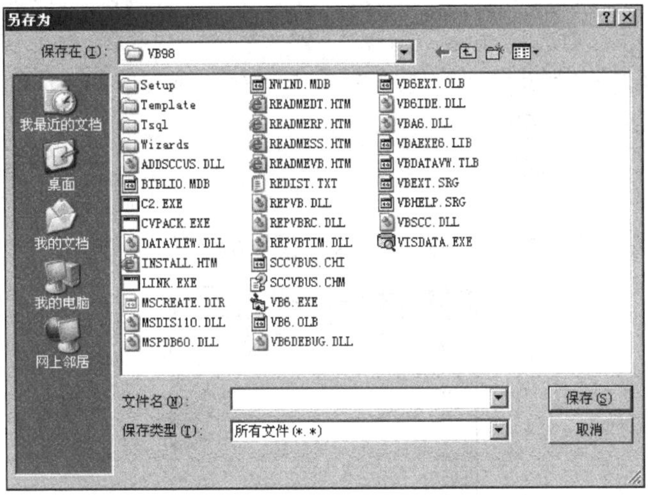

图 8.5　“另存为”对话框

“另存为”对话框为用户存储文件提供了一个标准用户界面，供用户选择或输入所要存入文件的驱动器、路径和文件名。同“打开”对话框一样，它并不能提供真正的存储文件操作，存储文件的操作需要编程来完成。

“另存为”对话框的属性和“打开”对话框的属性基本相同。用户也可以在“属性页”对话框的“打开/另存为”选项卡中设置“另存为”对话框的属性。

【例 8.2】 设计一个简单的应用程序，可以保存文本框中编辑的文字。缺省扩展名时，可将所编辑的文字保存为扩展名为.txt 的文件。

分析：在窗体上放置一个命令按钮和一个文本框，在文本框中输入任意内容，单击命令按钮控件即可实现文本框中信息的保存操作。

步骤：

（1）在窗体上放置一个命令按钮、一个文本框和一个通用对话框。

（2）设置相关控件的属性，如表 8.3 所示。

表 8.3　例 8.2 相关控件的属性设置

控件名	属性名	属性值	说明
Command1	Caption	保存	按钮的标题
Text1	Text MultiLine	 True	清空 允许在文本框中输入多行文字
CommonDialog1			默认设置

（3）编写程序代码，代码如下。

```
Private Sub Command1_Click ()
  CommonDialog1.FileName="Default.Txt"        '设置默认文件名
```

```
    CommonDialog1.DefaultExt="txt"                    '设置默认扩展名
    CommonDialog1.Action = 2                          '打开“另存为”对话框
    Open CommonDialog1.filename For Output As #1 '打开文件供写入数据
    Print #1, Text1.Text
    Close #1                                          '关闭文件
End Sub
```

（4）运行程序，例 8.2 的程序运行结果如图 8.6 所示。

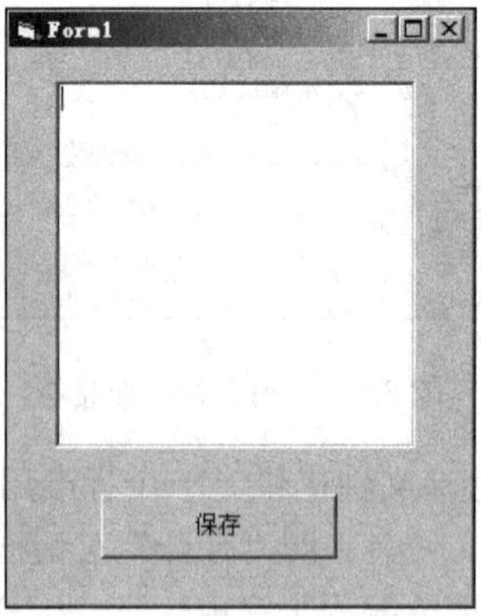

图 8.6　例 8.2 的程序运行结果

（5）在文本框中输入任意文字，单击“保存”按钮，在弹出的“另存为”对话框中输入文件名 temp，单击“保存”按钮，即可将文件 temp.txt（.txt 为默认文件格式）保存到指定的文件夹中。如果不写文件名，则保存为默认文件 Default.txt。

3）“颜色”对话框

显示“颜色”对话框的方法有两种：调用通用对话框的 ShowColor 方法，或者将通用对话框的 Action 属性值设为 3。例如：

```
CommonDialog1.ShowColor
```

或者

```
CommonDialog1.Action=3
```

执行以上任意一条语句均可弹出“颜色”对话框。

“颜色”对话框具有一些基本属性，如 CancelError、DialogTitle、HelpCommand、HelpContext、HelpFile、HelpKey 等，除此之外，其最主要的属性为 Color 属性，用于返回选定的颜色值。当用户在“颜色”对话框中选中某种颜色时，该颜色值将赋给对话框的 Color 属性。

“颜色”对话框的调色板提供了 48 种基本颜色（basic colors），用户还可以单击“规定自定义颜色”按钮，添加自定义颜色。

关于“颜色”对话框的属性设置，还可以通过“属性页”对话框完成。

4）“字体”对话框

显示“字体”对话框的方法有两种：调用通用对话框的 ShowFont 方法，或者将通用对话框的 Action 属性值设为 4。例如：

```
CommonDialog1.ShowFont
```

或者

```
CommonDialog1.Action=4
```

执行以上任意一条语句均可弹出“字体”对话框。

在“属性页”对话框的“字体”选项卡中，也可以设置文本的字体、字形、大小和颜色等。

5）“打印”对话框

显示“打印”对话框的方法有两种：调用通用对话框的 ShowPrinter 方法，或者将通用对话框的 Action 属性值设为 5。例如：

```
CommonDialog1.ShowPrinter
```

或者

```
CommonDialog1.Action=5
```

执行以上任意一条语句均可弹出“打印”对话框。

用户可以在“打印”对话框中选择打印机，设置打印机属性和打印选项（如打印范围、份数等）。此外，“打印”对话框还提供了当前已安装的打印机信息，并允许用户配置或重新安装默认打印机。

“打印”对话框并不能真正地将数据送到打印机上，只是提供一个选择或设置打印参数的界面，允许用户指定如何打印数据，同时将所选参数保存到各属性中，要实现打印数据必须编写代码。

6）“帮助”对话框

显示“帮助”对话框的方法有两种：调用通用对话框的 ShowHelp 方法，或者将通用对话框的 Action 属性值设为 6。例如：

```
CommonDialog1.ShowHelp
```

或者

```
CommonDialog1.Action=6
```

执行以上任意一条语句均可弹出“帮助”对话框。

“帮助”对话框为用户提供在线帮助，是一个标准的对话框。它不能制作应用程序的帮助文件，只能将已制作好的帮助文件从磁盘中读出，并与界面连接起来，达到显示并检索帮助信息的目的。若要制作帮助文件需要使用其他工具，如 Microsoft Windows Help Compiler，即 Help 编辑器。生成帮助文件以后可直接在界面上利用“帮助”对话框为应用程序提供在线帮助。

8.2 菜单设计

菜单（Menu）是图形化界面一个必不可少的组成元素，通过菜单对各种命令按功能进行分组，使用户能够更加方便、直观地访问这些命令。

菜单按使用形式分为以下两种。

（1）下拉式菜单：位于窗口的顶部，通过单击来显示和选择。

（2）弹出式菜单：也称为快捷菜单或上下文相关菜单，是独立于菜单栏而显示在窗体上的浮动菜单。一般来说，在不同的区域右击后所弹出的快捷菜单内容也不同。

上述两种菜单的设计都要在“菜单编辑器”中进行。本节将介绍这两种菜单的创建方法。

8.2.1 下拉式菜单

在下拉式菜单系统中，一般有一个主菜单，称为菜单栏。其中包括一个或多个选择项，称为菜单标题。当单击一个菜单标题时，包含菜单项的列表（菜单）即被打开。菜单由若干条命令、分隔线、子菜单标题（其右侧带有三角的菜单项）等菜单项组成，如图 8.7 所示。当单击子菜单标题时又会“下拉”出下一级菜单项列表，称为子菜单。VB 的菜单系统最多可达六层。

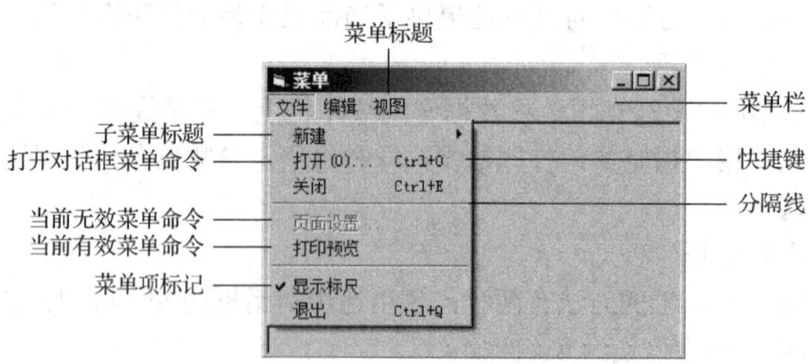

图 8.7 下拉式菜单

在 VB 中，一个菜单项（不管是主菜单栏上的菜单名、子菜单上的菜单项，还是分隔线，统称为菜单项）就是一个控件，响应 Click 事件。为菜单项编写程序就是编写其 Click 事件过程，当通过鼠标或键盘选中该菜单控件时，将调用该事件。与其他控件一样，它具有定义其外观与行为的属性，在设计或运行时可以设置 Caption 属性、Enabled 属性、Visible 属性、Checked 属性及其他属性。与一般控件不同的是，菜单控件不在 VB 的工具箱中，需要在 VB 菜单编辑器中进行菜单设计。

8.2.2　弹出式菜单

弹出式菜单的位置显示比较灵活。在某一个对象（或空白区域）上右击后弹出的菜单即为弹出式菜单，如图 8.8 所示。

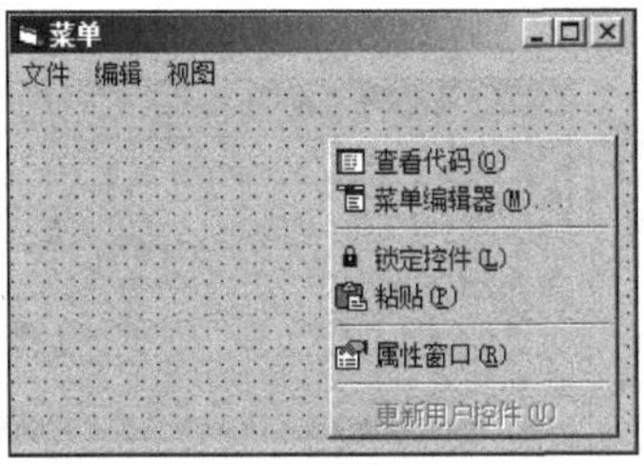

图 8.8　弹出式菜单

弹出式菜单经常被用来快速地在屏幕上显示若干菜单命令，这些命令一般是当前鼠标所指向的对象的快捷操作命令。

与下拉式菜单不同的是，弹出式菜单的显示位置不同，其显示位置取决于鼠标单击时指针的位置；显示内容不同，弹出式菜单显示的内容取决于所选对象及前后的相关操作。

8.2.3　菜单设计的步骤

无论是下拉式菜单还是弹出式菜单，每一个菜单项都是 VB 的一个控件对象，具有和其他控件一样的属性，如 Caption、Name、Checked、Enabled 和 Visible 属性等。不同的是，菜单控件不在 VB 的工具箱上，而且菜单控件的属性不能在“属性”窗口中修改，只能在菜单编辑器中修改。

设计菜单的一般步骤如下。

（1）根据程序设计的需要进行菜单的界面设计，包括菜单栏中的各菜单标题，各级子菜单中的菜单项，以及它们各自的事件过程。

（2）打开菜单编辑器，建立各级菜单，并设置相应的属性。

（3）编写程序代码。建立菜单项后，为相应的菜单项编写 Click 事件代码。

8.2.4　菜单编辑器

VB 提供的菜单编辑器可以非常方便地在应用程序的窗体上创建菜单。

1. 打开菜单编辑器

打开菜单编辑器的方法如下。

方法 1：在设计模式下，选择“工具”→“菜单编辑器”命令。

方法 2：按 Ctrl+E 组合键。

方法 3：单击工具栏上的“菜单编辑器”按钮。

方法 4：在要建立菜单的窗体上右击，在弹出的快捷菜单中选择“菜单编辑器”命令。

2. 菜单编辑器的组成

菜单编辑器由三部分组成：数据区、编辑区和菜单显示区。菜单编辑器组成如图 8.9 所示。

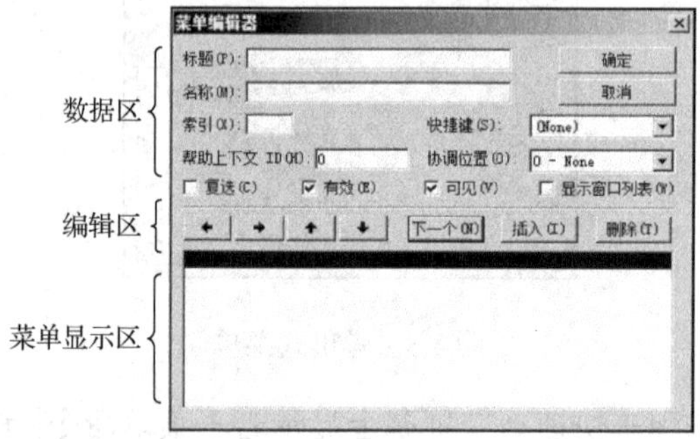

图 8.9　菜单编辑器组成

1）数据区

数据区也称为菜单控件属性区，位于菜单编辑器标题栏的下方，用来设置菜单项的各个属性。用户只要输入各属性的值，就可以创建一个菜单项。每创建一个菜单项，就会在下部的菜单显示区中显示出来。所有菜单项输入完后，单击“确定”按钮即可。

（1）标题。标题是一个文本框，是程序运行时菜单上的说明文字，如“文件”“格式”等，相当于普通控件的 Caption 属性。若是减号“-”，将在菜单中显示一条分隔线，常用此种方法对菜单项进行分组。另外，在标题中可以设置热键，即用“Alt+热键”打开菜单。热键的设定是在标题前加上一个“&”和一个作为热键的字母，如标题为 File，可以用&File 指定 F 为热键，显示为 File；若标题为“文件”，可以用“文件(&F)”指定 F 为热键，显示为文件(F)。

（2）名称。名称是一个文本框，用来标注菜单项的控件名，这个名称用来在程序中引用菜单项，相当于普通控件的 Name 属性。菜单项的命名规则与控件的命名规则相同，另外，所有菜单项的名称属性必须是唯一的，除非这个菜单项是控件数组中的一个元素。

（3）索引。相当于其他控件的 Index 属性，当把多个菜单项定义为控件数组时，索引是控件数组的下标，控件数组中的菜单项具有相同的 Name 属性，而且是同一个菜单中的相邻菜单项。索引可以不从 0 开始，也可以不连续，但必须按升序排列。

（4）快捷键。快捷键是一个列表框，非顶层菜单可以有快捷键。快捷键指的是不用打开菜单，直接用快捷键执行菜单命令，注意不要使用 Windows 中已定义的快捷键。快捷键的赋值包括功能键与控制键的组合，如 Ctrl+F1 键或 Ctrl+A 键。它们出现在菜单中相应菜单项的右边。

（5）帮助上下文 ID。帮助信息的上下文编号，在该处输入一个数值，这个值用来在帮助文件中查找相应的帮助主题。

（6）协调位置。协调位置是一个列表框，可以在列表中选择菜单的显示属性，该属性决定是否及如何在容器窗体中显示菜单。0-None：不显示；1-Left：靠左（只对顶级菜单项有效）；2-Middle：居中（只对顶级菜单项有效）；3-Right：靠右（只对顶级菜单项有效）。

（7）复选。该属性只对底层菜单有效。“复选”属性设置为 True（选中）时，可以在相应的菜单项旁加上符号“ √ ”，表示该项处于活动状态，相当于复选框控件的 Checked 属性。它不改变菜单项的作用，也不影响事件过程对任何对象的执行结果，只是设置或重新设置菜单项旁的符号。

（8）有效。该属性用来设置菜单项的操作状态，相当于普通控件的 Enabled 属性。在默认情况下，该属性被设置为 True（选中），表明相应的菜单项可以对用户事件做出响应。如果该属性被设置为 False（未选中），则相应的菜单项会呈灰色，表示当前不可用，即不响应用户事件。

（9）可见。该属性设置菜单项是否可见，相当于普通控件的 Visible 属性。在默认情况下，此属性值为 True（选中），表示该菜单项可以执行。如果该属性被设置为 False（未选中），则相应的菜单项将被暂时从菜单中去除，即不能执行，直到该属性重新被设置为 True 才能使用。

（10）显示窗口列表。在 MDI（多文档窗口）应用程序中，确定菜单控件是否包含一个打开的 MDI 子窗口标题。该属性只对 MDI 窗体和 MDI 子窗体有效，对普通窗体无效。当该选项被设置为 True（选中）时，将显示当前打开的一系列子窗口标题。

2）编辑区

数据区下方的区域是编辑区。编辑区上有七个控制按钮，编辑菜单时要借助这七个按钮。

（1）左右箭头按钮：用于提高或降低菜单的级别，产生或取消内缩符号“....”，内缩符号可以确定菜单的层次。单击右箭头按钮，产生内缩符号（....），表示将建立下一级菜单；单击左箭头按钮，删除内缩符号。在 Visual Basic 6.0 中最多可建立六级子菜单。

（2）上下箭头按钮：用于调整菜单项的上下位置。当位于菜单控件列表框中的菜单项被选中后，可以通过上下箭头按钮来移动其位置。单击上箭头按钮会把菜单项上移一个选项，单击下箭头按钮会把菜单项下移一个选项。

（3）“下一个”按钮：用于设置一个新的菜单项。

（4）“插入”按钮：用于插入一个新的菜单项。

（5）“删除”按钮：用于删除条形光标所在的菜单项。

3）菜单显示区

菜单显示区位于菜单编辑器的底部，用来显示输入的菜单项。菜单显示区用来显示菜单项标题、级别和快捷键等。如果某一菜单项相对于上一个菜单项向右缩进，表示它是上一个菜单项的子菜单。向右缩进相同的菜单项属于同一个子菜单。没有缩进的菜单项是顶级菜单项，将显示在菜单栏中。可以在此区域选择要修改的菜单项，再用编辑区中的按钮调整菜单项顺序和缩进。

说明：

（1）菜单项包括四个方面的内容：菜单名、菜单命令、分隔线和子菜单。

（2）在输入菜单项时，如果在字母前加上“&”，则显示菜单时会在该字母下面加上一条下划线，可以通过按 Alt+“带下划线的字母”组合键打开菜单或执行相应的菜单命令。

（3）内缩符号由四个小数点“....”组成，用来表明菜单项所在的层次。一个内缩符号“....”表示一层，两个内缩符号“........”表示两层，内缩符号“....”最多为六层。如果一个菜单项前面没有内缩符号，则该菜单为菜单名，即菜单的第一层。

（4）如果在“标题”栏内只输入一个“-”，则表示产生一个分隔线。

（5）只有菜单名没有菜单项的菜单称为“顶层菜单”，在输入这样的菜单项时，通常在后面加一个感叹号“!”。

（6）除分隔线外，所有的菜单项都可以接受 Click 事件。

8.2.5 下拉式菜单的操作

1. 下拉式菜单的建立实例

【例 8.3】 在窗体上设计一个下拉菜单，实现字体、字号和颜色的设置。

步骤：

（1）创建一个窗体，在窗体上设置一个下拉式菜单和一个文本框控件，文本框的 MultiLine 属性设为 True、ScrollBar 属性设为 3-Both。

（2）打开菜单编辑器，设置菜单控件的属性，如表 8.4 所示。

表 8.4 例 8.3 菜单控件的属性设置

菜单项的层数	菜单项标题	菜单项名称	Shortcut 属性
1	文件(&F)	mnufile	
2	新建	mnunew	Ctrl+N
2	打开	mnuopen	Ctrl+O
2	保存	mnusave	Ctrl+S
2	-	mnuspace	
2	退出	mnuexit	
1	格式	mnuformat	
2	字体	mnufont	
3	楷体_GB2312	mnukaiti	
3	隶书	mnulishu	
3	黑体	mnuheiti	
2	字号	mnusize	

续表

菜单项的层数	菜单项标题	菜单项名称	Shortcut 属性
3	14 号	mnu14	
3	16 号	mnu16	
3	18 号	mnu18	
2	颜色(&C)	mnucolor	
3	红色(&R)	mnured	
3	蓝色(&B)	mnublue	
3	绿色(&G)	mnugreen	
1	帮助(&H)	mnuHelp	

（3）菜单编辑完毕之后，即可在窗体上看到菜单的初始状态。

（4）编写程序代码，如下所示。

```
Private Sub Form_Load()
    Text1.Visible = False
    mnulishu.Checked = False
    mnukaiti.Checked = False
    mnuheiti.Checked = False
    mnu14.Checked = False
    mnu16.Checked = False
    mnu18.Checked = False
    mnured.Checked = False
    mnublue.Checked = False
    mnugreen.Checked = False
End Sub
Private Sub mnu14_Click()
    Text1.FontSize = 14
    mnu14.Checked = True
    mnu16.Checked = False
    mnu18.Checked = False
End Sub
Private Sub mnu16_Click()
    Text1.FontSize = 16
    mnu14.Checked = False
    mnu16.Checked = True
    mnu18.Checked = False
End Sub
Private Sub mnu18_Click()
    Text1.FontSize = 18
    mnu14.Checked = False
```

```
    mnu16.Checked = False
    mnu18.Checked = True
End Sub
Private Sub mnublue_Click()
    Text1.ForeColor = vbBlue
    mnured.Checked = False
    mnublue.Checked = True
    mnugreen.Checked = False
End Sub
Private Sub mnuexit_Click()
    End
End Sub
Private Sub mnugreen_Click()
    Text1.ForeColor = vbGreen
    mnured.Checked = False
    mnublue.Checked = False
    mnugreen.Checked = True
End Sub
Private Sub mnuheiti_Click()
    Text1.FontName = "黑体"
    mnulishu.Checked = False
    mnukaiti.Checked = False
    mnuheiti.Checked = True
End Sub
Private Sub mnuhelp_Click()
    MsgBox "本系统是测试版"
End Sub
Private Sub mnukaiti_Click()
    Text1.FontName = "楷体_GB2312"
    mnulishu.Checked = False
    mnukaiti.Checked = True
    mnuheiti.Checked = False
End Sub
Private Sub mnulishu_Click()
    Text1.FontName = "隶书"
    mnulishu.Checked = True
    mnukaiti.Checked = False
    mnuheiti.Checked = False
End Sub
Private Sub mnunew_Click()
```

```
    Text1.Visible = True
End Sub
Private Sub mnured_Click()
    Text1.ForeColor = vbRed
    mnured.Checked = True
    mnublue.Checked = False
    mnugreen.Checked = False
End Sub
Private Sub mnusave_Click()
    MsgBox "你单击了保存菜单项"
End Sub
```

（5）运行程序。文本框的 Visible 属性为 False，当选择“文件”菜单中的“新建”命令时，文本框的 Visible 属性为 True。在文本框中输入“欢迎来到计算机世界”，打开“格式”菜单，设置“字体”、“字号”和“颜色”，同时在选定的菜单项前面加“√”标记。程序运行结果如图 8.10 所示。

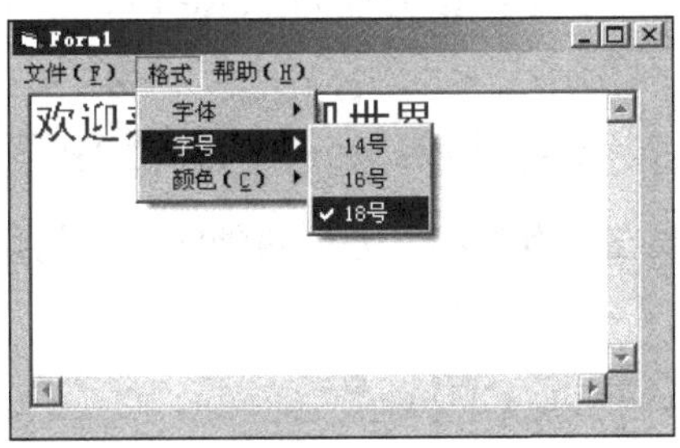

图 8.10　例 8.3 的程序运行结果

2. 有效性控制

所谓有效性控制，即可以使菜单项禁止使用（变为灰色），需要时再恢复。被禁止使用的菜单项将不能接收 Click 事件。

以下两种方法可以实现菜单项的有效性控制。

方法 1：在菜单设计阶段，通过菜单编辑器中的“有效”复选框进行设置。

方法 2：在编写代码阶段，通过设置 Enabled 属性来实现。该属性为 True 时，菜单项可以使用；该属性为 False 时，菜单项不可用（变为灰色）。其语法格式如下：

```
菜单项名称.Enabled=属性值(逻辑型 True/False)
```

需要注意的是，VB 中每个菜单项都是一个独立的控件，具有自己的属性和 Click 事件。各级菜单中的菜单项不存在父对象和子对象的关系，各菜单项的父对象都是窗体，所以在程序中引用菜单项时，可以直接引用各菜单项的名称。

例如，可使例 8.3 中菜单项“字体”（mnufont）呈灰色的语句。

正确：

```
mnufont.Enabled = False
```

错误：

```
mnuformat.mnufont.Enabled=False
```

原因：菜单项可以直接引用，名称前无须引用上层菜单名。

3. 菜单项标记

所谓菜单项标记，就是在菜单项前面加“√”标记。当菜单项前有此标记时，表示这个菜单项被选择，处于活动状态，即 ON 状态；否则，表示菜单项未被选择，处于非活动状态，即 OFF 状态。

有两种方法可以实现菜单项标记。

方法 1：在菜单设计阶段，通过菜单编辑器中的“复选”复选框进行设置。

方法 2：在编写代码阶段，通过设置某菜单项的 Checked 属性来实现。该属性为 True 时，菜单项前出现一个“√”标记；该属性为 False 时，菜单项前面无“√”标记。其语法格式如下：

```
菜单项名称.Checked =属性值(逻辑型 True | False)
```

由于菜单项标记通常要在“有”和“无”两种状态之间切换，所以也常采用如下语法格式来切换两种状态：

```
菜单项名称.Checked =Not 菜单项名称.Checked
```

下面的代码用来实现在例 8.3 中，单击“18 号”（Mnu18）菜单项，改变此菜单项的复选状态，有“√”标记时去掉此标记，无“√”标记时加上此标记。

```
Private Sub Mnu18_Click()
   Mnu18.Checked=Not Mnu18.Checked
End Sub
```

8.2.6 弹出式菜单的操作

弹出式菜单的创建步骤如下。

（1）用菜单编辑器创建主菜单及其子菜单，并编写好各菜单所需的程序代码。

（2）把菜单标题项的 Visible（可见性）属性设置为 False。

（3）编辑需要弹出式菜单对象的 MouseDown 事件。用 PopupMenu 方法显示弹出式菜单。

语法格式如下：

```
[对象名.] PopupMenu 菜单名 [, Flags [, X [, Y [, BoldCommand ] ] ] ]
```

说明：

（1）对象名：需要弹出式菜单的对象名称，一般为窗体，省略对象指的是当前窗体。

（2）菜单名：是指通过菜单编辑器定义的菜单标题项名称属性 Name。

（3）Flags：位置参数，用来指定弹出式菜单的位置及行为，包含位置常数和行为常数。其中，各常数取值及作用如表 8.5 和表 8.6 所示。

表 8.5　位置常数取值及作用

位置常数	值	作用
vbpopupMenuLeftAlign	0	表示菜单的左上角位于 X（默认值）
vbpopupMenuCenterAlign	4	表示菜单中心位于 X
vbpopupMenuRightAlign	8	表示菜单右上角位于 X

表 8.6　行为常数取值及作用

行为常数	值	作用
vbpopupMenuLeftButton	0	表示仅当单击时选择菜单项（默认值）
vbpopupMenuRightButton	2	表示单击或右击都可以选择菜单项

这两组参数可以单独使用，也可以联合使用。联合使用时，每组中取一个值，两值相加。例如，4+2 表示弹出式菜单显示的位置中心在 X 坐标，单击或右击都可以选择菜单项。

（4）X、Y 是坐标值，表示弹出式菜单在窗体上显示的位置，默认为鼠标坐标。

（5）BoldCommand 用来指定菜单中要以粗体显示的菜单名称。

（6）除菜单名外，其他参数都是可选参数。若省略所有可选参数，运行程序时，在窗体任意位置单击或右击，将弹出一个菜单。

【例 8.4】　用弹出式菜单命令改变标签的背景色。

说明：程序运行后，当在窗体上右击时弹出菜单。选择菜单中的不同菜单项，窗体上标签的背景颜色会发生相应的变化，如图 8.11 所示。

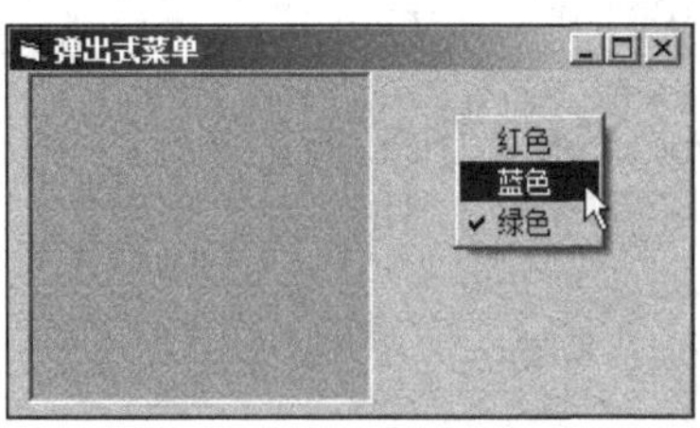

图 8.11　弹出式菜单示例

分析：根据要求，首先利用菜单编辑器生成一个菜单，其中菜单标题的标题属性可以为空，名称属性设置为 Main。此菜单中有三个菜单项，分别为“红色”“蓝色”“绿色”，当单击相应命令时，该项加上菜单项标记，同时将标签背景色改为相应颜色。然后利用窗体的鼠标按下事件（Form_MouseDown），使用 PopupMenu 方法显示出菜单。Main 菜单的 Visible 属性初始值应为 False。

步骤：

（1）创建界面：在窗体适当位置添加一个标签 Label1，设置其 Caption 属性为空，BorderStyle 属性为 1（带有固定边框）。

（2）建立菜单：打开菜单编辑器，菜单项的属性设置如表 8.7 所示。

表 8.7　例 8.4 菜单项的属性设置

菜单项的层数	菜单项标题	菜单项名称	可见性
1		Main	False
2	红色	Red	True
2	蓝色	Green	True
2	绿色	Blue	True

（3）编写程序代码，如下所示。

```
Private Sub Form_MouseDown(Button As Integer, Shift As Integer,X As_
Single, Y As Single)
   If Button=2 Then                    '右击时弹出菜单
      PopupMenu Main
   End If
End Sub
Private Sub red_Click()                 '单击“红色”命令
'如果红色上没有菜单项标记，则添加菜单项标记，同时将其他命令的菜单项标记去掉，
'标签背景改为红色
   If red.Checked = False Then
      red.Checked = True
      blue.Checked = False
      green.Checked = False
      Label1.BackColor = vbRed
   End If
End SubPrivate Sub blue_Click()
   If blue.Checked = False Then
      blue.Checked = True
      red.Checked = False
      green.Checked = False
      Label1.BackColor = vbBlue
   End If
End Sub
Private Sub green_Click()
   If green.Checked = False Then
```

```
            green.Checked = True
            red.Checked = False
            blue.Checked = False
            Label1.BackColor = vbGreen
        End If
    End Sub
```

8.3 多 重 窗 体

窗体是 VB 开发应用程序中最重要的控件，用户通过窗体及其可见控件与应用程序进行交互操作。像一些比较简单的软件，如当前时间显示程序只用一个窗体即可。但如果有特殊需要，比如想创造更好的人机界面，单一窗体往往无法满足需求，必须再添加一个或多个窗体，每个窗体有不同的界面，用于实现不同的功能，如 VB 软件、Microsoft Office 系列应用软件等。

多重窗体（Multi-Form）是指一个应用程序中有多个并列的单一窗体，窗体之间存在着调用关系，每个窗体又有各自的界面和程序代码，用以实现不同的功能。在实际应用中，特别是一些较复杂的应用程序，必须通过多重窗体来实现。

8.3.1 设置启动对象

一个应用程序若具有多个窗体，它们都是并列关系。在程序运行过程中，首先执行的对象称为启动对象。

在默认情况下，应用程序中第一个创建的窗体被 VB 指定为启动窗体，应用程序一经运行，该窗体就被显示出来。因而，如果想在程序启动时优先显示别的窗体，就必须重新设置启动窗体。

设置启动窗体的方法：在工程资源管理器中选定工程，右击，在弹出的快捷菜单中选择“工程 1 属性”命令，弹出“工程 1-工程属性”对话框，选择“通用”选项卡，如图 8.12 所示。

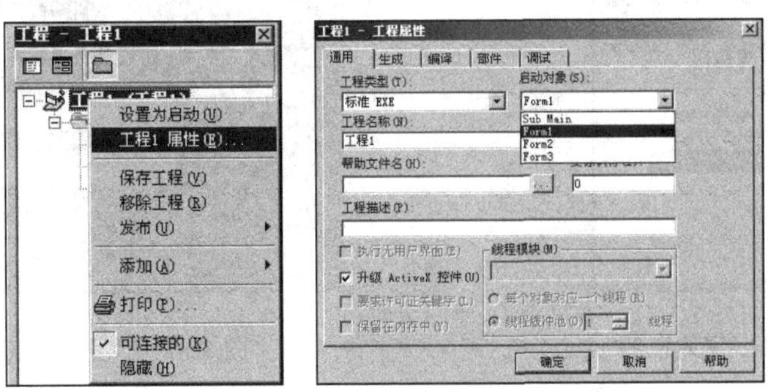

图 8.12　“工程 1 属性”命令和“工程 1-工程属性”对话框

在“工程 1-工程属性”对话框中，“启动对象”下拉列表框中的选项就是用于设置启动窗体的。这是一个下拉列表框，显示了该工程所有的窗体和 Sub Main 过程，用户可以根据需要选用。

除了启动窗体以外，其他的窗体不可能自动显示，用户可以通过某个操作来实现启动窗口的显示，如 Show 方法等。

8.3.2　综合应用

本节将通过实例说明怎样在程序中组织多个窗体。

【例 8.5】　利用多窗体编写考试系统登录界面程序。

说明：该项目用于考试系统登录过程，包含三个窗体：“登录”窗体、“答题”窗体和“提示”窗体。

程序运行时，首先出现 Form1（“登录”）窗体，输入准考证号和姓名，单击“开始登录”按钮，如果输入正确，则 Form1 窗体卸载，Form2（“答题”）窗体显示；如果输入不正确，则 Form3（“提示”）窗体以模式窗体显示，即只能对该窗体操作，在关闭该窗体之前不能操作其他窗体。单击“退出考试”按钮，结束程序运行。

Form2（“答题”）窗体出现时，如果单击“返回登录界面”按钮，则 Form2 窗体卸载，Form1（“登录”）窗体显示；如果单击按钮，结束程序运行。

Form3（“提示”）窗体出现时，如果单击“重新输入”按钮，则 Form3 窗体卸载；如果单击“退出考试”按钮，结束程序运行。

步骤：

（1）创建界面。新建一个工程，系统自动创建窗体 Form1。再添加两个窗体，分别为 Form2 和 Form3，在工程资源管理器中的显示如图 8.13 所示。分别向每个窗体添加相应的控件。

（2）设置属性。窗体、标签和命令按钮的 Caption 属性设置参考图 8.14～图 8.16。

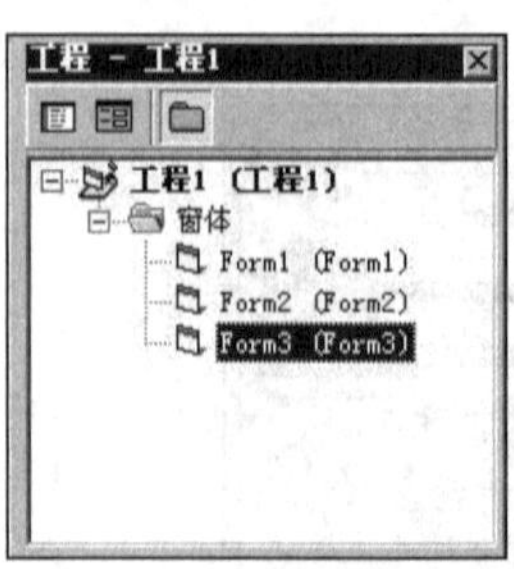

图 8.13　多窗体管理

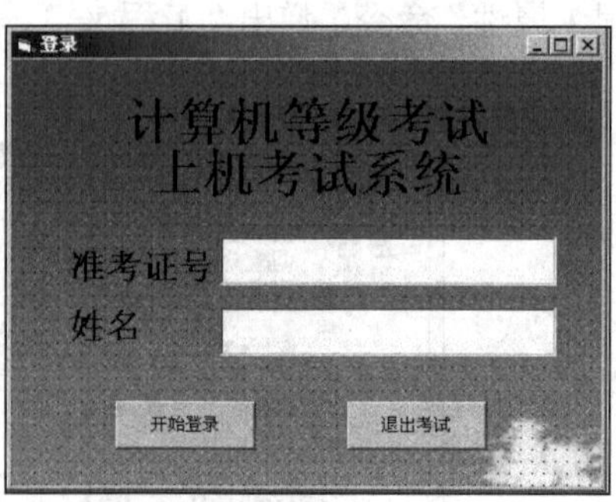

图 8.14　“登录”窗体

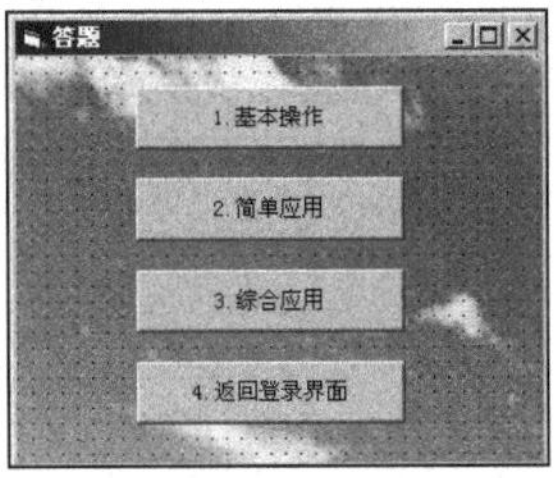

图 8.15　“答题”窗体

图 8.16　“提示”窗体

其他属性设置如表 8.8 所示。

表 8.8　例 8.5 的部分属性设置

所属窗体	对象名	属性名	属性值
Form1	Form1	Picture	自选图片
	Label1	BackStyle	0-Transpare
	Label2	BackStyle	0-Transpare
	Label3	BackStyle	0-Transpare
	Command1	Caption	开始登录
	Command2	Caption	退出考试
	Text1	Text	空
	Text2	Text	空
Form2	Form2	Caption	答题
	Command1	Caption	1.基本操作
	Command2	Caption	2.简单应用
	Command3	Caption	3.综合应用
	Command4	Caption	4.返回登录界面
Form3	Label1	Caption	您输入的考号或姓名不存在！
	Command1	Default	True
	Command2	Cancel	True

（3）编写程序代码，如下所示。

Form1 代码：

```
Private Sub Command1_Click()
    If Text1.Text = "1234" And Text2.Text = "abcd" Then
        Unload Me
        Form2.Show
    Else
        Form3.Show 1                          'Form3 显示为模式窗体
    End If
End Sub
```

```
Private Sub Command2_Click()
    End
End Sub
Private Sub Form_Activate()
    Text1.SetFocus
End Sub
```

Form2 代码：

```
Private Sub Command4_Click()
    Unload Me
    Form1.Show
End Sub
```

Form3 代码：

```
Private Sub Command1_Click()
    Unload Me
    Form1.Text1.Text = ""
    Form1.Text2.Text = ""
End Sub
Private Sub Command2_Click()
    End
End Sub
```

上 机 练 习

1．通用对话框综合设计。

要求：程序运行界面如图 8.17 所示。当程序运行后，若选中“打开文件”单选按钮，单击“显示”按钮，则显示“打开”对话框；若选中“颜色”单选按钮，单击“显示”按钮，则显示“颜色”对话框等。

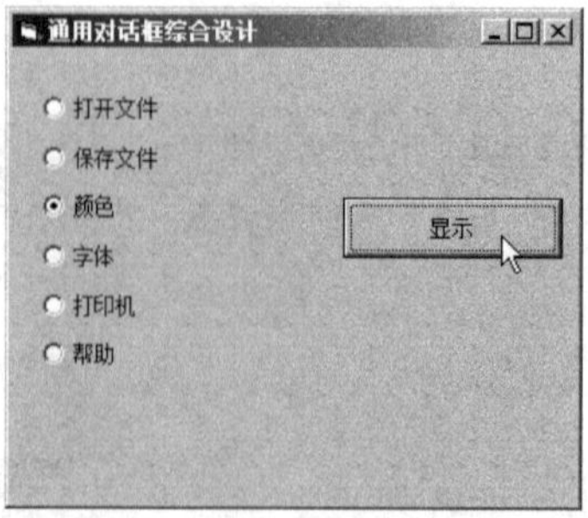

图 8.17　上机练习 1 的程序运行界面

步骤：

（1）创建界面：在窗体上添加一个通用对话框、一个命令按钮和一个单选按钮。

（2）设置控件的属性，如表 8.9 所示。

表 8.9　控件属性设置

控件名	属性名	属性值	说明
CommonDialog1			默认设置
Command1	Caption	显示	按钮的标题
Option1	Index	0	单选按钮控件数组

（3）编写程序代码，如下所示。

```
Private Sub Form_Load()
    For i = 1 To 5
        Load Option1(i)                  '加载第 i 个单选按钮
        Option1(i).Top = Option1(i - 1).Top + 400
                '每个单选按钮的 Top 属性相差 400
        Option1(i).Visible = True
    Next i
    Option1(0).Caption = "打开文件"      '为每个单选按钮设置标题
    Option1(1).Caption = "保存文件"
    Option1(2).Caption = "颜色"
    Option1(3).Caption = "字体"
    Option1(4).Caption = "打印机"
    Option1(5).Caption = "帮助"
End Sub
Private Sub Command1_Click()
    Select Case True
        Case Option1(0).Value
            CommonDialog1.ShowOpen
        Case Option1(1).Value
            CommonDialog1.ShowSave
        Case Option1(2).Value
            CommonDialog1.ShowColor
        Case Option1(3).Value
            CommonDialog1.Flags = cdlCFBoth
            CommonDialog1.ShowFont
        Case Option1(4).Value
            CommonDialog1.ShowPrinter
        Case Option1(5).Value
        '指定显示帮助的文件
```

```
            CommonDialog1.HelpFile = "C:WINDOWS\HELP\WINWB98.HLP"
        '指定显示帮助的格式
            CommonDialog1.HelpCommand = cdlHelpContents
            CommonDialog1.ShowHelp
    End Select
End Sub
```

2．菜单综合应用。

要求：设计一个利用菜单格式化文本框的程序。菜单栏包括两个主菜单“文字”和“格式”，“文字”菜单包括“输入文字”和“清除”两个子菜单项；“格式”菜单包括“字体”和“字号”两个子菜单项。“字体”菜单包括“宋体”、“黑体”和“加粗”三个子菜单项；“字号”菜单中可以选择16号字、24号字，如图8.18所示。右击文本框，弹出“颜色”菜单，在此可以选择文字颜色，如图8.19所示。

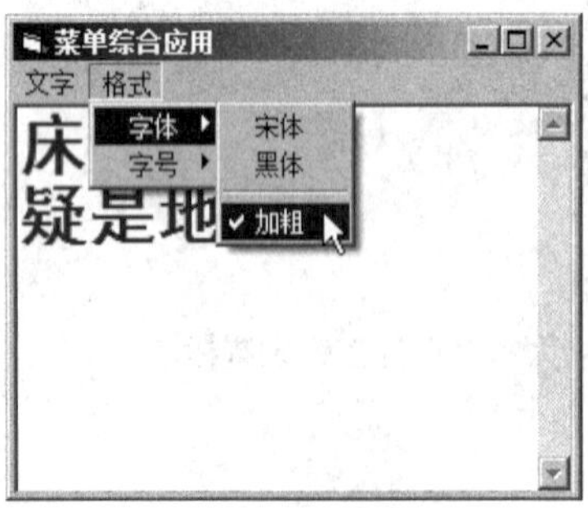

图8.18　下拉式菜单

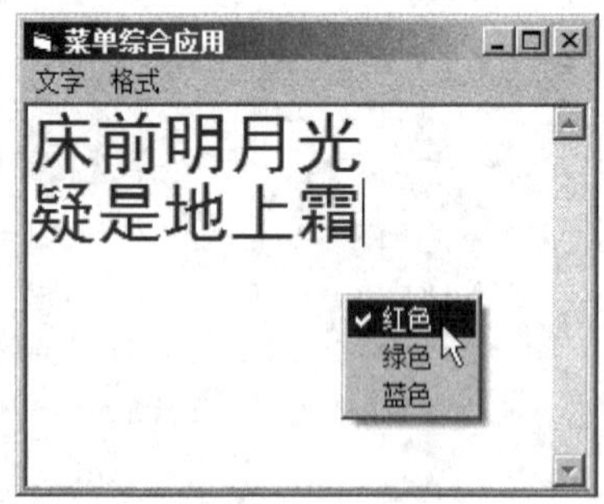

图8.19　弹出式菜单

步骤：

（1）创建界面。建立一个工程，在窗体上添加一个文本框Text1，设置其Text属性为空，MultiLine属性为True。

（2）建立菜单。打开菜单编辑器，建立一个菜单，菜单设置如表8.10所示。

表8.10　菜单设置

菜单项的层数	菜单项标题	菜单项名称	可见
1	文字	Mnutxt	True
2	输入文字	Mnutxt1	
2	清除	Mnutxt2	
1	格式	Mnuformat	True
2	字体	Mnufont	
3	宋体	Mnufont1	
3	黑体	Mnufont2	
3	—	Mnufont3	
3	加粗	Mnufont4	

续表

菜单项的层数	菜单项标题	菜单项名称	可见
2	字号	Mnuszie	
3	16	Mnusize16	
3	24	Mnusize24	
1	颜色	Mnucolor	False
2	红色	Mnured	
2	绿色	Mnugreen	
2	蓝色	Mnublue	

（3）编写各菜单事件代码，如下所示。

```
Private Sub mnutxt1_Click()                 '"输入文字"菜单
    换行$ = Chr(13) & Chr(10)               '回车换行符
    Text1.Text = "床前明月光" + 换行 + "疑是地上霜"     '在文本框中输入内容
End Sub
Private Sub mnutxt2_Click()                 '"清除"菜单
    Text1.Text = ""
End Sub
Private Sub mnufont1_Click()                '"宋体"菜单
    Text1.Font.Name = "宋体"                '也可写为 Text1.FontName = "宋体"
End Sub
Private Sub mnufont2_Click()                '"黑体"菜单
    Text1.Font.Name = "黑体"
End Sub
Private Sub mnufont4_Click()                '"加粗"菜单
    Mnufont4.Checked = Not Mnufont4.Checked
    Text1.FontBold = Not Text1.FontBold
End Sub
Private Sub mnusize16_Click()               '"16"菜单
    Text1.Font.Size = 16                    '也可以写为 Text1.FontSize = 16
End Sub
Private Sub mnusize24_Click()               '"24"菜单
    Text1.FontSize = 24
End Sub
Private Sub mnured_Click()            '"红色"菜单
    Text1.ForeColor = vbRed           '将文字颜色更改为红色
    Mnured.Checked = True
    Mnugreen.Checked = False
    Mnublue.Checked = False
End Sub
```

```
Private Sub mnugreen_Click()          '"绿色"菜单
    Text1.ForeColor = vbGreen         '将文字颜色更改为红色
    Mnured.Checked = False
    Mnugreen.Checked = True
    Mnublue.Checked = False
End Sub
Private Sub mnublue_Click()           '"蓝色"菜单
    Text1.ForeColor = vbBlue          '将文字颜色更改为红色
    Mnured.Checked = False
    Mnugreen.Checked = False
    Mnublue.Checked = True
End Sub
Private Sub Text1_MouseDown(Button As Integer, Shift As Integer, X_
As Single, Y As Single)
    Text1.Enabled = False
    Text1.Enabled = True
    If Button = 2 Then
        PopupMenu Mnucolor
    End If
End Sub
```

当在文本框中使用弹出式菜单时，系统会先弹出一个系统默认的菜单，再次右击才会出现用户定义的菜单。为了屏蔽系统弹出式菜单，可以切换一次文本框的 Enabled 属性值。

3．制作一个学习系统的注册及登录界面。

要求：这是一个学习系统的注册及登录界面，利用已经学习的内容完成登录界面的部分设计。该工程包含三个窗体，分别为“欢迎”、“注册”和“登录”窗体。三个窗体界面如图 8.20～图 8.22 所示。

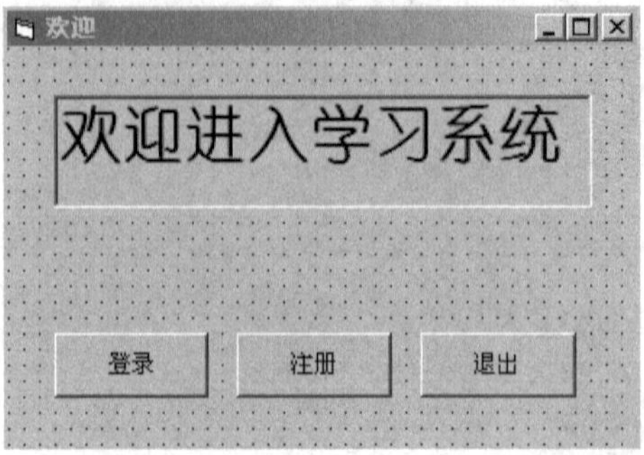

图 8.20　“欢迎”窗体界面

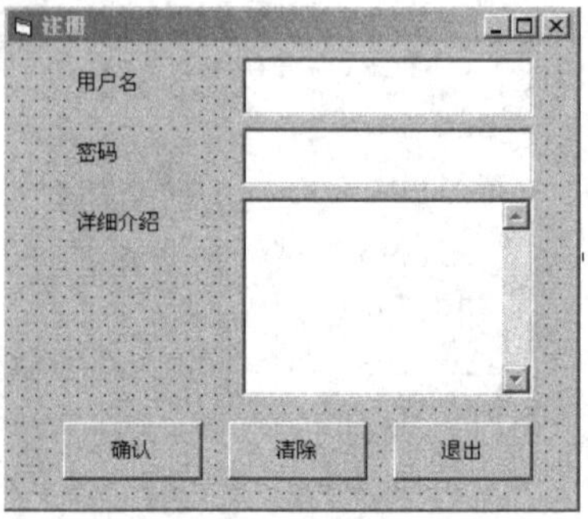

图 8.21　“注册”窗体界面

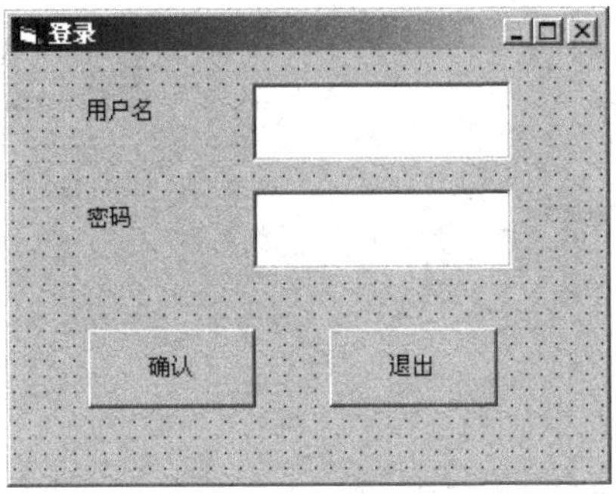

图 8.22　“登录”窗体界面

步骤：

（1）新建一个工程，系统自动创建 Form1 窗体，再向工程添加两个窗体 Form2 和 Form3。

提示：选择“工程”→“添加窗体”命令，在弹出的对话框中选择“窗体”，然后单击“打开”按钮，此时“工程管理器”窗口中即添加一个新窗体。

（2）创建界面。

① 在窗体 Form1 中，添加一个标签、三个命令按钮。

② 在窗体 Form2 中，添加三个标签、三个文本框和三个命令按钮。

③ 在窗体 Form3 中，添加两个标签、两个文本框和两个命令按钮。

（3）设置属性。所有窗体、标签和命令按钮的 Caption 属性设置如图 8.20～图 8.22 所示。文本框的 Text 属性全部为空。其他属性设置如表 8.11 所示。

表 8.11　部分属性设置

所有窗体	对象名	属性名	属性值	说明
Form1	Label1	BorderStyle	1-Fixed Single	标签有边框
Form2	Text2	PasswordChar	*	以*显示密码
	Text3	MultiLine	True	文本框设置滚动条必须与 MultiLine 属性配合使用
		ScrollBars	2-Vertical	
Form3	Text2	PasswordChar	*	以*显示密码
		MaxLength	8	最多允许输入八个字符

（4）编写程序代码，如下所示。

Form1 中的事件代码：

```
Private Sub Command1_Click()
    Form3.Show                          '显示 Form3
    Unload Form1                        '卸载 Form1
End Sub
Private Sub Command2_Click()
```

```
    Form2.Show                              '显示 Form2
    Unload Form1                            '卸载 Form1
End Sub
Private Sub Command3_Click()
    End
End Sub
```

Form2 中的事件代码：

```
Private Sub Command2_Click()
    Text1.Text = ""
    Text2.Text = ""
    Text3.Text = ""
    Text1.SetFocus                      '将焦点设置到 Text1 中
End Sub
Private Sub Command3_Click()
    End
End Sub
```

Form3 中的事件代码：

```
Private Sub Command1_Click()
    If Text1.Text = "abcd" And Text2.Text = "1234" Then
        MsgBox "欢迎进入！"
    Else
        MsgBox "您输入的用户名或密码错误！"
    End If
End Sub
Private Sub Command2_Click()
    End
End Sub
```

其中，Form2 的“确认”按钮未编写程序代码。

（5）保存工程。将三个窗体文件和一个工程文件保存到同一路径下。

提示：单击工具栏上的“保存”按钮，系统会先弹出 Form3 保存对话框，修改保存路径以后，单击对话框中的“保存”按钮，然后会依次自动弹出 Form2、Form1 和工程 1 保存对话框。

注意：打开多窗体程序时，一定要从工程文件打开，否则其他窗体无法加载到工程中。

课后习题

一、选择题

1. 在窗体上添加通用对话框 CommonDialog1，与 CommonDialog1.Action=2 等价的语句是（　　）。

A. CommonDialog1.ShowSave　　B. CommonDialog1.ShowFont

C. CommonDialog1.ShowOpen　　D. CommonDialog1.ShowColor

2. 使用菜单编辑器设计菜单时，必须输入的项是（　　）。

A. 名称　　B. 标题　　C. 索引　　D. 快捷键

3. 假设有一个名为 MenuItem 的菜单项，如果需要在运行时将其变为失效状态（灰色），应在过程中使用语句（　　）。

A. MenuItem.Visible=True　　B. MenuItem.Enabled=False

C. MenuItem.Enabled=True　　D. MenuItem.Visible=False

4. 如果 Form1 是启动窗体，并且 Form1 的 Load 事件过程中有 Form2.Show，则程序启动后（　　）。

A. 发生一个运行错误

B. 在所有的初始化代码运行后 Form2 是活动窗体

C. 发生一个编译

D. 在所有的初始化代码运行后 Form1 是活动窗体

5. 如果设置了 DefaultExt="doc"，FileName="c:\file1.txt"，则 FileTitle 中的值是（　　）。

A. file1.txt　　B. file1.doc　　C. C:\file1.txt　　D. C:\file1.doc

6. 每创建一个菜单，其子菜单级数最多为（　　）。

A. 5　　B. 6　　C. 3　　D. 1

7. 设菜单中只有一个菜单项 Open。若要为该菜单命令设置访问键，即按 Alt+O 组合键时，能够执行 Open 命令，则在菜单编辑器中设置 Open 命令的方式是（　　）。

A. 把 Name 属性设置为 O&pen　　B. 把 Caption 属性设置为&Open

C. 把 Caption 属性设置为 O&pen　　D. 把 Name 属性设置为&Open

8. 通用对话框控件 CommonDialog1 的 Filter 属性被设置为“所有文件|*.*|文本文件|*.txt”，FilterIndex 属性被设置为 2，则在显示“打开”对话框时，“文件类型”下拉列表框中显示的默认文件类型是（　　）。

A. *.*　　B. 所有文件　　C. *.txt　　D. 文本文件

9. 通过菜单编辑器设置菜单时，如需在菜单项前有“√”标记，则在菜单编辑器中（　　）。

A．不选中“复选” B．不选中“有效”
C．选中“有效” D．选中“复选”

10．设在菜单编辑器中定义了一个菜单项，名为 mnu1。为了在运行时隐藏该菜单项，应在程序中使用语句（　　）。

A．mnu1.Enabled=False B．mnu1.Visible=True
C．mnu1.Visible=False D．mnu1.Enabled=True

11．以下关于多重窗体程序的叙述中，错误的是（　　）。

A．在多重窗体程序中，可以根据需要指定启动窗体
B．对于多重窗体程序，需要单独保存每个窗体
C．用 Hide 方法不但可以隐藏窗体，而且能清除内存中的窗体
D．在多重窗体程序中，各窗体的菜单是彼此独立的

12．打开菜单编辑器的快捷键是（　　）。

A．Ctrl+E B．F4 C．Ctrl+M D．Ctrl+Alt+M

13．将通用对话框 CommonDialog1 设置为不同的对话框，应该设置属性（　　）。

A．Tag B．Left C．Name D．Action

14．以下叙述中，错误的是（　　）。

A．弹出式菜单也应该在菜单编辑器中定义
B．在菜单的标题栏中，“&”所引导的字母指明了该菜单项的访问键
C．程序运行过程中，可以重新设置菜单的 Visible 属性
D．在同一窗体的菜单项中，不允许出现标题相同的菜单项

15．为了将菜单项分组，通常在不同功能的菜单项间用一个分隔线分隔。设置方法是在菜单中插入一个菜单项，将该菜单项的某个属性设置为减号(-)，该属性是（　　）。

A．Visible B．Name C．Checked D．Caption

16．要将通用对话框控件添加到工具箱中，应该在“部件”对话框中选择选项（　　）。

A．Microsoft Common Dialog Control 6.0
B．Microsoft Chart Control 6.0
C．Microsoft ADO Control 6.0
D．Microsoft DataGrid Control 6.0

17．在通用对话框显示为“打开”或者“另存为”对话框时，如需对话框中列出的文件类型是“Word 文档”，即“.doc”类型文件，则需将 Filter 属性设置为（　　）。

A．Word 文档 | *.doc B．Word 文档 || *.doc
C．Word 文档 | .Doc D．Word 文档 || .Doc

18．菜单项的属性设置为 False 时，该菜单项标题将以浅灰色显示，该属性是（　　）。

A．Checked B．Enabled C．Caption D．Visible

19．使用通用对话框控件时，要在打开的对话框的标题栏上显示“保存文件”，应该修改通用对话框的属性（　　）。

A．DialogTitle　　B．FontName　　C．FileName　　D．FileTitle

20．通用对话框可以通过设置属性来过滤文件类型，则该属性是（　　）。

A．Action　　B．Filter　　C．Font　　D．FilterIndex

二、思考练习题

1．设计一个应用程序，实现字体、颜色的设置。

要求：在窗体上添加一个通用对话框；一个文本框，设置其显示多行文本；两个命令按钮，设置其 Caption 属性为“字体”和“颜色”。运行程序时，用户单击“字体”按钮，弹出“字体”对话框为文本框中的文本设置字体；单击“颜色”按钮，弹出“颜色”对话框，为文本框设置字体颜色。最终效果如图 8.23 所示。

图 8.23　思考练习题 1 最终效果

2．在 Form1 的窗体上建立一个主菜单，标题为“操作”，名称为 Op，该菜单有两个子菜单，其标题分别为“显示”和“清除”，其名称分别为 Dis 和 Clea，编写适当的事件过程。程序运行后，如果选择“操作”→“显示”命令，则在窗体上显示“等级考试”；如果选择“操作”→“清除”命令，则清除窗体上显示的内容。最终效果如图 8.24 所示。

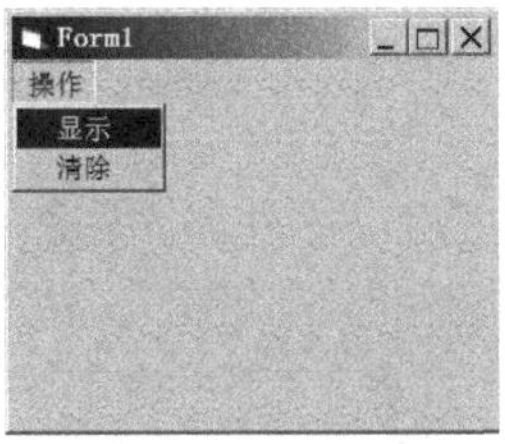

图 8.24　思考练习题 2 最终效果

3．创建下拉菜单和文本框。菜单名分别为“文件”、“编辑”和“退出”。“文件”菜单的子菜单是“打开”和“另存为”；“编辑”菜单的子菜单是“字体”和“颜色”。单击每个命令按钮，使用 CommonDialog 控件打开相应对话框。最终效果如图 8.25 所示。

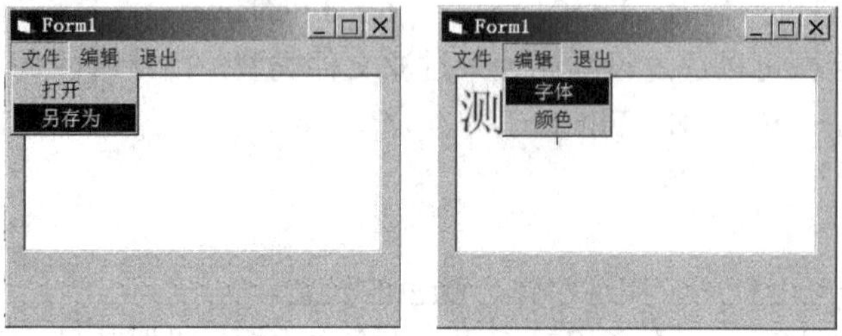

图 8.25　思考练习题 3 最终效果

课后习题答案

一、选择题

1	2	3	4	5	6	7	8	9	10
A	A	B	D	A	B	B	D	D	C
11	12	13	14	15	16	17	18	19	20
C	A	D	D	D	A	A	B	A	B

二、思考练习题

略。

第 9 章

绘　　图

本章要点

- 掌握系统坐标系及自定义坐标系的方法。
- 掌握点、直线、圆、椭圆和圆弧的绘制方法。
- 理解 PaintPicture 方法在处理图形方面的简单应用。

9.1 坐标系统与颜色

9.1.1 坐标系统

为了定位不同对象所处的位置，VB 引入了坐标系统。每个容器控件都有自己的坐标系统，并且坐标的作用范围只限定在该容器的工作区内。对于窗体而言，它的工作区是除标题栏和边框以外的区域。对于图片框，它的工作区是除边框以外的区域。

每个对象都定位于存放它的容器内，每个容器都有一个坐标系，包括坐标原点、X 坐标轴和 Y 坐标轴，默认的坐标原点（0,0）位于容器对象的左上角，X 坐标从左向右递增，Y 坐标从上到下递增。

1. 坐标系统

与坐标系有关的主要属性如下。

（1）ScaleWidth 和 ScaleHeight 属性，用于设置容器工作区在坐标系中的宽度和高度。

（2）ScaleLeft 和 ScaleTop 属性，用于设置容器工作区左上角在坐标系中的横纵坐标值。

坐标系默认情况下为系统坐标系，系统坐标系规定容器工作区的左上角为坐标原点，横向向右为 X 轴正方向，纵向向下为 Y 轴正方向。在系统坐标系中可以选择八种坐标刻度单位，但无论选择哪种单位，都不会改变工作区的实际大小，只改变工作区在坐标系中的宽度（ScaleWidth）和高度（ScaleHeight）。窗体的系统坐标系如图 9.1 所示。

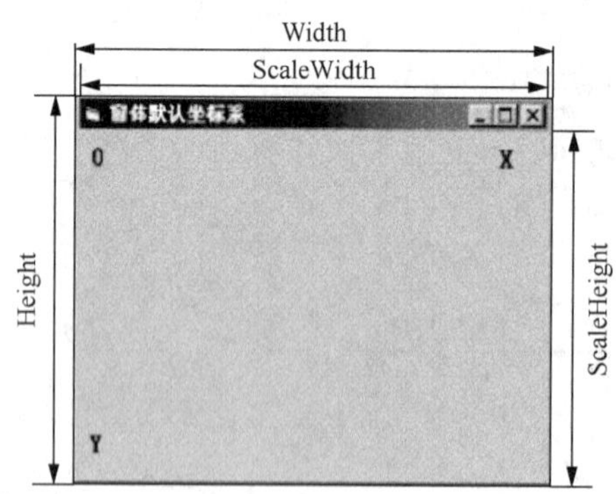

图 9.1　窗体坐标系

在 VB 中，坐标系统的每个轴都有自己的度量单位。如果确定了坐标系和度量单位，则与此相关的对象移动、对象大小调整及图形绘制语句都将以该度量单位为准。需要注意的是，在设定度量单位时，一定要明确所针对的容器对象（例如，窗体、框架或图片框）。

坐标刻度单位由容器对象的 ScaleMode 属性决定，其取值如表 9.1 所示。当其值为默认值时，坐标刻度单位为缇（1440 缇为 1 英寸，20 缇为 1 磅）。

表 9.1　ScaleMode 属性取值

属性值	含义
0-User	可设置 ScaleTop、ScaleLeft、ScaleWidth、ScaleHeight 属性的值
1-Twip	默认值，单位为缇（twip）
2-Point	磅，1 英寸≈72 磅
3-Pixel	像素，1 像素≈15 缇
4-Character	字符
5-Inch	英寸
6-Milimeter	毫米
7-Centimeter	厘米，1 厘米≈567 缇

在实际应用中，用户可以根据实际需要使用 ScaleMode 属性对坐标的度量单位进行重新设置，语法格式如下：

```
对象名.ScaleMode=属性值
```

2. 自定义坐标系统

在实际应用中，VB 允许用户自定义坐标系，包括原点位置、轴线方向和轴线刻度。语法格式如下：

```
对象名.ScaleLeft=x
对象名.ScaleTop=y
对象名.ScaleWidth=<宽度>
对象名.ScaleHeight=<高度>
```

例如，利用以下代码可以将自定义的坐标系的原点定义在窗体的中心位置：

```
Form1.ScaleMode=vbUser
Form1.ScaleLeft=-1000       '设置对象左边距值
Form1.ScaleTop=-750         '设置对象上边距值
Form1.ScaleWidth=2000       '设置对象宽度
Form1.ScaleHeight=1500      '设置对象高度
```

执行上述代码之后，在该对象内的绘图都将基于这个新坐标值进行。

还有一种更简洁的改变坐标系统的途径是使用 Scale 方法。Scale 方法用于定义 Form、PictureBox 或 Printer 的坐标系统，语法格式如下：

```
Object.Scale (x1, y1)-(x2, y2)
```

Scale 方法各参数含义如下。

（1）Object：可选项，代表一个对象，如果省略 Object，则默认为当前窗体。

（2）x1, y1：可选项，均为单精度值，指示定义 Object 左上角的水平（X 轴）和垂直（Y 轴）坐标，即代表坐标系的左上角坐标。这些值必须用小括号括起。如果省略，则第二组坐标也必须省略。

（3）x2, y2：可选项，均为单精度值，指示定义 Object 右下角的水平（X 轴）和垂直（Y 轴）坐标，即代表坐标系的右下角坐标。这些值必须用小括号括起。如果省略，则第一组坐标也必须省略。

使用 Scale 方法定义坐标时，注意（x1, y1） 和 （x2, y2）的符号及取值大小。例如，以 PictureBox 控件（控件名为 Picture1）的中心点为圆心画一个半径为 500 缇的圆，如果使用 Scale 方法定义坐标系，可使用以下代码：

```
Picture1.Scale (-1000, 1000)-(1000, -1000)
Picture1.Circle (0, 0), 500
```

当 Scale 方法不带任何参数时，表示取消用户自定义的坐标系，采用系统默认坐标系。

【例 9.1】 在窗体上，分别在系统默认坐标系和用户自定义坐标系中各画一条起点坐标和终点坐标都相同的线段，观察不同坐标系统对窗体的大小及其在屏幕上的位置是否产生影响，以及同一线段图形在不同坐标系统中的显示变化，并将当前指针的坐标值显示在文本框中，如图 9.2 所示。

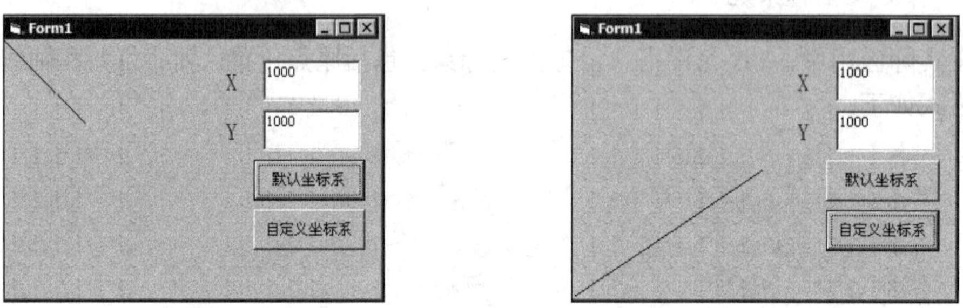

（a）系统默认坐标系　　（b）自定义坐标系

图 9.2　例 9.1 的程序运行结果

分析：根据题目要求，可在窗体上通过命令按钮，在 Click 事件中用 Scale 方法分别设置系统默认坐标系和用户自定义坐标系，再用 Line 方法画一线段，运行程序，观察程序运行结果。

步骤：

（1）在 VB 环境下创建工程、窗体，在窗体上添加两个标签、两个文本框和两个命令按钮。

（2）设置相关控件的属性。

（3）编写相关控件的事件程序代码，如下所示。

```
Private Sub Command1_Click()
    Cls                                  '清屏
    Scale                                '恢复系统默认坐标系
```

```
    Line (0, 0)-(1000, 1000)       '画线
    Text1.Text = CurrentX          '文本框中显示当前点的水平坐标
    Text2.Text = CurrentY          '文本框中显示当前点的垂直坐标
End Sub

Private Sub Command2_Click()
    Cls                            '清屏
    Scale (0, 2000)-(2000, 0)      '用户自定义坐标系
    Line (0, 0)-(1000, 1000)       '画线
    Text1.Text = CurrentX          '文本框中显示当前点的水平坐标
    Text2.Text = CurrentY          '文本框中显示当前点的垂直坐标
End Sub
```

（4）按 F5 键，运行程序并观察程序运行结果。

在本章中若无特殊说明，主要基于 VB 系统的默认坐标系统进行绘图。

9.1.2 颜色

在 VB 中，设置控件的前景色（ForeColor 属性）、背景色（BackColor 属性）及绘制图形或显示文本时，均需要使用 VB 的颜色值，每种颜色由一个长整型数值来表示。在 VB 中，常用以下四种方法表示颜色。

1. RGB()函数

RGB()函数返回一个长整型整数，用来表示一个颜色值。RGB()函数通过指定红、绿、蓝三原色的相对亮度，生成一个用于显示的特定颜色。其语法格式如下：

```
RGB(red, green, blue)
```

说明：

（1）red：必选项，0～255 的整数，代表颜色中的红色成分。

（2）green：必选项，0～255 的整数，代表颜色中的绿色成分。

（3）blue：必选项，0～255 的整数，代表颜色中的蓝色成分。

表 9.2 给出了 RGB()函数表示的常见标准颜色。

表 9.2 RGB()函数表示的常见标准颜色

颜色	red	green	blue
黑色	0	0	0
蓝色	0	0	255
绿色	0	255	0
红色	255	0	0
黄色	255	255	0
白色	255	255	255

例如，语句 Form1.BackColor = RGB(255, 0, 0)指将窗体的背景色设置为红色。

2. QBColor()函数

QBColor()函数返回一个长整型整数，用来表示对应颜色的 RGB 颜色码。其语法格式如下：

```
QBColor (color)
```

说明：color 是必选项，是一个介于 0～15 的整数，代表 16 种基本颜色，不同的值代表不同的颜色，具体对应情况如表 9.3 所示。

表 9.3　color 参数设置

数字	颜色	数字	颜色
0	黑色	8	灰色
1	蓝色	9	浅蓝色
2	绿色	10	淡绿色
3	青色	11	淡青色
4	红色	12	浅红色
5	洋红色	13	浅洋红色
6	黄色	14	淡黄色
7	白色	15	亮白色

3. 颜色常量

使用 RGB()或 QBColor()函数虽然可以得到所需的颜色，但是记忆表示颜色的数值比较困难。所以，VB 6.0 为用户提供了许多表示颜色的字符串常量，它们均以 vb 开头，后接表示颜色的英文单词或单词组合。VB 常用的颜色常量如表 9.4 所示。

表 9.4　VB 6.0 常用的颜色常量

常量	含义	常量	含义
vbBlack	黑色	vbBlue	蓝色
vbRed	红色	vbMagenta	洋红色
vbGreen	绿色	vbCyan	青色
vbYellow	黄色	vbWhite	白色

4. 颜色值

颜色值可以用一个六位的十六进制数表示，这个数从左到右，每两位一组代表一种原色，它们的顺序是蓝绿红。其语法格式如下：

```
&HBBGGRR&
```

其中，BB、GG、RR 分别代表两位十六进制数，表示蓝、绿、红的亮度，它们的取值范围均为 00～FF。例如，&H000000&表示黑色，&H0000FF&表示红色，&H00FF00&表示绿色。

9.2 绘图的属性和方法

9.2.1 绘图的属性

1. 当前坐标

窗体、图片框或打印机对象的 CurrentX、CurrentY 属性给出这些对象在绘图时的当前坐标，这两个属性只能在程序代码中应用，不能在设计状态下使用。其语法格式如下：

```
Object.CurrentX[=x]
Object.CurrentY[=y]
```

在确定的坐标系中，坐标值(x,y)表示容器对象中的绝对坐标位置。如果坐标值前加上关键字 Step，则坐标值 Step(x,y)表示容器对象上的相对坐标位置，表示当前坐标分别为水平平移 x 单位，垂直平移 y 单位，其绝对坐标值为(CurrentX+x,CurrentY+y)。当使用 Cls 方法后，CurrentX、CurrentY 属性值自动为 0。

【例 9.2】 利用 CurrentX、CurrentY 属性在窗体上输出如图 9.3 所示的立体字效果。

分析：在窗体上产生立体字效果，可将同一内容的字符采用不同颜色输出两次，并在第二次输出时，适当地偏移第一次输出的位置。

步骤：

（1）在 VB 环境下创建工程、窗体。

（2）编写窗体的单击事件程序代码，如下所示。

```
Private Sub Form_Click()
    Form1.FontSize = 50
    Form1.ForeColor = RGB(0, 0, 0)
    CurrentX = 100:  CurrentY = 20  '设置当前点坐标，在（100,20）处输出
    Print "VB 欢迎您！"
    Form1.ForeColor = RGB(255, 255, 255)
    CurrentX = 150:  CurrentY = 40  '设置当前点坐标，在（150,40）处输出
    Print "VB 欢迎您！"
End Sub
```

（3）按 F5 键，运行程序。程序运行结果如图 9.3 所示。

图 9.3　例 9.2 的程序运行结果

2. 线宽

通过设置 DrawWidth 属性，可以设置在窗体、图形框或打印机等对象上所画线的宽度或点的大小。DrawWidth 属性以像素为单位来度量，最小值为 1。设置 DrawWidth 属性的语法格式如下：

```
Object.DrawWidth=Size
```

其中，Object 为容器对象，可以是窗体、图片框或打印机等对象。Size 为数值表达式，其范围为 1～32767，该值以像素为单位表示线宽，默认值为 1，即一个像素宽。

如果使用的是控件，则可以通过设置 BorderWidth 属性定义线的宽度或点的大小。

3. 线型

窗体、图形框或打印机的 DrawStyle 属性可以设置这些对象上所画线的形状。DrawStyle 属性设置如表 9.5 所示。

表 9.5　DrawStyle 属性设置

设置值	线型	图示
0	Solid（实线，默认值）	
1	Dash（长划线）	
2	Dot（点线）	
3	Dash-Dot（单点划线）	
4	Dash-Dot-Dot（双点划线）	
5	Transparent（透明线）	
6	Inside Solid（内实线）	

以上线型仅当 DrawWidth 属性值为 1 时才能产生。当 DrawWidth 的值大于 1 且 DrawStyle 属性值为 1～4 时，都只能产生实线效果。当 DrawWidth 的值大于 1，而 DrawStyle 属性值为 6 时，所画的内实线仅为封闭线时使用。

如果使用控件，可通过 BorderStyle 属性给出所画线的形状。BorderStyle 属性设置如表 9.6 所示。

表 9.6　BorderStyle 属性设置

设置值	线型	设置值	线形
0	透明线	4	点划线
1	实线（默认）	5	点点划线
2	长划线	6	内实线
3	点线	—	—

BorderStyle 属性值默认设置为 1。BorderStyle 属性值的设置会对 BorderWidth 属性产生影响，如表 9.7 所示。

表 9.7　BorderStyle 属性值对 BorderWidth 属性的影响

BorderStyle 属性值	对 BorderWidth 属性的影响
0	BorderWidth 属性的设置值被忽略
1～5	边界宽度计算或控件的外形测量从边界中心开始
6	边界宽度计算或控件的外形测量从边界外沿开始

4. 填充

封闭图形的填充方式由控件对象的 FillColor、FillStyle 这两个属性来确定。FillColor 属性指定填充图案的颜色，默认的颜色与 ForeColor 相同。FillStyle 属性指定填充的图案，共有八种类型，其中，FillStyle 属性值为 0 时是实填充，为 1 时是透明方式。图 9.4 所示为形状控件的 FillStyle 属性值为 7 时的填充效果。对于窗体和图片框对象，FillStyle 属性设置后并不能看到其填充效果，只有在使用控件的 Circle 或 Line 图形方法产生封闭图形（如圆、矩形）时，在封闭图形中才能显示填充效果。

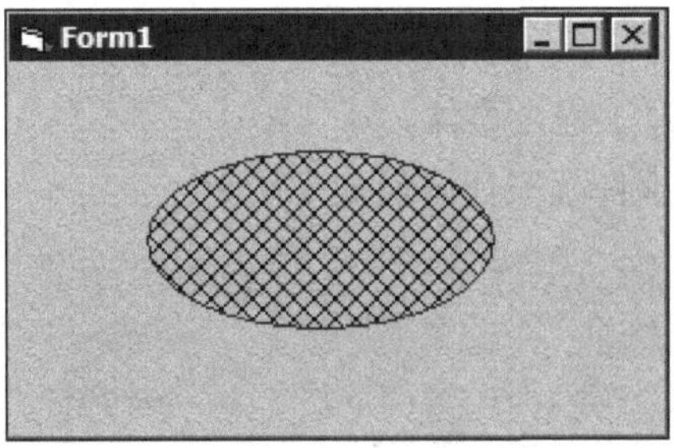

图 9.4　FillStyle 属性值为 7 时的填充效果

9.2.2　图形绘制方法

在 VB 中，除了使用图形控件装载图形、生成图形之外，还有一些创建图形的方法。每一种创建图形的方法都是绘制图形输出到窗体、图片框或 Printer 对象上，通常要在绘图方法前加上窗体或图片框对象的名称，如果省略了该对象的名称，则图形将被画在当前窗体上。创建图形方法需要编写代码来实现。在 VB 6.0 环境中，可以在其上进行绘图的对象有窗体和图片框。在窗体或图片框上进行图形处理时，通常使用表 9.8 所示的绘图方法。

表 9.8　VB 6.0 的绘图方法

方法名称	功能
PSet	在窗体或图片框上画点
Line	在窗体或图片框上画线段
Circle	在窗体或图片框上画圆、圆弧、椭圆等
Point	获取窗体或图片框上指定像素点的颜色值
Cls	清除窗体或图片框上的图形或文本
PaintPicture	在窗体或图片框上显示图像，或对图像进行缩放、平铺及其他效果处理

1. 画点

在 VB 6.0 环境中，常采用 PSet 方法在窗体、图片框中画单个点。其语法格式如下：

```
Object.PSet [Step] (x,y), [color]
```

PSet 将在指定位置（x,y）处用指定颜色 color 画点。例如，语句 PSet (100,100), vbRed 表示在当前窗体坐标（100,100）处画一个红色的点。为了使画出的点比较明显，可以在画点之前先设置 DrawWidth 属性，如可以在画点语句之前加上 DrawWidth=5 这条语句。

【例 9.3】 天女散花：单击窗体，在窗体上随机出现 100 个点，点的大小在 1～9 缇变化，点的颜色也随机发生变化。

分析：用 PSet 方法和 Rnd()函数可完成圆点的生成，同时随机设置 DrawWidth 的值。

步骤：

（1）在 VB 环境下创建工程、窗体。

（2）编写窗体的单击事件程序代码，如下所示。

```
Private Sub Form_Click()
    For i = 1 To 100
        PSet(Rnd * Me.Width, Rnd * Me.Height), RGB(Rnd * 256, _
            Rnd * 256, Rnd * 256)
        Me.DrawWidth = Int(Rnd * 9 + 1)
    Next
End Sub
```

（3）按 F5 键，运行程序。程序运行结果如图 9.5 所示。

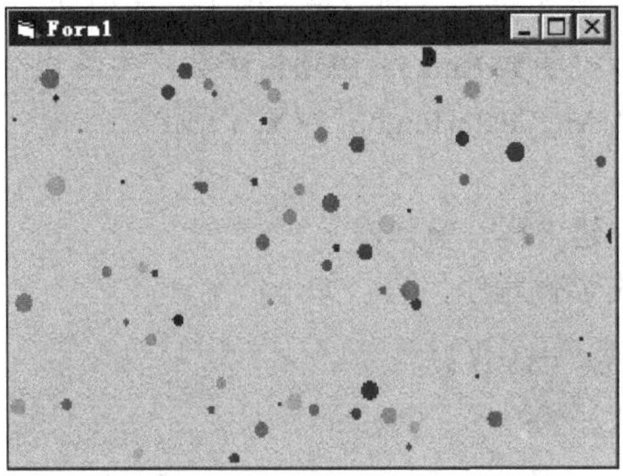

图 9.5　例 9.3 的程序运行结果

2. 画直线

在 VB 6.0 中，用 Line 方法实现画线功能。在窗体或图片框上绘制直线，一般需为该方法提供起点和终点坐标。当起点坐标省略时，默认从当前位置开始画线。Line 方法的语法格式如下：

```
Object.Line[ [Step] (x1, y1)]- [Step] (x2, y2)[, [color], [B][F]]
```

说明：

（1）对象可以是窗体、图片框或打印机，省略时默认为当前窗体。

（2）（x1, y1）为线段的起点坐标或矩形的左上角坐标，（x2, y2）为线段的终点坐标或矩形的右下角坐标。

（3）Step 参数是可选项。第 1 个 Step 表示起点坐标是 CurrentX 和 CurrentY 属性的相对坐标，即将 CurrentX 和 CurrentY 看作坐标原点。第 2 个 Step 表示相对于起点坐标的终点坐标，即将起点坐标看作坐标原点。这里的 CurrentX 和 CurrentY 属性决定绘图时的当前坐标，相当于绘图笔尖的当前位置坐标，如果未设置，它们的默认值为（0,0），在设计阶段不能使用。

（4）color 参数是可选项，代表线或边框的颜色。

（5）关键字 B 表示画矩形。表示以（x1, y1）和（x2, y2）为对角线坐标画一个矩形。

（6）关键字 F 表示用画矩形的颜色来填充矩形。当省略 F 时，矩形的填充色由对象的 FillColor 属性决定。

例如，画一条从（100,200）到（400,500）的直线，可用 Line (100, 200)-(400, 500) 语句实现。从当前位置（由 CurrentX 和 CurrentY 决定）画一条到（800,200）的直线，可用 Line -(800, 200)语句实现。

【例 9.4】 设计利用 Line 方法在窗体上画随机射线的程序。单击窗体，会以窗体中心点为起点画出 100 条不同颜色、不同方向、不同长度的随机射线。

分析： 画线需要使用 Line 方法，所有射线都由坐标点（Me.ScaleWidth/2,

Me.ScaleHeight/2）指向不同象限的不同位置。由于产生射线的颜色、方向、长度等都是随机的，因此需要用到随机函数 Rnd()。由随机函数产生终点的 X 坐标与 Y 坐标，然后用 Line (Me.ScaleWidth/2, Me.ScaleHeight/2)-(X, Y)画线。

步骤：

（1）在 VB 环境下创建工程、窗体。

（2）编写窗体的单击事件程序代码，如下所示。

```
Private Sub Form_Click()
    For i = 1 To 100
      Randomize
      X = Me.ScaleWidth * Rnd
      Y = Me.ScaleHeight * Rnd
      c = Int(Rnd * 16)
      Line (Me.ScaleWidth / 2, Me.ScaleHeight / 2)-(X, Y), QBColor(c)
    Next i
End Sub
```

（3）按 F5 键，运行程序。程序运行结果如图 9.6 所示。

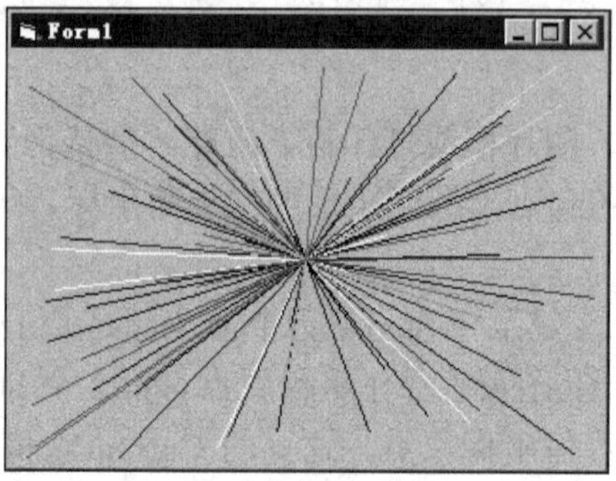

图 9.6　例 9.4 的程序运行效果

【例 9.5】　利用 PSet 方法和 Line 方法在 PictureBox 控件中绘制函数 $y=x^2$ 的曲线，x、y 均为单精度型数据，x 取值-5～5。

分析：首先按照数学中的平面直角坐标系定义 PictureBox 控件的坐标系统，然后用 Line 方法分别绘出 X 轴和 Y 轴，最后使用 PSet 方法根据曲线方程 $y=x^2$ 画出曲线（曲线可以看作由若干个点组成。这里应该注意的是，X 轴坐标的取值要密集一些，这样画出的点会更多，绘出的曲线才能更平滑）。

步骤：

（1）在 VB 环境下创建工程、窗体，在窗体上添加一个 Picture1 控件。

（2）编写窗体的单击事件程序代码，如下所示。

```
Private Sub Form_Click()
```

```
    Dim x  As Single, y As Single
    Scale (-15, 30)-(15, -30)                 '自定义坐标系
    Line (-10, 0)-(10, 0), vbBlack            '画出 X 坐标轴
    Line (9, 1)-(10, 0)                       '画出 X 坐标轴的小箭头
    Line -(9, -1)                             '画出 X 坐标轴的小箭头
    Print "X"                                 '输出表示水平坐标轴的 X
    Line (0, 25)-(0, -25), vbBlack            '画出 Y 坐标轴
    Line (-0.5, 23)-(0, 25)                   '画出 Y 坐标轴的小箭头
    Line -(0.5, 23)                           '画出 Y 坐标轴的小箭头
    Print "Y"                                 '输出表示垂直坐标轴的 Y
    '通过描点画出函数图像
    For x = -5 To 5 Step 0.001                'X 轴坐标的取值密集一些,会使曲线更平滑
      y = x * x
      PSet (x, y), RGB(255, 0, 0)
    Next x
End Sub
```

（3）按 F5 键，运行程序。程序运行结果如图 9.7 所示。

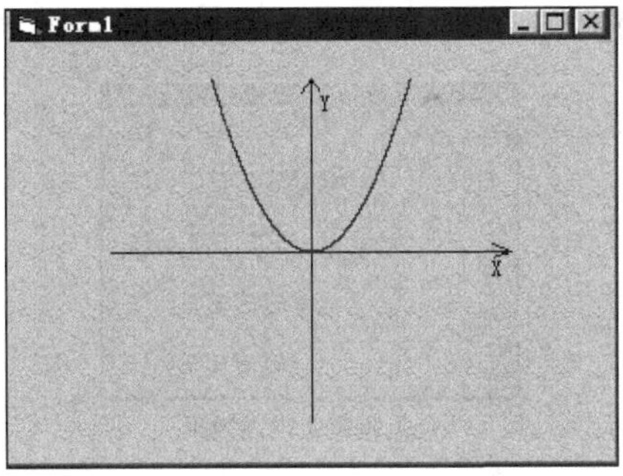

图 9.7　例 9.5 的程序运行结果

3. 画圆、椭圆和圆弧

在 VB 6.0 中，用 Circle 方法实现画圆、椭圆和圆弧的功能。其语法格式如下：

```
Object.Circle [step](x,y),radius[,[Color] [,Start, end [,Aspect]]]
```

说明：

（1）Object 是指 Circle 方法生成的结果所处于的容器对象，它可以是窗体、图片框和打印机，默认为当前窗体。

（2）（x,y）为圆、椭圆或圆弧的中心坐标。带 step 关键字时表示与当前坐标的相对位置。

（3）radius 代表半径，是圆、椭圆或圆弧的半径，如果画椭圆则对应其长轴。

（4）Color 为所画图形轮廓线的颜色。

（5）Start 和 end 代表起点和终点，表示以弧度为单位的圆弧的起点和终点位置，其取值在-2π～2π 之间。当在起点、终点前加负号时，画圆弧后再画一条连接圆心到端点的线。Start 默认值为 0，end 默认值为 2π。

（6）Aspect 为长短轴比率，等于 1 时为画圆，不等于 1 时为画椭圆。Aspect 可以是整数，也可以是小数。当 Aspect 大于 1 时，沿垂直轴线拉长；Aspect 小于 1 时，则沿水平轴线拉长。

用 Circle 方法画圆一般只需给出圆心坐标（x,y），半径 radius 及圆弧颜色等。例如：

```
    Circle (ScaleWidth/2, ScaleHeight/2), 1000, vbGreen
```

这行代码是以当前窗体的中心点为圆心，画一个半径为 1000 的绿色圆。

在当前窗体的 Click 事件中输入以下三行代码：

```
    程序 1:Circle (ScaleWidth/2, ScaleHeight/2), 1000, vbRed, -3.1415/2,
-3.1415
    程序 2:Circle (ScaleWidth/2, ScaleHeight/2), 1000,  vbRed,  3.1415/2,
3.1415
    程序 3:Circle (ScaleWidth/2, ScaleHeight/2), 1000, vbRed, -3.1415/2,
3.1415
```

分别运行程序，单击窗体，可看到如图 9.8 所示的绘图效果。

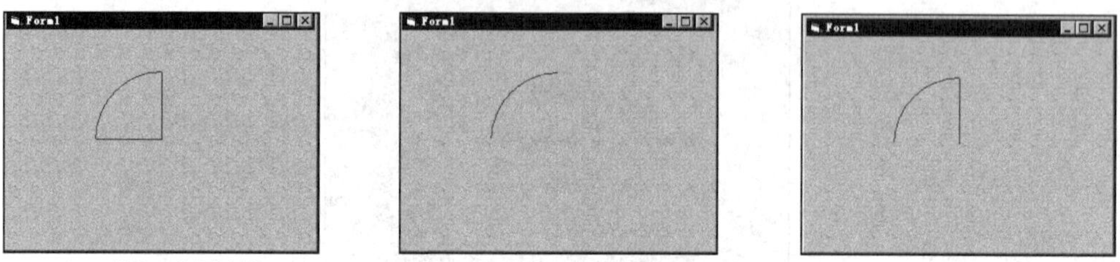

（a）程序 1 绘图效果　　（b）程序 2 绘图效果　　（c）程序 3 绘图效果

图 9.8　利用 Circle 方法画不同的圆弧

【例 9.6】　使用 Circle 方法绘制半径逐渐增大的圆形。

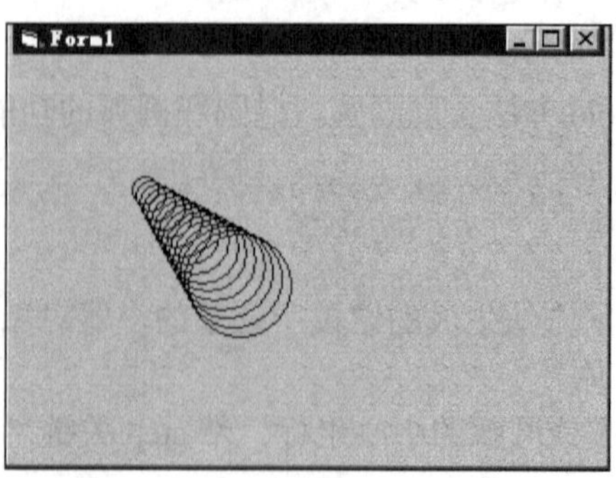

图 9.9　例 9.6 的程序运行结果

步骤:

(1) 在VB环境下创建工程、窗体。

(2) 编写窗体的单击事件程序代码,如下所示。

```
Private Sub Form_Click()
    X = 1000                                '圆心横坐标1000
    Y = 1000                                '圆心纵坐标1000
    For r = 100 To 400 Step 20              '半径每次增加20
        X = X + 50
        Y = Y + 50
        Circle (X, Y), r                    '画出当前圆
    Next r
End Sub
```

(3) 按F5键,运行程序。程序运行结果如图9.9所示。

【例9.7】 在窗体上放置一个图片框Picture1,背景颜色为白色。自定义图片框的坐标系统:将Picture1的坐标系统原点(0,0)设置在图形区域的中心点,并以坐标原点为圆心画半径为500缇的蓝色圆,圆心为红色,点的大小为3缇。

分析: 本题需要使用自定义坐标系,可以在窗体的Load事件中利用Scale方法实现自定义坐标系。

步骤:

(1) 在VB环境下创建工程、窗体,在窗体上添加一个图片框和一个命令按钮。

(2) 设置相关控件的属性。

(3) 编写相关控件的事件程序代码,如下所示。

```
Private Sub Form_Load()
    Picture1.Scale (-1000, 1000)-(1000, -1000)      '自定义坐标系
End Sub

Private Sub Command1_Click()
    Picture1.BackColor = vbWhite
    Picture1.Circle (0, 0), 500, vbBlue
    Picture1.DrawWidth = 3
    Picture1.PSet (0, 0), vbRed
End Sub
```

（4）按 F5 键，运行程序。程序运行结果如图 9.10 所示。

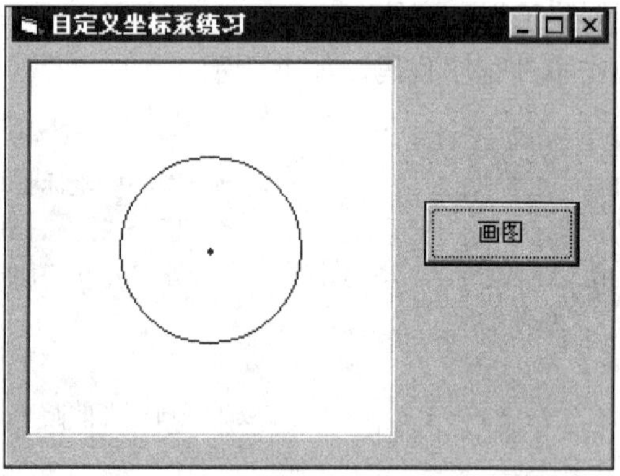

图 9.10 例 9.7 的程序运行效果

4. Point 方法和 Cls 方法

Point 方法可以获取给定点的颜色，其语法格式如下：

```
Object.Point(x, y)
```

其中，（x,y）代表要获取颜色的点的坐标，均为单精度型数据。若（x,y）坐标所对应的点在对象之外，则返回-1；否则返回 RGB 颜色值，即一个六位的十六进制数。

【例 9.8】 设计程序实现使用 Point 方法获取图片框控件上一个点的颜色值，并将窗体的背景色设为该颜色。

步骤：

（1）在 VB 环境下创建工程、窗体，在窗体上添加一个图片框控件。

（2）设置相关控件的属性，将 Picture1 控件的 AutoSize 属性设置为 True。

（3）编写相关控件的事件程序代码，如下所示。

```
Private Sub Picture1_MouseDown(Button As Integer, Shift As Integer, _
                                X As Single, Y As Single)
    Dim pcolor
    pcolor = Picture1.Point(X, Y)
    Me.BackColor = pcolor
End Sub
```

（4）按 F5 键，运行程序。程序运行结果如图 9.11 所示。

图 9.11　例 9.8 的程序运行结果

Cls 方法可以清除程序运行时产生的文本和图形，不能清除窗体在设计时建立的文本或图形。使用 Cls 方法之后，CurrentX 和 CurrentY 坐标属性值自动设置为 0。其语法格式如下：

```
Object.Cls
```

对象为窗体或图形框，对象省略时默认为当前窗体。

5. PaintPicture *方法*

PaintPicture 方法用于在窗体、图片框或打印机上绘制图形文件的内容，图形文件类型包括 .bmp、.wmf、.emf、.cur 和.ico 等。其语法格式如下：

```
Object.PaintPicture Pic, DestX, DestY, DestWidth, DestHeight, _
ScrX,ScrY, ScrWidth, ScrHeight
```

PaintPicture 方法属性说明如下。

（1）Object：指目标对象，可以是 Form、PictureBox 或 Printer，若省略，则默认为当前窗体。

（2）Pic：图片对象，不可以省略。要绘制到 Object 上的图形源，可以是 Form 或 PictureBox 的 Picture 属性所指定的图形文件。

（3）DestX，DestY：目标图像位置，不可以省略。均为单精度值，指定在 Object 上绘制 Pic 的左上角坐标。

（4）DestWidth，DestHeight：目标图像尺寸。DestWidth 是可选项，单精度值，指示 Pic 的目标宽度；DestHeight 也是可选项，单精度值，指示 Pic 的目标高度。

（5）ScrX，ScrY：原图像的裁剪坐标。ScrX 与 ScrY 均是可选项，均为单精度值，指示 Pic 内剪贴区的左上角坐标。

（6）ScrWidth，ScrHeight：原图像的裁剪尺寸。ScrWidth 是可选项，单精度值，指示 Pic 内剪贴区的源宽度；ScrHeight 也是可选项，单精度值，指示 Pic 内剪贴区的源高度。

9.2.3 综合应用实例

【例 9.9】 模拟地球绕太阳公转，地球运动的轨迹（一个椭圆）方程为“X=x0+rx*cos(alfa) Y=y0+ry*sin(alfa)”。其中，x0、y0 为椭圆圆心坐标，rx 为水平半径，ry 为垂直半径，alfa 为圆心角，X、Y 为地球在某一时刻的轨迹坐标。要求在窗体上体现太阳（绿色圆）、地球（红色圆）及运动轨迹，并让地球沿运动轨迹绕太阳旋转。

分析：在窗体上放置两个合适大小的形状控件 Shape1、Shape2 和一个时钟控件。其中 Shape1 表示太阳，放在窗体的任意位置。Shape2 表示地球。窗体的中心即为地球运动轨迹的中心，然后分别求出地球运动轨迹的水平半径和垂直半径。通过不断修改 Shape2 的 Left 属性和 Top 属性的值，使地球按预定轨迹绕太阳旋转。

步骤：

（1）在 VB 环境下创建工程、窗体，在窗体上添加两个形状控件和一个时钟控件。

（2）设置相关控件的属性。

（3）编写相关控件的事件程序代码，如下所示。

```
Dim rx As Single, ry As Single, alfa As Single
Private Sub Form_Load()
    Shape1.Left = Form1.ScaleWidth/2 - Shape1.Width/2
    Shape1.Top = Form1.ScaleHeight/2 - Shape1.Height/2
    '计算椭圆轨道的水平半径 rx 和垂直半径 ry
    rx = Form1.ScaleWidth/2 - Shape2.Width/2
    ry = Form1.ScaleHeight/2 - Shape2.Height/2
    '将表示地球的 Shape2 的初始位置定位在水平轴的 0 刻度位置上
    Shape2.Left = Form1.ScaleWidth/2 + rx - Shape2.Width/2
    Shape2.Top = Form1.ScaleHeight/2 - Shape2.Height/2
End Sub

Private Sub Timer1_Timer()
    alfa = alfa + 0.05                    '绘制地球的运行轨迹
    Circle (Form1.ScaleWidth/2, Form1.ScaleHeight/2), rx, , , , ry/rx
    x = Form1.ScaleWidth/2 + rx * Cos(alfa)
    y = Form1.ScaleHeight/2 + ry * Sin(alfa)
    Shape2.Left = x - Shape2.Width/2
    Shape2.Top = y - Shape2.Height/2
End Sub
```

（4）按 F5 键，运行程序。程序运行结果如图 9.12 所示。

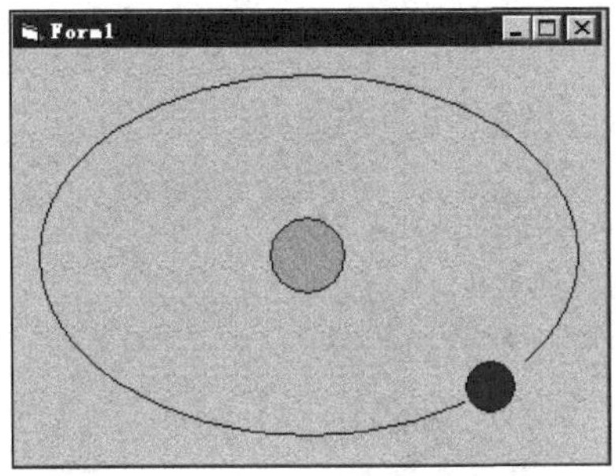

图 9.12 例 9.9 的程序运行结果

上 机 练 习

1．设计具有以下功能的程序：

（1）鼠标移动时，将鼠标的当前坐标（X,Y）的值显示在相应的文本框中。

（2）在窗体某个位置单击时，以该位置为圆心，500 为半径画圆。

（3）如果在单击的同时按下 Shift 键，则圆显示为红色；如果在单击的同时按下 Ctrl 键，则圆显示为绿色；如果在单击的同时按下 Alt 键，则圆显示为蓝色。

步骤：

（1）在 VB 环境下创建工程、窗体，在窗体上添加两个标签和两个文本框。

（2）设置相关控件的属性，如表 9.9 所示。

表 9.9 上机练习 1 相关控件的属性设置

控件名	属性名	属性值
Label1	Caption	X
Lable2	Caption	Y
Text1	Text	
Text2	Text	

（3）编写相关控件的事件程序代码，如下所示。

```
Private Sub Form_MouseDown(Button As Integer, Shift As Integer, _
                                 X As Single, Y As Single)
    Dim color As Long
    If Button = 1 Then
        Select Case Shift
          Case 0
            color = RGB(0, 0, 0)                    '黑
```

```
            Case 1
               color = RGB(255, 0, 0)                 '红
            Case 2
               color = RGB(0, 255, 0)                 '绿
            Case 4
              color = RGB(0, 0, 255)                  '蓝
          End Select
          Form1.Circle (X, Y), 500, color             '画圆
     End If
  End Sub
  Private Sub Form_MouseMove(Button As Integer, Shift As Integer, _
                                  X As Single, Y As Single)
      Text1.Text = X
      Text2.Text = Y
  End Sub
```

（4）按 F5 键，运行程序。程序运行结果如图 9.13 所示。

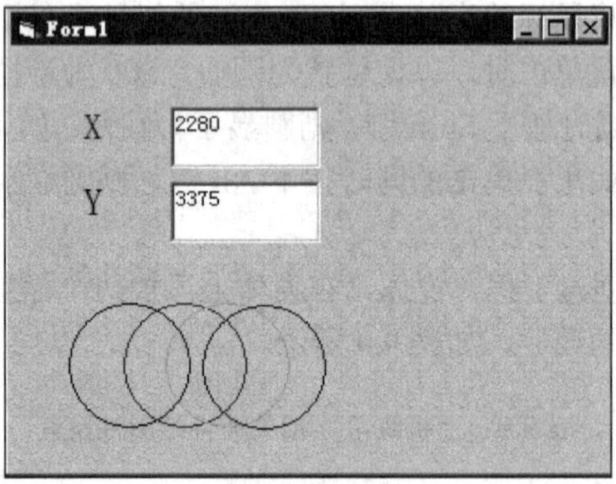

图 9.13　上机练习 1 的程序运行结果

2．绘制简单的几何图形。

分析：设计一个简易的绘图程序，可在 Picture 控件的任意位置通过鼠标的拖曳绘制简单的几何图形，包括直线、圆、矩形、扇形。画笔的颜色及宽度均可以设置。

提示：四个单选按钮采用控件数组，颜色设置及画笔宽度设置采用滚动条控件，颜色显示采用标签控件的 BackColor 属性实现。图形绘制区采用图片框控件实现。

步骤：

（1）在 VB 环境下创建工程、窗体，在窗体上添加五个标签、四个滚动条、四个单选按钮、一个命令按钮、一个文本框和一个图片框。

（2）设置相关控件的属性，如表 9.10 所示。

表 9.10　上机练习 2 相关控件属性设置

控件名	属性名	属性值
Label1	Caption	红色
Label2	Caption	绿色
Label3	Caption	蓝色
Label4	Caption	画笔宽度
Label5	Caption	
HScroll1	Max	255
HScroll2	Max	255
HScroll3	Max	255
HScroll4	Max	10
Command1	Caption	清除
Frame1	Caption	图形选择
Option(0)	Caption	画直线
Option(1)	Caption	画圆
Option(2)	Caption	画矩形
Option(3)	Caption	画扇形
Text1	Text	

（3）编写相关控件的事件程序代码，如下所示。

```
Dim draw_type As Integer                         '定义表示图形类型的变量
Dim a As Integer                                 '定义当前横坐标
Dim b As Integer                                 '定义当前纵坐标
Private Sub Command1_Click()                     '清除按钮
   Picture1.Cls
End Sub
Private Sub Form_Load()                          '控件初始化
   Text1.Text = HScroll4.Value
   Label5.BackColor = RGB(HScroll1.Value, HScroll2.Value, _
   HScroll3.Value)
   If Button = 1 Then                            '按下鼠标左键
      Picture1.DrawWidth = Text1.Text
      Picture1.ForeColor = Label5.BackColor
   End If
End Sub
Private Sub HScroll1_Change()                    '红颜色设置
   Label5.BackColor = RGB(HScroll1.Value, HScroll2.Value, _
   HScroll3.Value)
   Picture1.ForeColor = Label5.BackColor
End Sub
```

```
Private Sub HScroll2_Change()                    '绿颜色设置
    Label5.BackColor = RGB(HScroll1.Value, HScroll2.Value, _
    HScroll3.Value)
    Picture1.ForeColor = Label5.BackColor
End Sub
Private Sub HScroll3_Change()                    '蓝颜色设置
    Label5.BackColor = RGB(HScroll1.Value, HScroll2.Value, _
    HScroll3.Value)
    Picture1.ForeColor = Label5.BackColor
End Sub
Private Sub HScroll4_Change()                    '画笔宽度设置
    Picture1.DrawWidth = HScroll4.Value
    Text1.Text = HScroll4.Value
End Sub
Private Sub Option1_Click(Index As Integer) '获得绘图类型
    Select Case Index
        Case 0
            draw_type = 1
        Case 1
            draw_type = 2
        Case 2
            draw_type = 3
        Case 3
            draw_type = 4
    End Select
End Sub
Private Sub Picture1_MouseDown(Button As Integer, Shift As _
Integer, X As Single, Y As Single)               '获得当前坐标
    If Button = 1 Then
        a = X
        b = Y
    End If
End Sub
Private Sub Picture1_MouseMove(Button As Integer, Shift As _
Integer, X As Single, Y As Single)               '绘图
    Select Case draw_type
        Case 1
            If Button = 1 Then
                Picture1.Cls
                Picture1.Line (a, b)-(X, Y)
            End If
        Case 2
```

```
            If Button = 1 Then
                Picture1.Cls
                Picture1.Circle (a, b), Sqr((X - a) ^ 2 + (Y - b) ^ 2)
            End If
        Case 3
            If Button = 1 Then
                Picture1.Cls
                Picture1.Line (a, b)-(X, Y), , B
            End If
        Case 4
            If Button = 1 Then
                Picture1.Cls
                Picture1.Circle(a, b), Sqr((X-a)^2+(Y - b)^2), , _
                -3.1415 / 2, -3.1415
            End If
        Case Else
            If Button = 1 Then
                MsgBox "请选择绘制的图形"
            End If
    End Select
End Sub
```

（4）按F5键，运行程序。程序运行结果如图9.14所示。

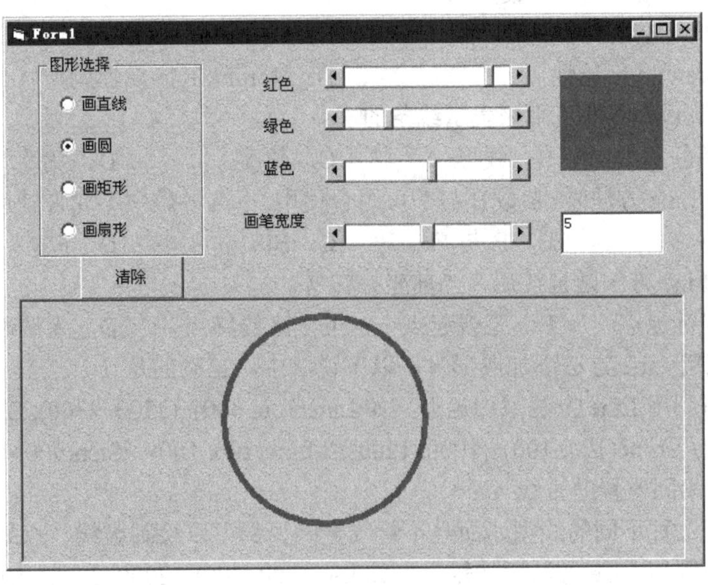

图9.14　上机练习2的程序运行结果

课 后 习 题

一、选择题

1．VB 中默认坐标原点位于（　　）。

A．容器右上角　　B．容器左上角

C．容器正中央　　D．容器右下角

2．以下属性和方法中，可重定义坐标系的是（　　）。

A．DrawWidth 属性　　B．ScaleMode 属性

C．Scale 方法　　D．DrawStyle 属性

3．VB 中的坐标系最小刻度为（　　）。

A．厘米　　B．像素

C．一个标准字符宽度　　D．缇

4．改变坐标度量单位可使用（　　）。

A．DrawWidth 属性　　B．DrawStyle 属性

C．Scale 方法　　D．ScaleMode 属性

5．在 VB 中，绘制直线可使用（　　）。

A．PSet 方法　　B．Point 属性　　C．Line 方法　　D．Circle 方法

6．设置所绘线条宽度可使用（　　）。

A．DrawWidth 属性　　B．FillColor 属性

C．DrawStyle 属性　　D．BorderStyle 属性

7．BorderStyle 属性是用来表示线条的（　　）。

A．颜色　　B．线形　　C．长度　　D．宽度

8．当使用 Line 方法时，参数 B 与 F 可组合使用，下列参数中不允许使用的是（　　）。

A．B　　B．B 与 F　　C．BF　　D．F

9．使用 Line 方法画直线后，当前坐标在（　　）。

A．坐标原点　　B．直线起点　　C．直线终点　　D．无法确定

10．当利用 Line 方法添加图形时，以下说法中，正确的是（　　）。

A．可利用 Line 方法添加矩形，如 Line(300, 300)−(2300, 2300), B+F

B．使用 Line(100, 100)−(1000, 1200)和 Line(100, 100) −Step(900, 1100)将绘制两条相同位置的直线

C．有七种不同的线型，而且不管线宽多少都可以绘制虚线、点划线、点线

D．可利用 Line 方法添加矩形，如 Line(300, 300)−(2000, 2000), BF

11．执行指令“Line(1200,1200)−Step(1000,500),,B”后，CurrentX=（　　）。

A．1200　　B．2200　　C．1000　　D．1700

12. 对画出的图形进行填充，应使用（ ）。

A. FillColor 属性　　B. FillStyle 属性

C. BorderStyle 属性　　D. BackStyle 属性

13. 运行下面的程序，屏幕上显示的是（ ）。

```
CLS
LINE (100,100)-(200,50)
LINE -(150,150)
LINE -(100,100)
```

A. 四条放射形直线　　B. 三条放射形直线

C. 矩形　　D. 三角形

14. 设置对象的边框类型可使用（ ）。

A. DrawStyle 属性　　B. ScaleMode 属性

C. DrawWidth 属性　　D. BorderStyle 属性

15. 以下程序段的功能是（ ）。

```
Form1.FillColor=vbBlue
Form1.FillStyle=0
Line(100,100)-(500,500),vbRed,B
```

A. 在窗体上绘制一个边框为红色，填充色为红色的矩形

B. 在窗体上绘制一个边框为红色，填充色为窗体背景色的矩形

C. 在窗体上绘制一个边框为蓝色，填充色为红色的矩形

D. 在窗体上绘制一个边框为红色，填充色为蓝色的矩形

16. 下列选项中，用来画圆、圆弧及椭圆的是（ ）。

A. Point 属性　　B. Circle 方法　　C. PSet 方法　　D. Line 属性

17. 语句“Circle (500, 800), 200,,,,3”绘制的是（ ）。

A. 同心圆　　B. 弧　　C. 扇形　　D. 椭圆

18. 语句“Circle (1000, 1000), 800,, -3.1415926/3, -3.1415926/2”绘制的是（ ）。

A. 弧　　B. 同心圆　　C. 扇形　　D. 椭圆

19. 下面语句中，正确画出一组半径为5～10每次递增1，圆心在（15,15），红色的同心圆的是（ ）。

A.
```
For I= 5 to 10
    Circle (15,15),I,RGB(255,0,0)
Next I
```

B.
```
For I= 1 to 10
    Circle I,(15,15),RGB(0,255,0)
Next I
```

C.
```
For I= 5 to 10
    Circle I,(15,15),RGB(255,0,0)
Next I
```

D.
```
For I=5 to 10
    Circle (15,15),I,RGB(0,255,0)
Next I
```

20．以下描述以(1000, 1000)为圆心、以 400 为半径画 1/4 圆弧的语句中，正确的是（　　）。

A．Circle (1000, 1000), 400,, 0, 90

B．Circle (1000, 1000),, 400, 0, 3.1415926/2

C．Circle (1000, 1000), 400, 0, 3.1415926/2

D．Circle (1000, 1000), 400,, 0, 3.1415926/2

二、思考练习题

1．如何自定义坐标系?

2．利用学过的知识，编写程序实现在窗体上绘制奥运五环。

课后习题答案

一、选择题

1	2	3	4	5	6	7	8	9	10
B	C	D	D	C	A	B	D	C	B
11	12	13	14	15	16	17	18	19	20
B	B	D	D	D	B	D	C	A	D

二、思考练习题

略。

参考文献

龚沛曾，2020．Visual Basic 程序设计教程[M]．5 版．北京：高等教育出版社．

龚沛曾，2020．Visual Basic 程序设计实验指导与测试[M]．5 版．北京：高等教育出版社．

明日科技，2019．Visual Basic 从入门到精通[M]．北京：清华大学出版社．

齐佳，2022．Visual Basic 语言程序设计基础[M]．北京：电子工业出版社．

肖朝晖，2019．Visual Basic 语言程序设计基础[M]．北京：清华大学出版社．

熊李艳，2022．Visual Basic 程序设计基础教程[M]．合肥：合肥工业大学出版社．

闫朝升，2023．Visual Basic 程序设计教程[M]．北京：中国中医药出版社．